华章IT
HZBOOKS | Information Technology

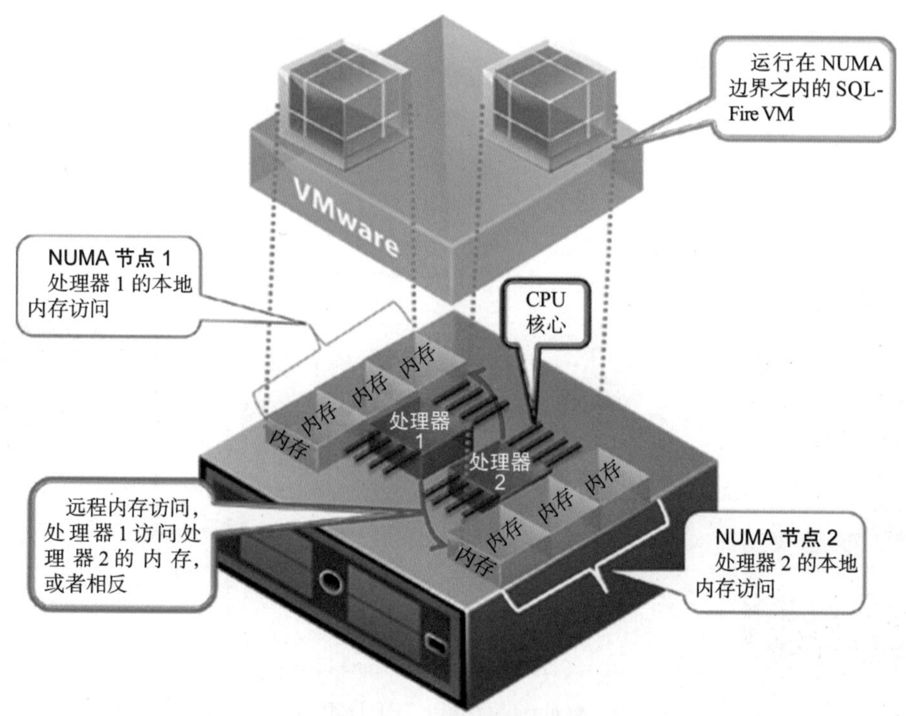

图 1-4　双插槽 8 核心的 vSphere 主机，具有两个 NUMA 节点，每个 NUMA 节点有一个 VM

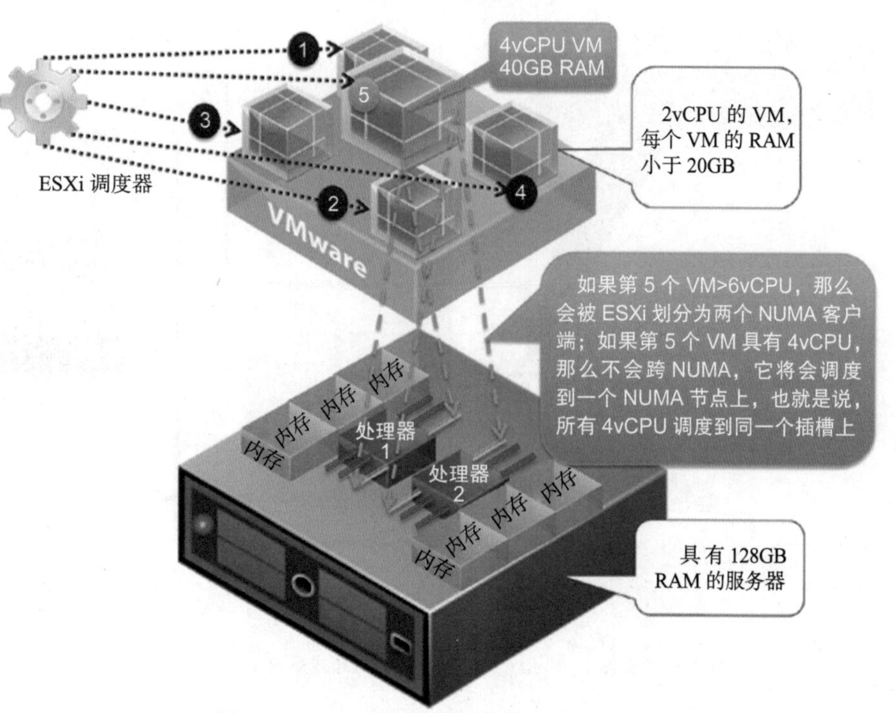

图 1-5　ESXi NUMA 对双插槽 6 核心服务器的调度

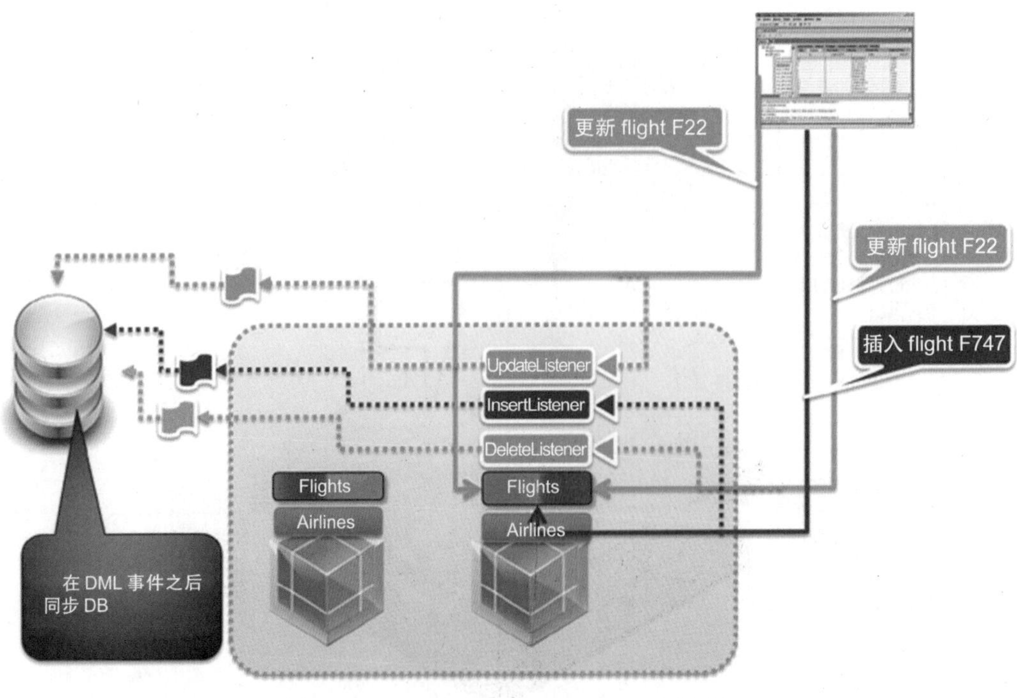

图 2-18　vFabric SQLFire SQL DML 监听器

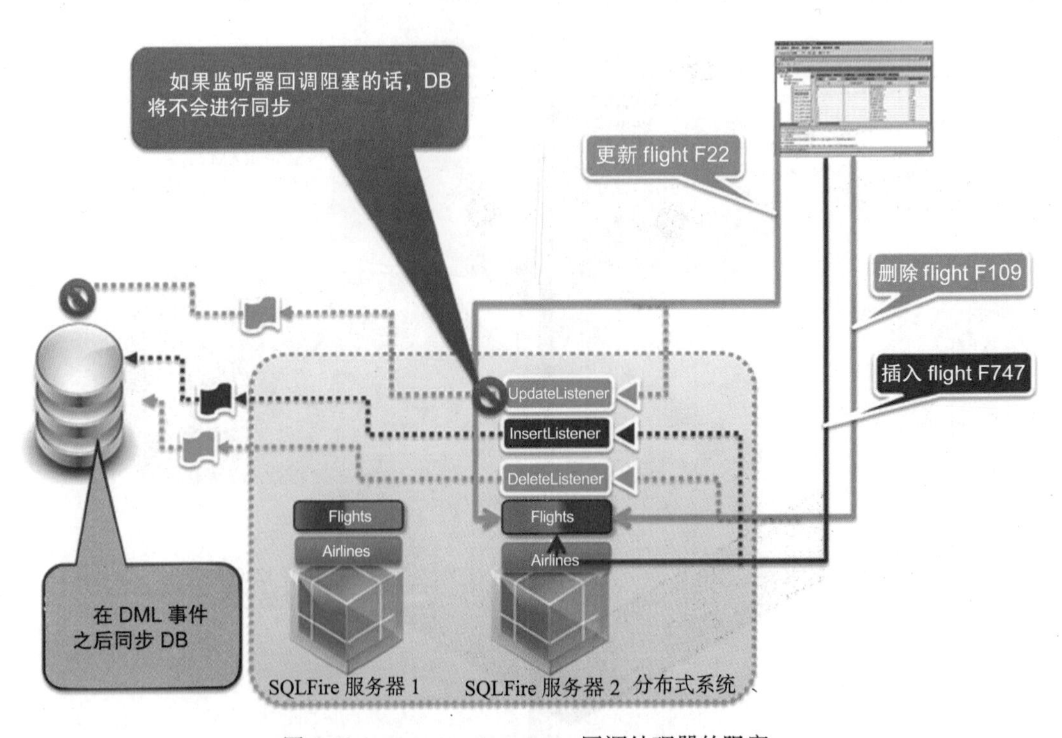

图 2-19　`UpdateListener` 回调处理器的阻塞

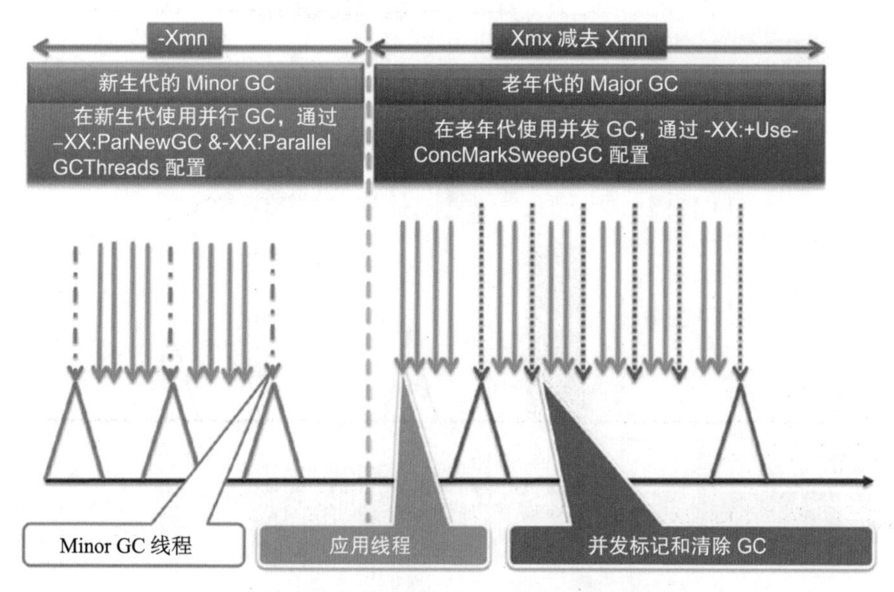

图 3-1　新生代中使用并行 GC 和老年代中使用 CMS

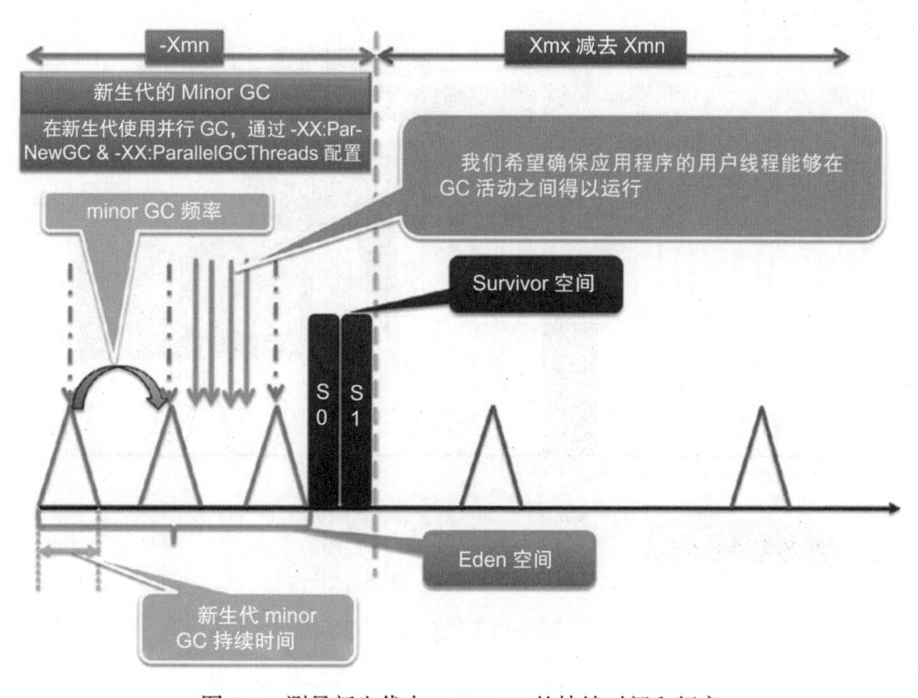

图 3-3　测量新生代中 minor GC 的持续时间和频率

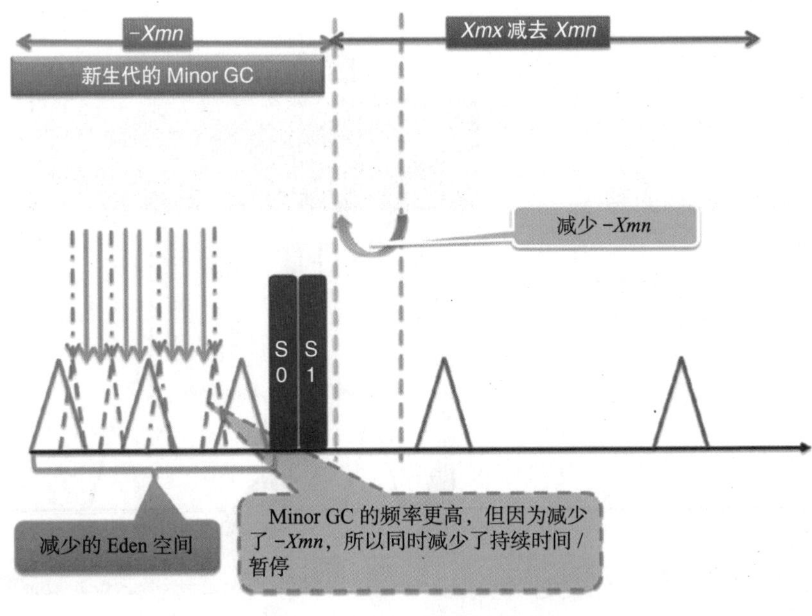

图 3-4　减小 -*Xmn* 的影响

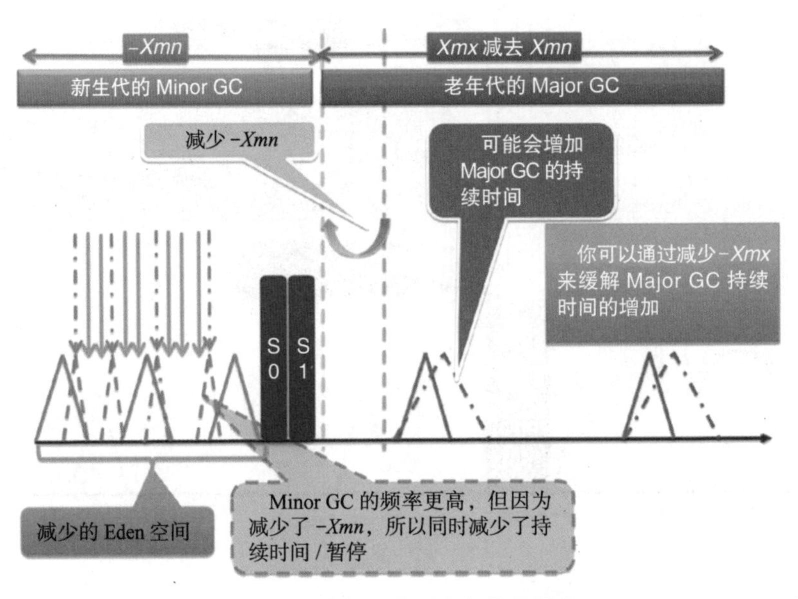

图 3-6　减小新生代对老年代的影响

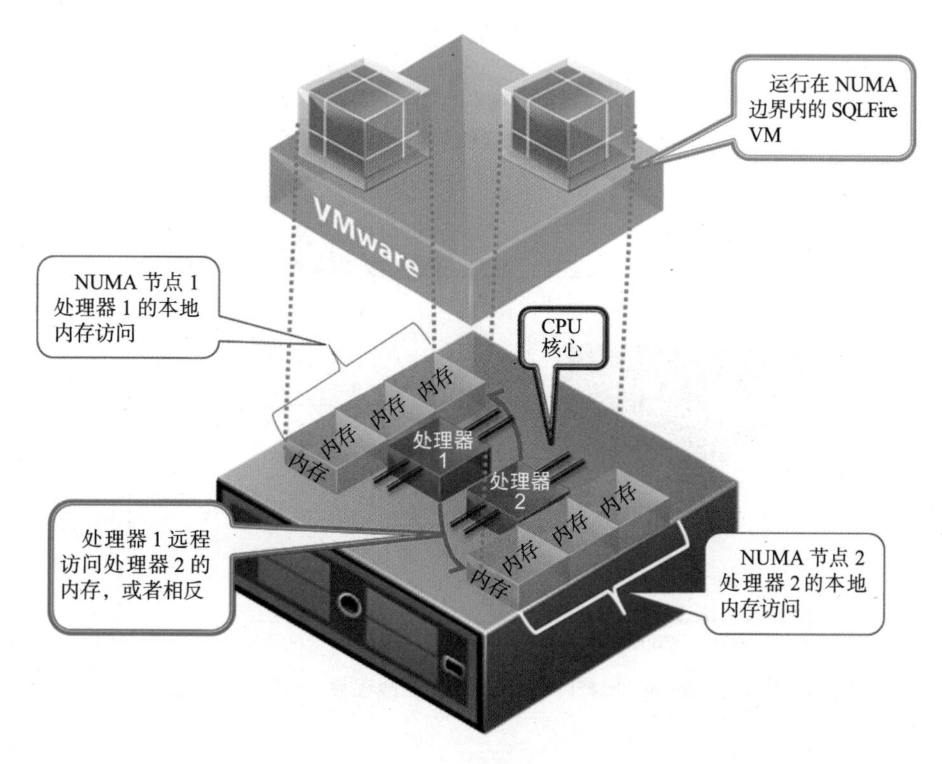

图 4-9　具有 2 个 vFabric SQLFire 的双插槽 NUMA 服务器（可选配置方案 1）

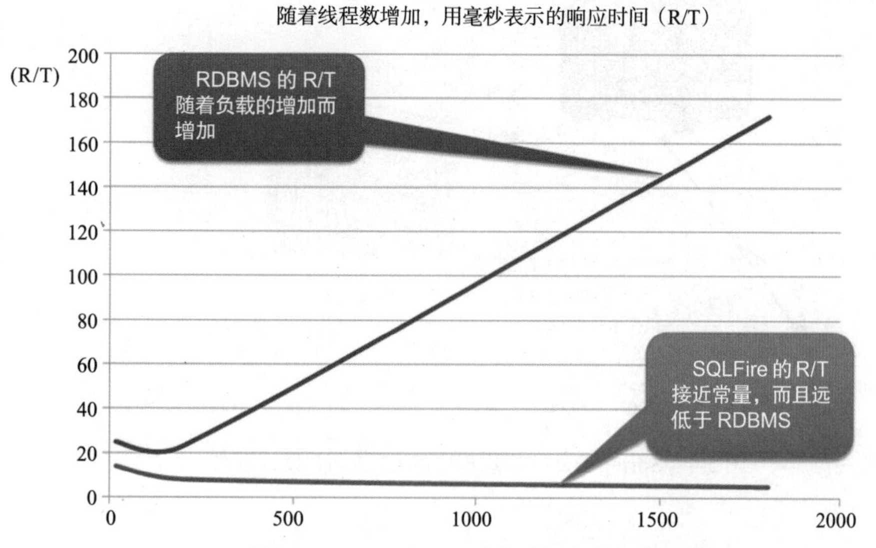

图 5-2　Spring Travel 响应时间和并发线程数

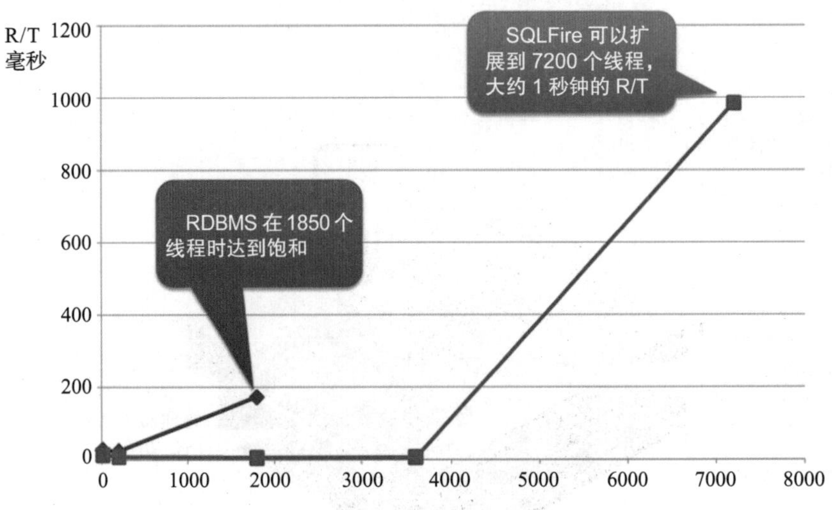

图 5-3　Spring Travel 响应时间和并发线程数：可扩展性测试

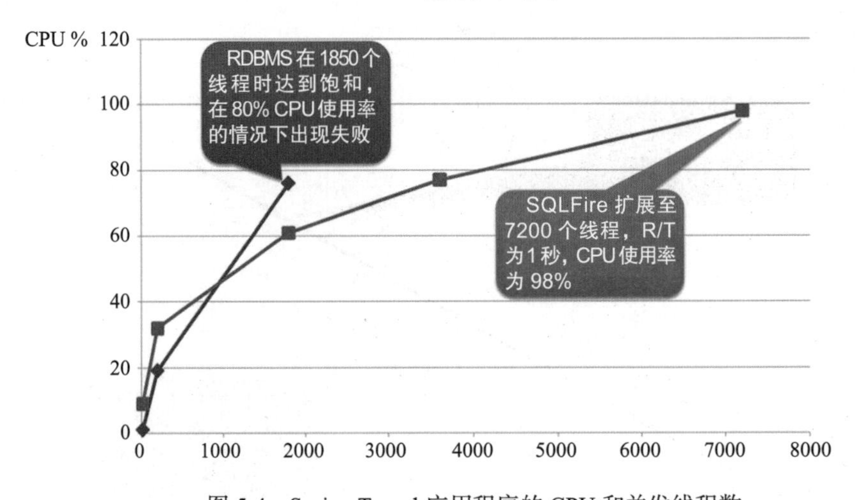

图 5-4　Spring Travel 应用程序的 CPU 和并发线程数

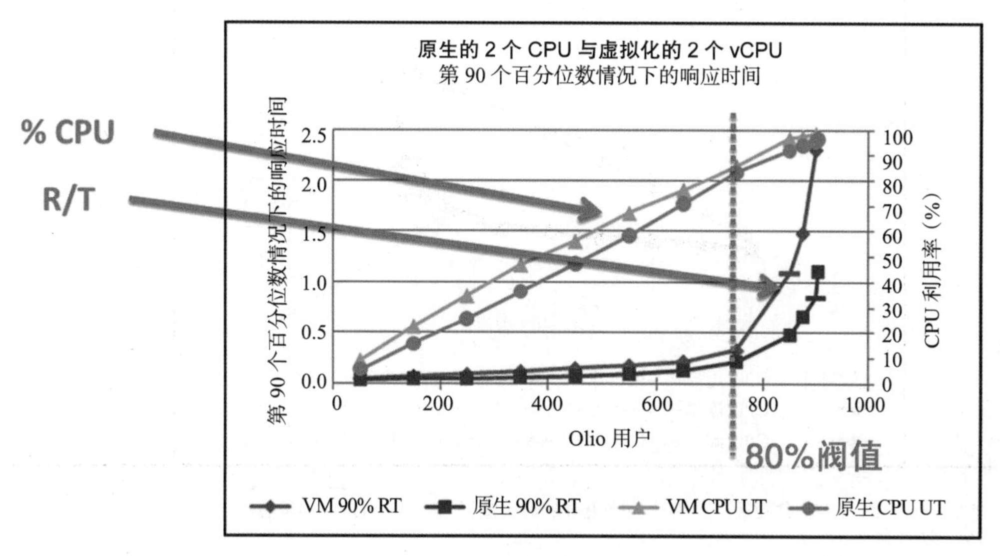

图 5-6　原生的 2 个 CPU 与虚拟化的 2 个 vCPU

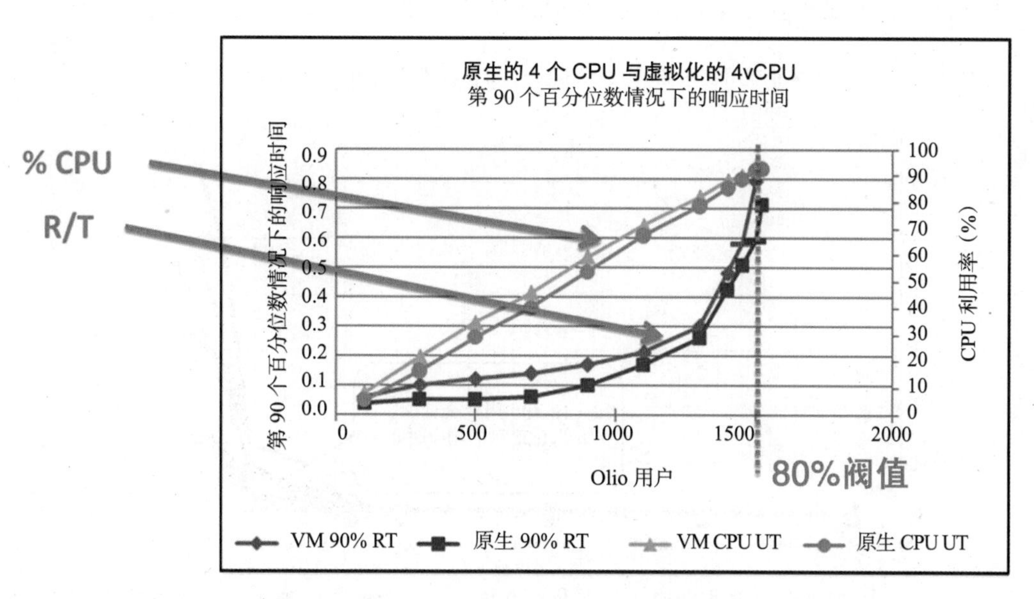

图 5-7　原生的 4 个 CPU 与虚拟化的 4 个 vCPU

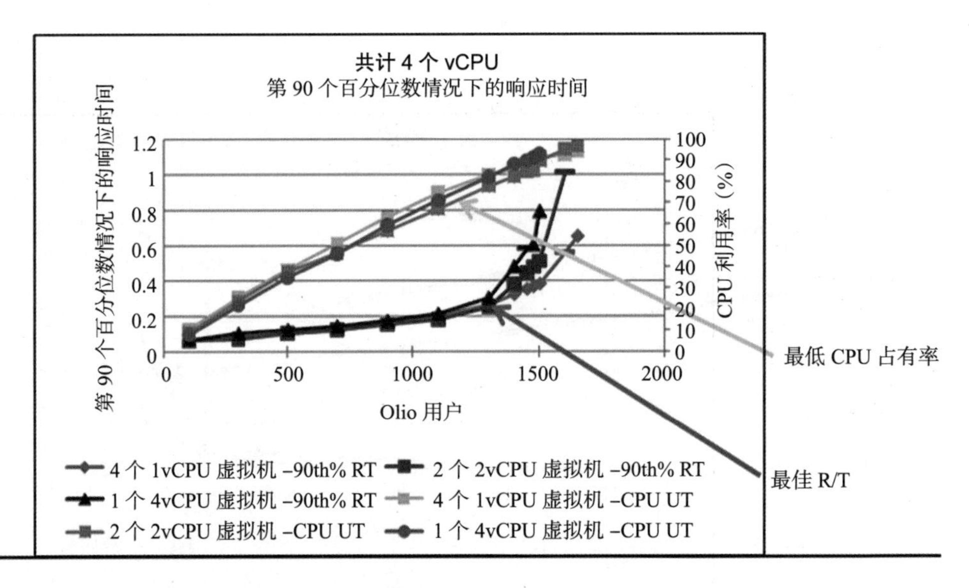

每个 VM 上的 vCPU 数量	VM 的数量	每个 VM 上堆的最大值	实现 4 vCPU 的堆总额	
1	4	2GB	8GB	
2	2	2.5GB	5GB	最佳场景
4	1	4GB	4GB	

图 5-9　3 种配置选择：4 个 1-vCPU 的 VM、2 个 2-vCPU 的 VM 和 1 个 4-vCPU 的 VM

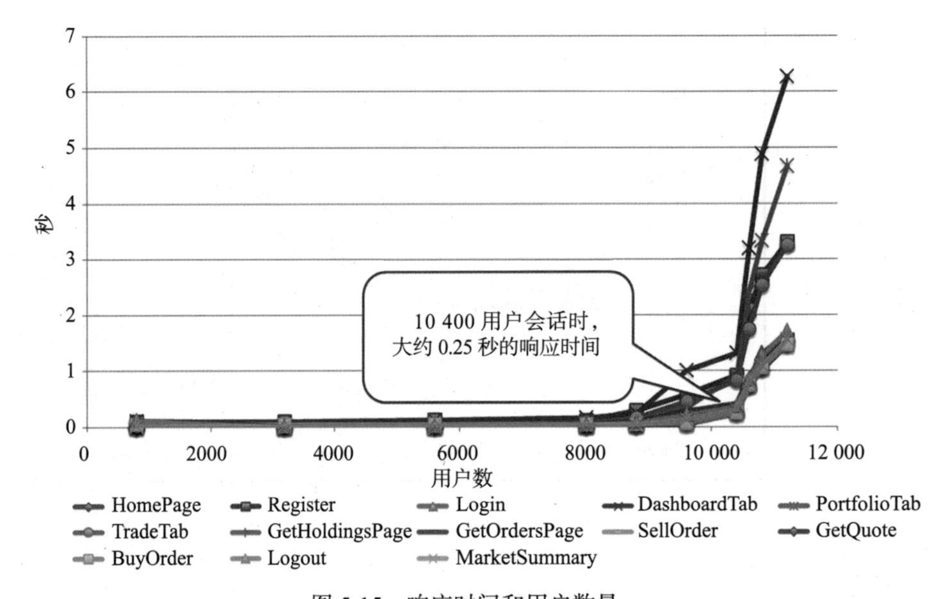

图 5-15　响应时间和用户数量

云计算与虚拟化技术丛书

Virtualizing and Tuning Large-Scale Java Platforms

大规模Java平台虚拟化与调优

[美] Emad Benjamin 著 张卫滨 文建国 译

机械工业出版社
China Machine Press

图书在版编目（CIP）数据

大规模 Java 平台虚拟化与调优 /（美）本杰明（Benjamin，E.）著；张卫滨，文建国译．—北京：机械工业出版社，2015.4
（云计算与虚拟化技术丛书）
书名原文：Virtualizing and Tuning Large-Scale Java Platforms

ISBN 978-7-111-49594-9

I. 大… II. ① 本… ② 张… ③ 文… III. JAVA 语言－程序设计 IV. TP312

中国版本图书馆 CIP 数据核字（2015）第 062067 号

本书版权登记号：图字：01-2014-2027

大规模 Java 平台虚拟化与调优

出版发行：机械工业出版社（北京市西城区百万庄大街 22 号 邮政编码：100037）

责任编辑：关 敏　　责任校对：董纪丽

印 刷：北京市荣盛彩色印刷有限公司　　版 次：2015 年 5 月第 1 版第 1 次印刷

开 本：186mm × 240mm 1/16　　印 张：12.5（含彩插 0.5 印张）

书 号：ISBN 978-7-111-49594-9　　定 价：59.00 元

凡购本书，如有缺页、倒页、脱页，由本社发行部调换

客服热线：（010）88378991 88361066　　投稿热线：（010）88379604

购书热线：（010）68326294 88379649 68995259　　读者信箱：hzjsj@hzbook.com

The Translator's Words 译者序

几年前，业界对于虚拟化和云计算是否能够在商业中真正应用还有许多争论，但目前，云计算和虚拟化已经广泛应用于蓬勃发展的互联网领域以及传统的企业级软件解决方案之中，软件开发和部署正在经历着剧烈的变革。借助云计算的浪潮，一些公司脱颖而出，站在了时代的前沿，这其中就包括 VMware——完整的虚拟化解决方案使其成为行业的领导者。

虚拟化在带来成本节省和运维便利的同时，也带来了一些新的挑战，对架构师和运维人员提出了新的要求。在解决了物理设施的虚拟化问题之后，我们的目光可能就会转移到应用程序本身上来，因为这才是真正为用户交付价值的关键所在。部署在虚拟化环境上的 Java 应用与物理环境上的应用有什么区别？对不同类型的 Java 应用如何进行优化？新的数据存储模式是什么？如何在虚拟化环境下最优化应用部署？对于这些问题，本书都给出了详尽的解答。本书的作者拥有 VMware 虚拟化的丰富经验，所传授的知识都来源于一线的实战经验，相信这些知识对于要进行虚拟化的架构师和运维工程师都会有很大帮助。

在翻译本书的过程中，深感作者知识领域的深厚和本书涉及内容的广泛，从计算机硬件体系结构到 Java 虚拟机的内存管理优化，从内存数据库的设计到整个应用分层的部署，本书都有介绍，因此，在翻译时我查阅了许多资料，这对于个人知识领域的拓展也有很大帮助。

在此要感谢关敏编辑所提供的帮助和指导，感谢我的搭档文建国同学，还要感谢一直以来给我支持和鼓励的朋友与家人。

尽管在翻译的过程中，我们力争达到准确和通畅，但限于水平和时间，书中肯定还有许多不足或纰漏之处，热忱期待你提出意见，希望本书能对你有所帮助！

张卫滨

前　言 Preface

本书是9年来我在VMware vSphere上运行Java应用的经验结晶，这些经验来源于VMware本身以及VMware的众多客户。实际上，很多VMware客户都在VMware vSphere上运行企业级的核心Java应用，并取得了效果更好的总拥有成本（total cost of ownership，TCO）以及服务水平协议（service level agreement，SLA）。我的第一本书是《Enterprise Java Applications Architecture on VMware》（VMware上的企业级Java应用架构），在那本书中很好地阐述了Java虚拟化的主题，其中既包括高层次的架构视角，也包括深入介绍分区大小设置和最佳实践的技术章节。为了保证第一本书在价格上更为实惠，我将一部分章节放到了第二本书，也就是你现在读到的这本书中。这两本书在很多方面都是互补的。在第一本书中有一些高屋建瓴的章节，是针对架构师、工程师以及管理者的，他们第一次考虑虚拟化方案并且可能会问"为什么这样做"的问题。而本书是关于如何做和做什么才能调整至最佳性能的。

限制第一本书的范围是个不错的主意，这样能让第一次构建Java虚拟化项目的人快速读完该书。第一本书出版至今已经有近2年的时间了，从那时到现在，我已经收到了近300条读者的反馈，这些反馈有助于进一步分析书中所给出的指导建议。其中有些反馈涉及大规模的Java平台，这些反馈极大地丰富了本书中的细节。本书会详细讨论分区设置以及小规模和大规模虚拟化Java平台的调优——从100个Java虚拟机（Java Virtual Machine，JVM）到10 000个JVM，JVM堆的大小从1GB到128GB。我最近的经验以及过去15年来优化Java平台所取得的经验都包含在本书中，我将这些经验进行了总结，以一种最实用并且能够立即应用于多种Java负载类型的形式进行了阐述。你可以改进本书所给出的建议、部署配置以及垃圾收集（garbage collection，GC）的优化知识来应对糟糕的GC行为，或者在整体上设计并确定Java平台的规模。本书中所强调的最佳实践可以应用于物理环境、虚拟化环境或者两者组合的环境之中。

撰写本书的动力

在过去的 9 年中，我在 VMware 担任不同的职位以确保所有内部的企业级 Java 应用都被虚拟化，以此向 VMware 的客户展现这种方式所能带来的收益。就在那个时候，我开始相信我们在生产环境下根据试验数据所得到的最佳实践应该分享给 VMware 社区。我收到了很多的反馈，要求我将在 VMware 上运行企业级 Java 应用方面所学到的经验以及获取成功的各种技巧进行文档化。这就是写作第一本书《 Enterprise Java Applications Architecture on VMware》(https://www.createspace.com/3632131）的动力。

延续了写作第一本书的动力，本书（也就是第二本书）主要关注要调整什么、能调整到什么程度以及大型虚拟化 Java 平台该是什么样子的。实际上，第一本书的内容回答了“为什么虚拟化”以及“要做什么 / 如何来实现虚拟化”的问题。而本书探讨了“你能虚拟化多大规模的应用以及你对平台能够优化到什么程度”。

写作第一本书是非常令人兴奋的，因为我们试图让 VMware 的广大用户群了解 Java 虚拟化是完全可行的并且能够带来很明显的收益。在这本书中，我们将为一些客户提供帮助，这些客户的诉求可能是“现在请帮助我们将规模提升到一个新的水平”。在过去的 2 年间，我们帮助客户虚拟化了很多大规模的 JVM 平台，有些甚至达到 10 000 个 JVM，有些涉及大数据平台领域（在一组集群 JVM 之中，将多个 TB 的数据存放于内存之中）。在你深入学习本书之前，需要记住的一点是：尽管本书中展现了很多的最佳实践，这些实践代表了最佳的配置指导，但是这些并不是强制性的要求。按照经验，我们发现大多数企业级 Java 应用的虚拟化很容易，并不需要担心太多的特定配置。实际上，在各种类型的企业级产品化应用之中，Java 应用是进行虚拟化的最佳候选，因为它很容易取得成功。通过分享我们的经验，希望能够帮助你避免在虚拟化大规模 Java 平台时我们曾经遇到过的陷阱。

为了阐述在虚拟化环境中部署 Java 平台有多么棒（同时也为了消除虚拟化平台会成为问题的误解），我们构建了同时适用于物理化与虚拟化环境的最佳实践。在设计上，本书包含了针对物理化和虚拟化 Java 平台的最佳实践，所以能够帮助读者在进行虚拟化之前，纠正他们在物理化 Java 平台中所遇到的问题。当然，这并不是强制性的要求，在迁移到虚拟化的时候，客户可以选择继续保留物理化 Java 部署时的遗留问题。但是，他们至少能够意识到其物理化 Java 平台在设计和部署上的不足，这是他们希望将来要进行修正的。

这样的经历是很重要的一个历练过程，能够让我们清楚地认识到：问题实际上存在于客户自己的物理化环境中。因此，客户能够理解维护物理化 Java 平台上遗留问题的成本。例如，我们经常发现很多 Java 物理化平台有着糟糕的架构和错误的拓扑结构，很多有着上千个混乱且不必要的 JVM。当我们与这些客户交流时，不管他们是将 Java 应用部署在物理环境中还是迁移到虚拟化环境中，我们都会带领他们了解这些最佳实践并确保这些环境要进行正确地规模划分和调优。再强调一遍，客户可以忽视我们所给出的建议，对代码和平台不做太多的修改或变更就将遗留的 Java 物理化平台部署到对等的虚拟化环境之中。但是，在迁移到虚拟化平台时，客户最近越来越认识到我们（以及其他人）所给出的最佳实践对于提升 Java 部署范式的价值。

我们学到的经验教训分为以下几类：

- 在生产环境下，肯定会出错，出错只是一个时间问题。所以，你必须要一丝不苟地考虑哪里可能会出错并制定前滚（roll-forward）和回滚（rollback）计划。这个计划中的练习过程有助于进一步强化 QA（质量保证）的测试计划。要注意的一点是，这并不是虚拟化环境所特有的。实际上，不管你处理的是物理化的还是虚拟化的基础设施，这都是同等严格的需求。但实际情况是，虚拟化为你提供了一种快速处理问题的机制（与之形成对比的是，在物理化场景下，你所能取得的灵活性会受到一定的限制，你必须围绕你所拥有的计算资源规划灵活性）。
- 当进行虚拟化的时候，企业级 Java 应用是最容易取得成功的。
- 每个人都在 Java 的各个分层中工作，这些分层了形成各种筒仓（silo），人们在技术和组织流程方面说着不同的术语。显然这是老式物理化（非虚拟化）范式下的做法，这些技术和组织上的筒仓是过去 10 多年来所形成的。但是，在 VMware 上虚拟化 Java 时，很重要的一个方面就是跨团队协作，它会驱动很多团队互相交流以促成最佳的设计。来自开发和运维的团队会多次坐到桌边进行讨论。
- 客户有时候会为其环境中遗留的问题进行辩解。由此导致的结果就是，客户需要付出额外的成本来管理物理环境中庞杂的 JVM，如果不进行及时补救，这些成本也将会带到虚拟化系统中。例如，你真的需要 5000 个具备 1GB 堆空间的 JVM 吗？它们能够进行合并吗？它们绝对可以合并，我们将向你展示如何通过减少许可证成本以及提高管理效率（因为你需要管理的 JVM 更少）实现费用的节省。
- 性能问题。客户经常盲目地将所有问题都归咎于虚拟化或 GC 的问题。但实际上，虚拟化并不是什么问题，而 GC 有时候的确会成为问题。如果存在 GC 问题，这并不是虚拟化所特有的，实际上这样的问题通常在物理化部署环境中同样存在。
- 在物理化 Java 平台中，使用大内存数据库是否可行（确实可以达到 1TB 的内存集群）？绝对是可以的，如果主要的目标是不惜任何代价实现事务，同时还要实现尽可能快的速度，那么对你来说这是正确的架构。我发现很多客户对此持怀疑的态度。他们在对这些类型的环境进行规模划分时并没有考虑底层的平台，对于他们来说这是一个糟糕的开始。当对这些数据平台进行规模划分（稍后会进行讨论）时，你必须关注服务器的机器架构。在有些客户那里，我看到另外一个糟糕的实践就是他们试图将环境划分为 30 个左右的 JVM。这并不是正确的方式，因为让众多 JVM 相互之间以较高的速度频繁交流可能会导致整体延迟更多。显然，这些都是对延迟敏感且依赖内存（memory-bound）的负载，使用数量更少且内存更大的 JVM 部署模式所取得的效果会更好。如果比较两种不同部署方式的内存数据库性能，其中一种使用 30 个 JVM，另一种使用 8 个更大的 JVM，你会发现 8 个更大 JVM 的配置方案会更好一些。当然，这里要提示的一点是，更大的 JVM 要针对 NUMA 进行正确的规模划分，并且要进行恰当的 GC 调优。

- 当虚拟化的时候，大的内存数据库方案真的可行吗？在过去的几年间，我们发现在客户中有一种日渐增长的趋势就是虚拟化 Java 应用服务器。具体来讲，就是具有几千个 JVM 的大规模平台正在被虚拟化。有一种特殊的负载类型，那就是内存数据管理系统，它需要 TB 级别的内存并且对延迟是敏感的。对于这些内存集群，我们发现尽管 JVM 的数量更少了，但它们会有较大的堆空间，通常 JVM 的大小是 8 ～ 128GB（JVM 的数量通常会少于 12）。当然，12 这个数字本身并没有什么魔力，少的话可以是 3 个，而多的话可以达到 30 个。但是，你所拥有的 JVM 越多，在延迟性方面出现风险的可能性就越大，这是因为会出现额外的网络传输。在本书后面，你会学习如何对这种负载进行规模划分和调优。

很多 Java 应用开发人员很了解开发过程，他们知道如何编写 Java 代码以及如何对 JVM 进行调优。但是，这些信息通常只存留在开发人员那里，并没有分享（或传递）给应用的管理人员。通常，运行 Java 平台所需要的技能在开发人员和管理人员之间是分割的，没有一个人能够完全理解这两个方面。但是，这种孤立式的理解正在发生着变化，因为有更多的人开始去理解如何编写和部署 Java 代码、调优 JVM 并认识虚拟化的各个方面和复杂的服务器硬件架构。所以本书的另外一个目标就是，当读者学习这些技能时，鼓励他们遵循这样的职业发展路径。

我非常真诚地希望本书能够帮助那些具有 Java 开发、基础设施运维以及虚拟化背景的人。你可以将本书作为应对日常情况的指导，也可以作为构建 Java 平台架构策略的帮助手册。

预备知识

本书假设读者已经在整体上了解 Java、JVM GC、服务器硬件架构以及虚拟化技术。这里的知识都是关于运行大规模 Java 平台的。在深入学习本书的内容之前，你可能希望先学习一下虚拟化，但是大多数 Java 的高级专家借助本书就足以掌握关于虚拟化及虚拟化 Java 应用的知识。实际上，通过回答下面的这个问题就能掌握继续阅读本书所需的虚拟化背景知识。这个问题是一位刚刚接触虚拟化的人某一天提出的："Java 是不是能够独立于操作系统及 hypervisor？"

本书假设读者已经掌握了一些关于 Java 语言特别是 JVM 架构的背景知识。本书尽可能地概述了 JVM 架构以及具体的调优方法，但是本书不能代替专门的 JVM 优化图书。我只想说，刚刚接触 JVM 调优的 vSphere 管理员能够从本书中学习到足够的知识，以便于他们与从事 Java 的同事进行技术交流。除此之外，vSphere 和 Java 管理员可以使用并修改本书的调优建议，并将其应用于自己的环境之中。JVM 调优建议的各个章节在编写上比同类图书更为简单易懂，目的是为了让 vSphere 和 Java 管理员能够快速了解并有效地运用设计和优化策略。众多运行 Java 应用的 VMware 客户使用本书中所讨论的优化参数并立即得到了性能方面的提升。

你首先需要知道些什么

你在阅读本书就意味着你正在修正你的 Java 平台。可能你已经得出这样的结论，那就是 Java 平台的调优不能被忽略或轻视。但是，即便你刚刚涉足 VMware 虚拟化或者是在物理化系统中对 Java 进行调优，那么本书也是适合你的。作为补习内容（对于刚刚接触这些领域的人来说也可以作为入门介绍），以下的章节简要介绍了虚拟化与大规模 Java 平台调优相关的重要概念。

4GB 的 Java 堆是不是相当于新的 1GB 的 Java 堆呢，为什么

在过去的 2 年中，我参与了超过 290 个客户电话和研讨会，了解到很明显的一点是，运行在 Java 平台上的 40% 的工作负载都部署到 1 ～ 4GB 的 JVM 上。我进而发现有大量小于 1GB 的 JVM，大约占到了我接触客户的另外 40%。而剩余的 20% 范围在 4 ～ 360GB 之间。是的，这个 360GB 的 JVM 是一个监控系统，它不能够水平扩展，所以客户只能使用一个 JVM。尽管这听起来有点令人难以置信，但这确实是 Java 产品化平台的现状。不过，使用 1GB 堆的 JVM 会导致 JVM 实例数量的膨胀，在自身的管理方面这会成为令人头痛的问题。例如，你可能希望提供共计 1TB 的堆空间，如果你只使用 1GB 的 JVM 堆，那么这就意味着你有几千个 JVM 实例。这可能带来什么问题呢？你是否能够通过 250 个 4GB 的 JVM 得到 1TB 呢？当然可以，但因为在你的组织中，依然存在来自于古老的 32 位 JVM 的遗留规则，所以你还得继续使用小于 1GB 的 JVM。更为现实的原因是，人们广泛认为更大的 JVM 会导致更长时间的 GC 停顿。这种说法并不完全正确，但也并不能说完全错误。的确，这会产生更大的停顿，但是随着 64 位 JVM 以及 CMS（concurrent mark-sweep）GC 的最新发展，规模

更大且停顿时间更少的 JVM 时代已经到来。不仅 GC 更好了，底层的服务器硬件也能够更好地支持 4GB 堆空间了。实际上，4GB 是一个独特且具有魔力的数字，因为在 64 位的 JVM 中，为了节省内存的使用，JVM 会自动将 4GB 的堆空间视为 32 位的地址空间。这样做之所以可行是因为 32 位的地址范围就是在 4GB 之内。实际上，使用 –XX:+UseCompressedOops 参数的 JVM 可以应用于高达 32GB 的 Java 堆空间之中。

在读完本书之后，你将会认识到适合更大 JVM 的可选方案和应用负载是存在的。显然，我并不是倡导每个人都使用更大的 JVM，但是 4GB 的 JVM 现在真的不算大了。需要记住的是，我倡导的是更为合理的 JVM 数量，尽管这可能意味着增加堆的大小。另外需要记住的是，如果有供应商跟你说从 32 位的 JVM 迁移到 64 位的 JVM 时会牺牲性能的话，那么这是完全不对的。我们的压缩优化经验在很大程度上驳斥了从 32 位 JVM 迁移到 64 位 JVM 会导致性能下降的说法。例如，可以考虑这样的情景，为了提供 1TB 的服务，可以使用 250 个 JVM，也可以使用 1000 个 JVM。问一下供应商，如果不用运行 750 个 JVM 会节省多少成本（因为你将 1GB 的 JVM 堆迁移为 4GB 的 JVM 堆）。节省的成本可能会包括不再用到的 750 个 GC 周期，还有节省下来的 CPU 内核。因为不再需要为额外的许可证支付费用，在这方面你也能节省费用。

本书中后面的章节将会深入讨论各种规模的 JVM 以及在什么情况你应该选择某一种方案而不是另外的可选方案。

我为什么要费心去做虚拟化，主要收益是什么

大约 5 年前，我们还有客户询问“为什么虚拟化”这样的问题。不过近几年来，随着虚拟化变得更为标准，虚拟化所能带来的收益也被广泛理解和接受。标准是基于 VMware 虚拟化技术的，这很大程度上是因为它的健壮性以及第 5 代技术的成熟性。

虚拟化所能带来的主要收益如下所示：

- **成熟、已经过证实的综合平台**：VMware vSphere（http://www.vmware.com/products/datacenter-virtualization/vsphere/overview.html）是第 5 代虚拟化技术（领先于其他可选方案很多年）。相比竞争对手的方案，它能够提供更高的可靠性、更为高级的功能以及更好的性能。
- **应用的高可用性**：高可用性的基础设施依然是很复杂且昂贵的。但是 VMware 将健壮的可用性以及容错能力集成到了平台之中，从而能够保护虚拟化应用。一旦某一个节点或服务器出现故障，所有的 VM 会在另外一台机器上自动重启。
- **基于向导的使用指南简化了安装过程**：VMware 基于向导的使用指南简化了搭建和配置的复杂性。仅需要花费其他方案 1/3 的时间就让环境就绪并运行起来。

- **简单便捷的管理**：VMware 能够让你在 Web 浏览器上通过"统一界面的系统（single pane of glass）"来管理虚拟化和物理环境。有一些节省时间的特性，如自动部署、动态修补以及运行中的 VM 迁移，能够将常规任务的时间从数小时减少至几分钟。管理变得更加快捷和容易，从而能够在不添加人员的情况下提升生产效率。
- **更高的可靠性和性能**：我们的平台将 CPU 和内存领域的创新与简洁、基于特定目的构建的 hypervisor 结合起来，它能够消除其他平台的频繁修补、维护以及 I/O 瓶颈。所带来的结果就是最好的可靠性以及持续的高性能（相对于最接近的竞争对手，对高负载的系统，我们能够带来 2 ～ 3 倍的性能优势）。
- **更好的安全性**：VMware 的 hypervisor 比任何竞争对手都小，只需要 144MB，而其他竞争对手需要 3 ～ 10GB 的硬盘配置文件。我们的 hypervisor 占用的空间更少，因此对外部威胁来说，所面临的就是攻击面（attack surface）很小，并且受到了严格的保护，因而实现了密闭安全，入侵的风险要小得多。
- **节省了更多的成本**：相对于其他的虚拟化方案，VMware 为每台主机提高了 50% ～ 70% 的 VM 密度——提升了每台服务器的利用率，从 15% 提升到最高 80%。对比其他的平台，你能在更少的硬件上运行更多的应用，在资金和运营成本方面能够带来更多的节省。
- **可负担性**：VMware 在功能上是最强大的，但在成本上却并非最高的。起步价每台服务器 165 美元，一个小的商业组织可以将更多的应用打包到更少的服务器上，从而实现更高的性能——交付业界最低的总拥有成本（TCO）。

为了快速确定并对比在你的环境中部署 VMware 虚拟化的成本，可以使用 VMware 的应用成本计算器，参见 http://www.vmware.com/go/costperappcalc。

从根本上来讲，因为 Java 是独立于操作系统的，并且它不依赖于任何硬件，所以它是完美的虚拟化可选对象。Java 也能从很多的虚拟化特性中受益，如高可用性（high availability，HA）与 VMotion（在不停机的情况下，将 VM 从一个 vSphere 主机迁移到另一个主机的能力）。虚拟化为 Java 平台所增加的这些灵活性对于通用的 Java 平台来说是很重要的，对于大规模的 Java 平台来讲更是如此。在大规模的 Java 平台中，我们经常会看到几千个 JVM 需要不断地进行管理（如，启动、停止以及在不停机的情况下进行更新）。如果没有虚拟化所带来的灵活性，如 VMotion 和 HA，这种类型的管理活动无法适应如此大的规模。

企业级 Java 应用需要动态扩展性、快速供应（provisioning），对于如今的开发和运维团队来讲，HA 正成为日益重要的关注点。完全基于传统硬件的平台来实现这些需求会非常复杂并且成本高昂。虚拟化是一种突破性的技术，它减轻了企业组织中常见的企业级 Java 应用需求所面临的压力。VMware vSphere 套件所能实现的一些关键属性包括水平扩展性、垂直扩展性、快速供应、增强的 HA 以及业务持续性。第 1 章讨论了 3 种类型的大规模 Java 平台，你可以进一步了解这种系统的复杂性。

既然你已经了解了大规模 Java 平台需要虚拟化所带来的灵活特性，并且 Java 对操作系统的独立性使其成为工作负载虚拟化的首选，那么让我们仔细看一下 Java 与操作系统和 hypervisor 之间的独立性。

我应该虚拟化 Java 平台吗

对于那些没有时间完整阅读本节的读者来说，我可以简单回答："是的，你应该进行虚拟化。"毕竟，Java 独立于底层的 hypervisor（如 VMware 的裸机 hypervisor）和操作系统。不过对于那些想更深入了解这是什么意思的读者，请继续读下去吧。

Java 的主要设计原则就是跨平台的语言，它独立于操作系统（只要有一个操作系统支持的底层运行时即可）。我们知道这种运行时也就是 JVM，它已经成为众多企业级应用平台中固定的一部分。你可以编写 Java 应用，然后将其运行在不同操作系统的各种 JVM 之上（无须重新编译）。当然，很多 VMware 客户在生产环境下会使用特定供应商的 JVM，所以他们不必担心将 Java 应用从一个 JVM 实现迁移到另一个实现。如果他们选择这样做，也很容易实现，这主要归因于 JVM 为 Java 所提供的跨平台以及操作系统独立性。

所以，你可以很容易得到这样的结论，那就是 Java 应用其实并不关心要运行在什么目标 JVM 上，它们独立于特定的 JVM 实现和操作系统。

当然，你可能会问，"那某一个 JVM 相对于其他 JVM 所提供的不同的内部行为该如何处理呢？"目前来讲，它们都符合 JVM 规范，尽管有一些 JVM 可选参数（-XX、标记等）有不同的名字，但是它们的行为都或多或少有些类似。差异并不体现在语言上，而在于 Java 的处理方式可以通过各种 JVM 可选参数进行优化，这些参数可以在 Java 命令行中传入。

现在我们快进到基础设施层面。VMware ESXi 是裸机（bare-metal）hypervisor，能够在特定的硬件上运行多个操作系统。基础设施管理员不用再担心为某种硬件安装一种操作系统，而对另一种硬件要安装不同的操作系统。VMware 使得操作系统的运行独立于底层的硬件（裸机），并且为操作系统与裸机 / 硬件建立了一定程度的独立性。

Java 是否独立于 OS 与 hypervisor，答案显然是肯定的，但这是两种不同级别的独立性。第一个级别是 Java 跨平台与独立于 OS 的原则，第二个级别是 VMware ESXi hypervisor 使操作系统独立于其所运行的硬件。实际上，Java 应用运行在操作系统上，这个操作系统位于基于 ESXi 的 VM 之中，而 ESXi 并不关心运行在操作系统上的是不是 Java 工作负载，这样就使得 ESX hypervisor 完全独立于运行在它上面的工作负载。关于这一点的进一步佐证就是因为这种独立性，当你部署一个 Java 应用到 VM 上的时候，你并不需要对操作系统做任何的变更。

与之相应的是，JVM 也并不知道它运行在 ESXi hypervisor 上的一个 VM 之中，对 JVM 来说，VM 就像任何其他能够为其提供计算资源（CPU、RAM 等）的服务器一样。

只要你的应用所运行的操作系统支持你所使用的 JVM，就没有必要额外担心和依赖下游 VM 和 ESXi 层的支持。

图 1 描述了本节讨论的所有分层。

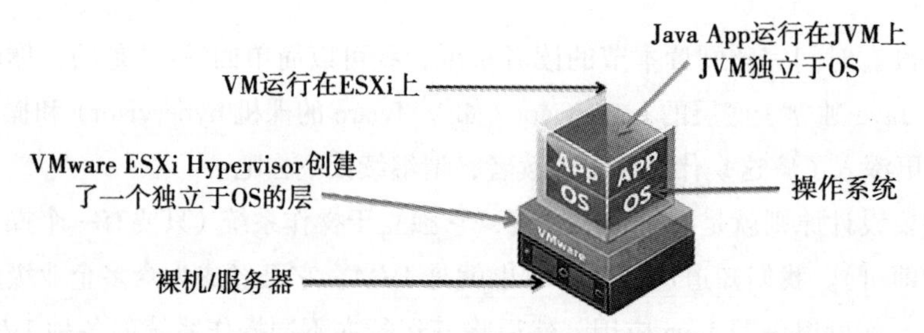

图 1　企业级 Java 应用运行在 VMware ESXi 虚拟化的 VM 上

谁应该阅读本书

本书的目标人群是 IT 专业人士，他们可能正在寻找产品化以及 QA/ 测试环境中，在 VMware vSphere 上运行企业级 Java 应用的实现指南。

本书的前 3 章能够使 CIO、VP、董事以及企业架构师从中受益，他们可能试图高屋建瓴地了解虚拟化 Java 应用的业务问题。剩余的章节是为那些想学习实现细节的开发人员和管理员准备的。

如何使用本书

本书包含 7 章、一个附录以及一个术语表：

- **第 1 章**：本章介绍了各种类型的大规模 Java 平台并重点讲述了基于它们的规模，各自所需要的性能提升。
- **第 2 章**：本章详细描述了现代化数据平台是如何构造的。
- **第 3 章**：本章为 IT 架构师介绍了核心的关注因素以及参考指南，这些架构师需要调整企业级 Java 应用的规模并将其运行在 VMware vSphere 上。本章阐述了如何为运行在 VMware vSphere 上的 Java 应用实现最佳的配置。我们会指导你进行应用的基准测试，并指出如何进行测量、有哪些可调优的选项以及如何确定 Java 应用的最佳规模。

- **第 4 章**：本章带领读者学习划分现代虚拟化 Java 平台大小的各种不同方式。读者会了解如何将垂直和水平可扩展性应用于大规模 Java 平台的方法论，而且还会看到确定应用规模的样例，这些样例可以用于产品化的系统中。
- **第 5 章**：本章总结了一些核心关注点，这些内容来源于一些已发表的关于性能的文章。
- **第 6 章**：本章提供了将大规模 Java 应用部署到 VMware 上的最佳实践，包括架构、性能、设计和规模划分，以及高可用性方面的最佳实践。这些信息能够帮助 IT 架构师成功地在 VMware vSphere 上部署并运行 Java 环境。
- **第 7 章**：本章总结了当你在虚拟化 Java 时，如果遇到瓶颈或性能问题该怎么处理。在这个领域，它为你提供了很有用的总结。
- **附录**：该附录中包含了很多 VMware 客户所提出的问题，这是作者多年来所遇到的。阅读 FAQ 有助于快速提高技术水平。
- **术语表**

致谢

我首先要感谢我的妻子 Christine 以及我们的儿子 Anthony 和 Adrian，感谢他们能够理解我在写作本书的过程中没有足够的时间陪伴他们。Christine，你是我动力的支柱，你总是能够理解和迁就我。

我要感谢我的父母，他们牺牲了很多来帮助我追求教育和职业方面的发展，感谢我的兄弟姐妹所给予的鼓励。我也要感谢 Christine 一家所给予的关爱和支持。

我要感谢我亲爱的朋友，His Grace Mar Awa Royel，他是 Assyrian Church of the East 的主教，感谢他的祝福。

我还要感谢 GTS 的副总裁 Matt Stepanski 以及 GCOE 的高级主管 Steve Beck，他们不断的支持和鼓励促成了本书的出版。

我还想真诚感谢 Michael Webster，他完整地审阅了本书。非常感谢他的热情和能力，他迅速及时地审阅了本书并做出了一些重要的变更。

我要感谢 VMware 的同事，正是他们帮助我把这本书变成了现实：Lyndon Adams、Mark Achtemichuk、John Arrasjid、Scott Bajtos、Stephen Beck、Channing Benson、Jeff Buell、Dino Cicciarelli、Blake Connell、Ben Corrie、Melissa Cotton、Bhavesh Davda、Scott Deeg、Carl Eschenbach、Duncan Epping、Jonathan Fullam、Alex Fontana、Filip Hanik、Bob

Goldsand、Jason Karnes、Jeremy Kuhnash、Ross Knippel、Gideon Low、Catherine Johnson、Mark Johnson、Kannan Mani、Sudhir Menon、Justin Murray、Vas Mitra、Avinash Nayak、Mahesh Rajani、Jags Ramnarayan、Raj Ramanujam、Harold Rosenberg、Dan Smoot、Randy Snyder、Lise Storc、Matt Stepanski、Mike Stolz、Guillermo Tantachuco、Don Sullivan、Abdul Wajid、Sumedh Wale、Yvonne Wassenaar、Michael Webster、Mark Wencek、James Williams 以及 Matthew Wood。

Contents 目　录

第1章 Chapter 1

大规模 Java 平台简介

本章定义了3类大规模的 Java 平台：

- 第1类：大量的 Java 虚拟机（Java Virtual Machine，JVM）（100～1000个JVM）。
- 第2类：JVM 的数量较少但是堆很大。
- 第3类：前两类的组合，其中第1类使用的数据来源于第2类的平台之中。

除此之外，本章还讨论了各种趋势，并且大致描述了一些技术性的考量因素，以帮助你理解设计大规模 Java 平台时与之相关的技术问题。

1.1 大规模 Java 平台的分类

基于与客户的交流，大规模的 Java 平台主要可以分为如下的3类：

- 第1类：这一类的特点在于拥有大量的 Java 虚拟机（Java Virtual Machine，JVM）。在这类中，有数百甚至上千个 JVM 部署到 Java 平台上，这些 JVM 通常应用于一个系统中，并且服务于百万级的用户。我曾经见过有的用户具备多达15 000个 JVM。当你与上千个的 JVM 实例打交道的时候，你必须要考虑到管理成本以及是否能有机会合并这些 JVM 实例。
- 第2类：这一类的特点是更少数量的 JVM（通常是1～20个），但是堆会比较大（8～256GB，甚至更大）。这些 JVM 通常有内存数据库部署在里面。在这类中，垃圾收集（garbage collection，GC）的调优变得至关重要，后续的章节中会进行讨论。
- 第3类：这一类结合了前面提到的两类，在这里可能会有上千台 JVM 运行企业级应用，而应用所使用的数据来源于后端第 2 类的大型 JVM。

关于大规模 Java 平台的虚拟化与调优，以上提到的 3 类都有 4 种关键的需求趋势：

- 计算资源的合并
- JVM 合并
- 弹性和灵活性
- 性能

让我们更为详细地看一下每个趋势。

1.2 大规模 Java 平台的趋势与需求

在大规模 Java 平台的迁移工程中，计算资源合并、JVM 实例合并、弹性和灵活性以及性能是主要的发展趋势。以下的各个子章节更为详细地讨论了每种趋势。

1.2.1 计算资源合并

很多 VMware 客户发现他们的中间件部署快速地膨胀，并且因为成本的不断增长日益成为管理方面的挑战。因此，客户希望虚拟化的方式能够减少服务器的数量。与此同时，客户也希望借助合并的机会来合理化某个特定负载所使用的中间件组件的数量。中间件组件通常会运行在 JVM 之中，并且规模是成百上千个的 JVM 实例，所以这就提供了很多机会来进行 JVM 实例合并。因此，中间件的虚拟化会带来两次合并的机会——首先是合并服务器实例，然后是合并 JVM 实例。这种趋势得到了广泛认同，毕竟，地球上的每一家 IT 厂商都在考虑合并所带来的成本节省。

我们在服务行业的一个客户经历了合并服务器的过程，与此同时，将众多堆小于 1GB 的小型 JVM 进行了合并。他们将大量小于 1GB 的 JVM 合并成了两种类型：一种是 4GB 的，另外一种是 6GB 的。他们合并的方式是这样的，应用所能够使用的净 RAM 总量与之前的 RAM 数量是相同的，但是 JVM 实例更少了。通过这种方式，他们提高了性能并且维持了很好的服务水平协议（service level agreement，SLA）。同时，还大幅降低了管理的成本，因为与以前相比减少了要管理的 JVM 实例数量，这种精简的环境帮助他们更容易地维持 SLA。

另外一个保险行业的客户也达到了相同的结果，同时他们能够在开发和 QA 环境中充分使用 CPU，从而降低第三方软件许可证的成本。

1.2.2 JVM 实例合并

有时候，我们会遇到这样的客户，他们会有合理的业务需求，按照这种需求，某个应用或一条业务线只会维持一个 JVM。在这些场景之中，你无法真正地合并 JVM 实例，因为这样做会导致某个业务线应用的生命周期与其他业务线的应用混杂在一起。不过，尽管这些客户无法从合并 JVM 所带来的 JVM 数量减少中获益，但他们能够从更加充分地使用服务器硬件的可用计算资源方面获益，在非虚拟化的环境中，这些资源可能没有充分地得以使用。

1.2.3　弹性与灵活性

越来越多地发现表明应用具有季节性的需求。例如，我们的很多客户会进行各种市场营销活动，这使得他们的应用会产生季节性的流量变化。借助 VMware，你就能够处理这种流量的暴增，这是通过当需要的时候自动提供新的虚拟机（VM）和中间件组件实现的。当负载平缓后，还能够自动地卸载这些 VM。

对于中间件来说，在更新 / 增补硬件时，能够实现不停机是至关重要的，这保证了云时代的扩展性和系统的正常运行时间。VMware VMotion 能够让你迁移 VM 时，无须停止应用或 VM。在管理大规模中间件部署环境时，这种灵活性本身就足以使虚拟化中间件成为一件值得尝试的事情。我们在金融领域的一个客户，每日会处理百万级的事务，会经常使用 VMotion 来安排硬件的升级，这没有产生任何停机时间。否则，如果安排停机时间，会给他们的业务带来很高的成本。

1.2.4　性能

客户经常会报告说，在虚拟化的时候，提升了中间件平台的性能。性能的提升一部分源于升级的硬件，客户在虚拟化项目的时候通常会更新硬件。一些性能的提升则是因为健壮的 VMware hypervisor。VMware hypervisor 在过去的几年中得到了相当大的提升，在第 5 章讨论了几个性能方面的案例，展现了在虚拟化环境中所测试的高负载场景。

1.3　大规模 Java 平台的技术因素

当设计大规模 Java 平台时，需要考虑很多的技术因素。例如，对于构建良好的大规模 Java 平台来说，需要很好地理解 Java 垃圾回收（garbage collection，GC）以及 JVM 架构、硬件和 hypervisor 架构。本节中，概要讨论了 GC、非一致内存架构（Non-Uniform Memory Architecture，NUMA），以及在理论和实际操作中的内存限制。稍后的章节会给出更为详细的描述，但首先在整体上理解围绕大规模 Java 平台设计有哪些问题是非常必要的。

1.3.1　Java 平台在理论和实际中的限制

图 1-1 展现了 Java 负载在理论和实际中的规模限制，当对 JVM 负载进行规模划分时，

这些关键的限制条件是需要谨记的。

- ❑ 需要强调的很重要的一点就是，JVM 的理论限制是 16 艾字节（exabyte）。但是，并没有实际的系统能够提供这么大数量的内存。所以，我们将其视为第一个理论限制。
- ❑ 第二个限制是 Guest 操作系统所能支持的内存量。在大多数场景下，能够达到多个 TB（terabyte），这取决于所使用的操作系统。
- ❑ 第三个限制是 ESXi 5 中每个 VM 中最多有 1TB 的 RAM，对于我们在客户那里所遇到的任何负载这都是足够的。
- ❑ 第四个限制（实际上也是第一个实际的限制）就是典型的 ESX 服务器上可用的 RAM 数量。我们发现，vSphere 主机平均来讲会有 128 ～ 144GB，最多可以达到 196 ～ 256GB。当然从可行性的角度来看，硬性的限制可能在 256GB 左右。我们当然也会有更大的基于 RAM 的 vSphere 主机，如 384GB ～ 1TB。但是，这类主机可能更适合于第 2 类的内存数据库工作负载和传统的关系型数据库管理系统（relational database management system，RDBMS），它们会使用到如此巨大的计算资源。这些系统需要如此大的 vSphere 主机的主要原因是大多数（稍微有一些是例外的，如 Oracle RAC）传统关系型数据库不会横向扩展（scale out），而会纵向扩展（scale up）。在第 1 类和第 2 类 Java 平台的场景中，横向扩展是一种可行的方式，因此选择更为划算的 vSphere 主机是可以承受的。在第 1 类的 Java 负载中，你应当考虑让 vSphere 主机有一个更为合理的 RAM，它的范围应该在 128GB 以内。
- ❑ 第五个限制就是服务器 RAM 的总量以及如何将其划分为多个 NUMA 节点，每个处理器插槽（processor socket）都会是一个 NUMA 节点，节点具有 NUMA 本地内存。NUMA 本地内存可以用服务器 RAM 的总量除以处理器插槽的数量计算得到。我们知道为了获得最佳的性能，你应该在 NUMA 节点的内存边界范围内确定 VM 的大小。毫无疑问，ESX 提供了很多的 NUMA 优化选项，但是最好始终要做到 NUMA 本地访问。例如，在 ESX 主机中，两个处理器插槽一共具有 256GB 的 RAM（也就是说，它具有两个 NUMA 节点，每个 NUMA 节点具有 128GB（256GB/2）的 RAM），这表明，当你确定 VM 的规模时，它不应该超过 128GB，因为这样就能实现 NUMA 的本地访问。

在图 1-1 中展现的限制因素能够帮助你在确定大型 JVM 规模时，如何做出务实且可行的设计和划分决策。但是在确定大型 JVM 规模时，还有其他的考量因素，如 GC 调优的复杂性以及维护大型 JVM 所需的知识。实际上，我们客户群体中绝大多数 JVM 都是使用 4GB RAM 左右的典型企业级 Web 应用，也就是本书中所述的第 1 类工作负载。但是，更大的 JVM 也是存在的，我们有的客户在 JVM 上运行大规模的监控系统和大型的分布式数据平台（内存数据库），其规模在 4 ～ 128GB。对于像 vFabric GemFire 和 SQLFire 这样的内存数据

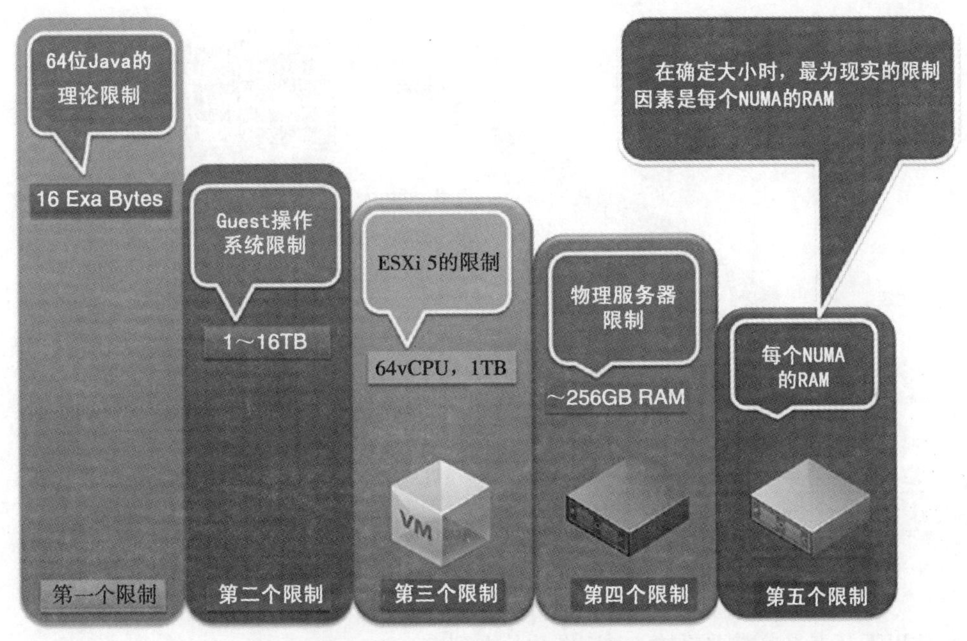

图 1-1　Java 平台的理论和实际限制

库同样如此，在这里，集群中单个 JVM 成员可以达到 128GB，而整个集群的规模可以达到 1 ～ 3TB。这样大型的 JVM 就需要更多关于 GC 调优的知识。在 VMware，过去的几年中，尽管物理机上的 GC 调优与虚拟机上并没有任何差别，但我们依然为很多客户在 GC 优化方面提供了很多帮助。原因在于我们将 vFabric Java 以及 vSphere 的专业知识集成到了一起，这样就能帮助很多客户将运行 vSphere 上的 Java 工作负载实现最优化。当决定是否要垂直扩展 JVM 和 VM 的大小时，首先应该要考虑的是水平扩展的方式，我们发现具有水平扩展能力的平台可以获得更好的可扩展性。如果水平扩展的方案不可行，那就要考虑增加 JVM 内存的大小，并据此增加 VM 的内存。当选择通过增加堆空间 / 内存来加大 JVM 的规模时，下一个需要考量的点就是 GC 调优和处理大型 JVM 的知识。

注意　考虑到本书所述的第三个限制，ESXi 5.1 是官方的 GA 发布版本；但是，到本书出版之时，vSphere 的一些最大限制可能会发生变化。通过官方的 VMware 产品文档来了解其最新的最大值。同时要注意，这些 VM 限制使用成本不菲的硬件，会需要数量众多的 vCPU，但是对于需要这种环境的场景来说，这才能够确保其价值。

如本章前文所述，在企业级领域，大型 Java 平台可以划分为 3 类。图 1-2 展现了各种工作负载的类型及其相对的规模。一个流行的趋势是随着 JVM 规模的增长，对 JVM GC 调优知识的需求也在不断增长。

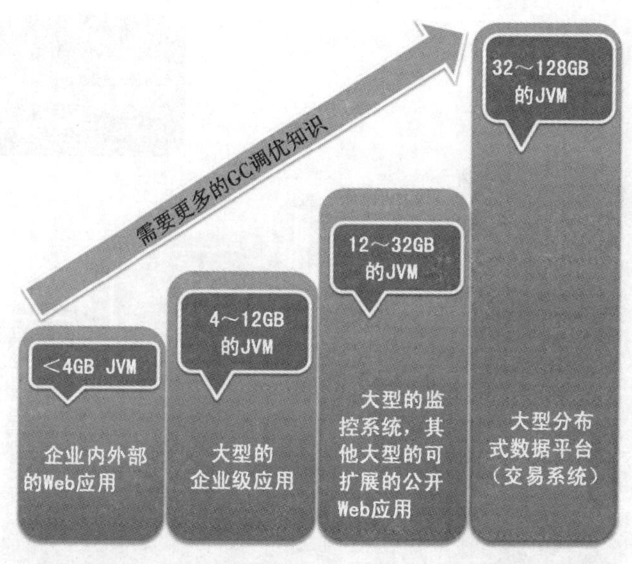

图 1-2　随着 JVM 的增大，对 GC 调优知识的需求同步增长

记住以下几点是非常重要的（对应图片从左到右）：

- 在如今的工作负载中，堆大小小于 4GB 的 JVM 最为常见。4GB 是一个特殊的场景，因为在 64 位的 JVM 空间中，它默认具备 32 位地址指针的优势（因此会具有非常高效的内存分布机制）。这会需要一些调优，但是并不会很多。这种类型的工作负载属于本章所定义的第 1 类的范畴。在服务器级别的机器上，使用默认的 GC 算法就足够了。只有当响应时间不能满足要求时，你才需要对其进行调优。如果发生了这样的场景，你可以遵循第 3 章，以及第 6 章中所提供的 GC 调优指导。
- 第二种工作负载场景也属于前文所述的第 1 类，但可能面对的是组织内部重要的用户。在这种负载的应用中，我们一般会看到被大规模使用（1000 ～ 10 000 的用户）的企业级 Java Web 应用。该类型环境的标准是 GC 调优以及稍大于 4GB 的 JVM。DevOps 团队通常会具有良好的 GC 调优知识，并且配置 JVM 不再使用默认的 GC 吞吐（throughput）收集器。在这里我们会看到对于这种类型的工作负载会使用 CMS（concurrent mark and sweep）GC 算法，从而为用户提供更短的响应时间。CMS GC 算法由 Oracle JVM（也就是之前的 Sun JVM）所提供。关于 Oracle JVM 或 IBM JVM 中其他 GC 算法的相关细节和信息，请参阅第 3 章和第 6 章。
- 第三种工作负载的场景可以划分到前文所述的第 2 类，但它是第 2 类中的一个特殊场景，因为应用程序有时候会因为不能进行水平扩展，而使用更大的 JVM。如本章前文所述，一般来讲第 2 类的工作负载通常会是内存数据库。在这种类型中，需要深入地理解 JVM GC 调优的知识。你的 DevOps 团队必须能够清晰区分不同的 GC 收集器并选择最适合提高吞吐量的收集器（吞吐收集器）（与之相对的是对于延迟性敏感的工作负载应用，则要使用 CMS GC 以获得更好的响应时间）。

- 第四种工作负载的场景可以同时划分为前文所述的第 2 类和第 3 类。在这里，可能会有大型的分布式系统，客户端的企业级 Java 应用所使用的数据来源于后端的数据 fabric，在后端会有一组或更多的内存数据库 JVM 节点在运行。在这种场景下，需要专家级别的 GC 调优能力。

除了简单地维护一个大型的 JVM，你必须要了解工作负载的类型。毕竟，客户经常会垂直扩展 JVM，因为他们认为这是一种简单的部署方式，最好保持已有 JVM 进程的现状。让我们考虑一些 JVM 的部署和使用场景（可能有一些存在于你目前的部署环境中，也有一些你过去可能遇到过）：

- 某位客户最初部署了一个 JVM 进程。随着需要部署的应用不断增加，这位客户并没有通过增加第二个 JVM 和 VM 的方式进行水平扩展。与之相反，客户采取了垂直扩展的方式。所造成的结果就是，已有的 JVM 必须进行垂直扩展，以承载多个不同类型且需求各异的工作负载。
- 有一些工作负载，如任务调度器（job scheduler），需要高的吞吐量，而公开访问的 Web 应用则需要很快的响应时间。因此，如果将这些类型的应用放在同一个 JVM 之中，会使得 GC 调优的过程复杂化。当对 GC 进行调优以获取更高的吞吐量，所付出的代价通常是牺牲响应时间，反之亦然。
- 即便你可以同时实现更高的吞吐量和更好的响应时间，但这无疑会增加不必要的 GC 优化行为。当面临这类的部署选择时，通常最好的方式是将不同类型的 Java 负载划分到它们自己的 JVM 之中。一种方式就是将运行任务调度器的工作负载放到自己的 JVM 和 VM 中（对基于 Web 的 Java 应用同样如此）。
- 在图 1-3 中，JVM-1 部署到一个 VM 上，这个 JVM 中具有混合的应用负载类型，当试图纵向扩展 JVM-2 中的应用时，GC 调优和扩展性都会变得更为复杂。更好的方式是将 Web 应用划分到 JVM-3 中，而任务调度器划分到 JVM-4 中（也就是，水平扩展，并且在必要时具备垂直扩展的灵活性）。如果将 JVM-3 和 JVM-4 的垂直可扩展性与 JVM-2 的垂直可扩展性进行对比，你会发现 JVM-3 和 JVM-4 可扩展性更好并且更容易进行调优。

1.3.2　NUMA

非一致内存架构（Non-Uniform Memory Architecture，NUMA）是一种用于多处理器环境的计算机内存设计，在这种环境下，内存的访问时间取决于内存相对于处理器的位置。在 NUMA 中，处理器访问本地内存要快于访问非本地内存（也就是，其他处理器的本地内存或处理器共享的内存）。

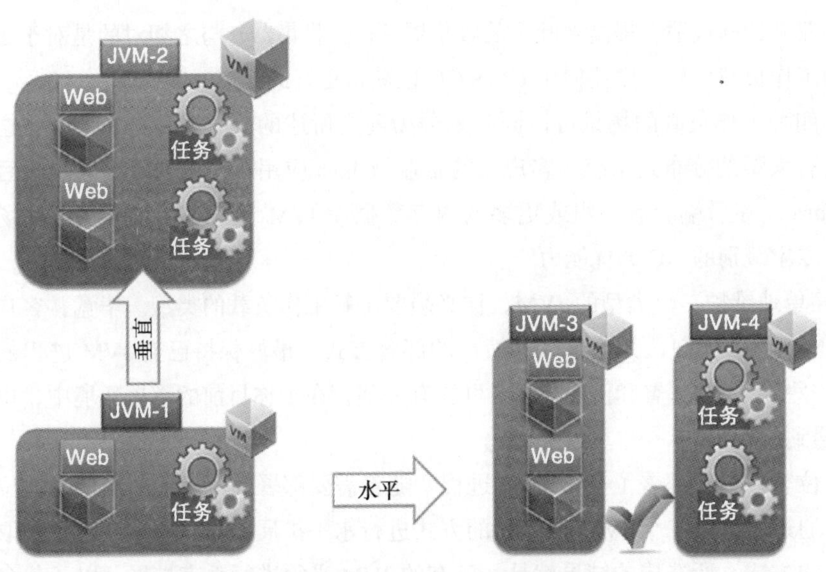

图 1-3 避免将混合的负载类型放到同一个 JVM 之中

理解 NUMA 的边界对于确定 VM 和 JVM 的大小是非常重要的。理想情况下，VM 的大小应该限制在 NUMA 边界之内。图 1-4 展现了一个两插槽的 vSphere 主机，因此会有两个 NUMA 节点。图中所展现的工作负载是两个 vFabric SQLFire 的 VM，每个 VM 的内存和

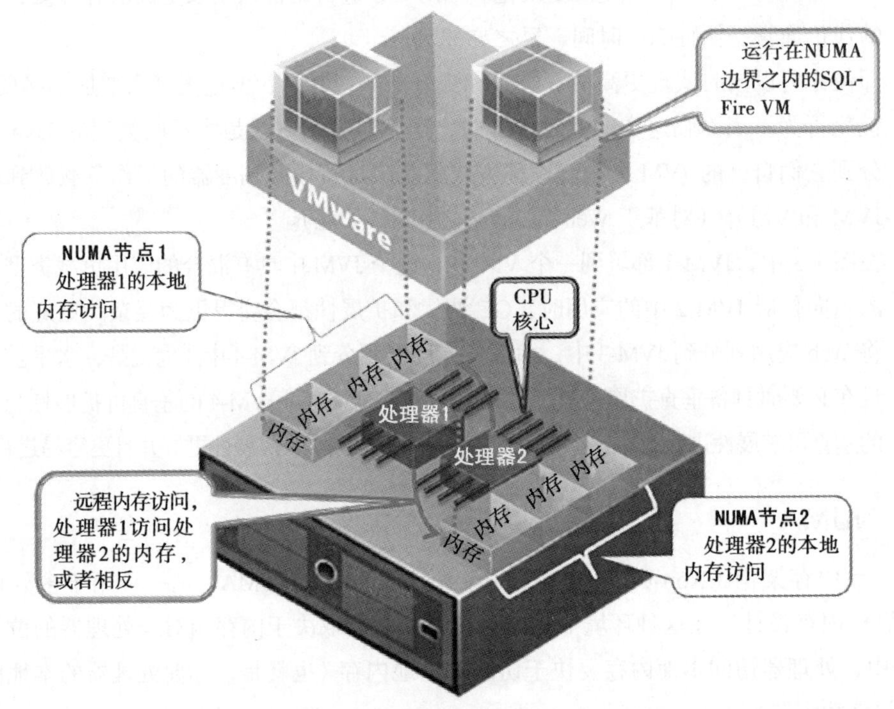

图 1-4 双插槽 8 核心的 vSphere 主机，具有两个 NUMA 节点，每个 NUMA 节点有一个 VM

CPU 的规模都调整在了 NUMA 节点的边界之内。如果某一个 VM 的大小超出了 NUMA 边界，它可能会与其他的 NUMA 节点产生内存交错（interleave），以满足额外内存的请求，因为本地 NUMA 节点无法提供这些内存。图中使用红色箭头[⊖]标示了内存交错（虚线箭头展示了这种交错），以此强调这种类型的内存交错是应当避免的，因为它会严重影响性能。

为了计算每个 NUMA 节点中可用的 RAM 数量，可以使用公式 1-1 中的等式。

NUMA 本地内存＝服务器上的 *RAM* 总量 / 插槽数

公式 1-1　每个 NUMA 节点的 RAM 大小（NUMA 本地内存）

例如，如果一个服务器配置了 128GB 的 RAM，并且具有两个插槽（如图 1-4 所示），这表明每个 NUMA 的 RAM 是 128/2，也就是 64GB。这并不完全准确，因为还需要考虑 ESX 的消耗。所以，一个更为精确的估算结果可以由公式 1-2 得出。这个公式中考虑到了 ESXi 的内存消耗（不管服务器的规模大小，始终是 1GB 的常量）以及 1% 的 VM 内存消耗，也就是总可用内存的 1%。这是一个保守的近似公式，每个 VM 和工作负载会略有不同，但是这个近似值非常接近于最坏的场景。

NUMA 本地内存＝ [主机上的 *RAM* 总量－ {(主机上的 *RAM* 总量 **nVMs**0.01) ＋ 1GB}]/ 插槽数

公式 1-2　基于 ESXi 的消耗进行调整后，每个 NUMA 节点的 RAM（NUMA 本地内存）

以下描述了公式的不同组成部分：

- **NUMA 本地内存**：实现最优内存吞吐和查找定位的本地 NUMA 内存量，已经考虑到了 VM 和 ESXi 的消耗。
- **主机上的 RAM 总量**：物理服务器上所配置的物理 RAM 数量。
- **nVMs**：在 vSphere 主机上所规划部署的 VM 数量。
- **1GB**：运行 ESXi 所需要的内存消耗。
- **插槽数**：物理服务器上可用的插槽数，2 个插槽或 4 个插槽。

注意　公式 1-2 假设的是最为悲观的开销范围，尤其当 VM 的数量增加的时候，显然你增加的 VM 越多，你就会有更多的消耗。对于较少数量 VM 的场景，公式 1-2 的近似值是相当准确的。同时，公式中假设的是没有过量使用内存的情况。这个公式的结果对更大的 VM 更为有利，在这种情况下，NUMA 是最重要的考量内容。当划分为更大的 VM 时，一般来讲你会维护更少数量要配置的 VM，所以这个开销公式完全适用。实际上，对较大的 VM 来讲，它们具有依赖内存的工作负载，其最佳的配置是每个 NUMA 节点对应一个 VM。如果你将这个公式应用到超过 6 个 VM 的部署环境，比

⊖　这种提及颜色的图请参见彩插页。后文中也有类似的情况，不再一一指出。——编辑注

如说 10 个 VM，那么这个公式会过高估算所需的消耗量。更为精确的做法是，你可以使用 6% 规则，也就是不管 VM 的数量多少，总是假设 6% 的内存消耗是足够的，而不用关心是 10 个 VM 还是 20 个 VM。

如果你没有时间来了解公式，而是想快速开始进行配置，那么可以将内存的大约 6% 作为消耗。有很多的场景，并不是所有的计算方式都会被用到。例如：

样例 1——使用 6% 估算方式：这表明如果你有一个具备 128GB 物理 RAM 的服务器（双插槽的主机，每个插槽上有 8 个核心），并且在配置主机上的 2 个 VM 时，采用 6% 消耗的计算方式，那么每个 VM 总的 NUMA 本地内存将会是 => ((128 * 0.94) – 1) / 2 => 59.7GB。因为有 2 个 VM，那么提供给这 2 个 VM 的内存大约是 59.7 * 2 => 119.32GB。

你也可以采用公式 1-2 的方式，如下面的样例 2 所示：

样例 2——使用公式 1-2 来计算 NUMA 本地可用内存：同样，我们假设有一个具有双插槽（每个插槽上有 8 个核心）且 128GB 的主机，要在上面配置 2 个 VM，NUMA 本地内存 =（128 –（128 * 2 * 0.01）– 1）/ 2 => 62.22GB。注意，这是针对 2 个 VM 进行的计算。假设你想配置 16 个具有单个 vCPU（1vCPU = 1 个核心）的 VM，那么 NUMA 本地内存 =（128 –（128 * 16 * 0.01）– 1）/ 2 => 53.26GB。这很可能过于保守了，更为精确的应该是 6% 消耗估算方式。

对于最佳实践，估算消耗最好的方式是总物理 RAM 的 6%（再加上 ESXi 所需的 1GB），也就是如样例 1 所示。

在前面的例子中，展现的计算过程是基于一个具有 128GB RAM 的服务器，真正的本地内存可能是（（128 * 0.99）– 1GB）/ 2 => 62.86GB，这是你可以配置的最大的 VM。在这种场景下，你可以非常安全地配置 2 个具有 62.68GB RAM 的 VM，每个 VM 具有 8 个 vCPU，因为每个 VM 都会部署到一个 NUMA 节点上。还有另外一种可行的选择，如果你愿意部署更小的 VM，那么你可以部署 4 个 VM。每个 VM 具有 62.86GB / 2 => 31.43GB 的 RAM 以及 4 个 vCPU，NUMA 的调度算法依然会将 VM 放置到本地 NUMA 节点之上。

注意 在超线程（hyperthreaded）的系统中，VM 所具有的 vCPU 数量大于 NUMA 节点内物理核心的数量，但是会小于逻辑处理器的数量（逻辑处理器通常是物理核心数量的 2 倍，但更为实际的做法是，让逻辑处理器的数量是物理核心的 1.25 倍），每个物理 NUMA 节点上的这些 VM 可能会从使用本地内存的逻辑处理器中受益，而不是全部的核心都使用远程的内存。你可以通过 numa.vcpu.preferHT 标记为特定的 VM 配置这种行为。要了解更多的细节，可以参考 http://www.vmware.com/pdf/Perf_Best_Practices_vSphere5.1.pdf 以及知识库文章 kb.vmware.com/kb/2003582。通常在开始的时候建议 vCPU 数量等于物理核心的数量，当需要的时候再往上调整 vCPU，但是大致上要少于 1.25 倍可用物理核心的数量。

为了进一步详细阐述 ESXi NUMA 调度算法，图 1-5 展现了具有双插槽且每个插槽 6 核心的服务器。

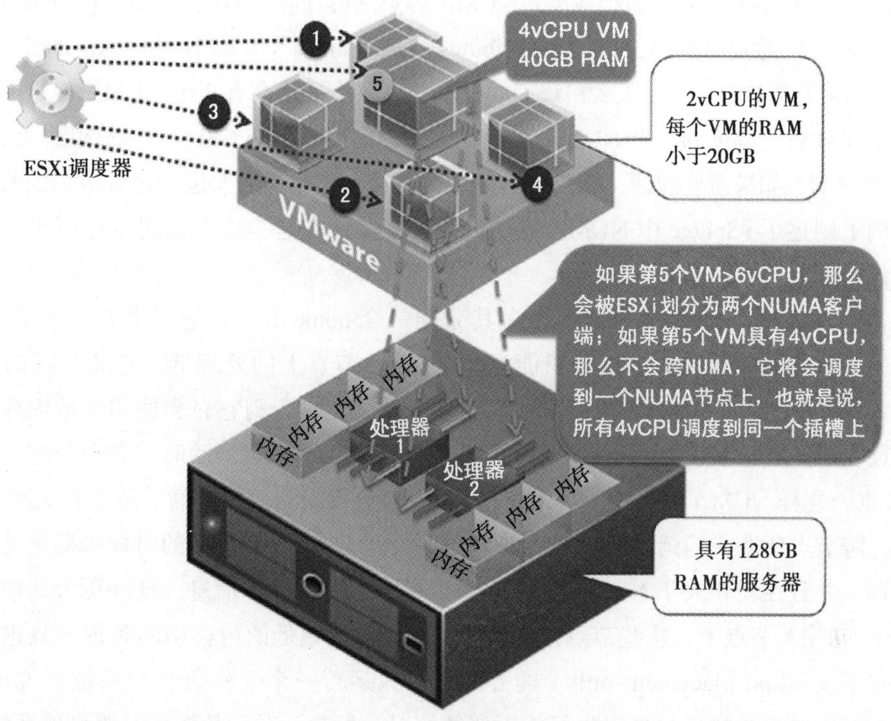

图 1-5　ESXi NUMA 对双插槽 6 核心服务器的调度

在这个图中，最初有 4 个 VM，每个 VM 有 2 个 vCPU 以及大约 20GB 的 RAM。最初的 ESXi 调度算法将会遵循轮询（round-robin）的模式。首先，会发生第一步（如图中带有数字 1 的黑色圆圈），然后，接下来 2 个 vCPU 的 VM 会在另一个可用的空 NUMA 节点上调度，随后同样的方式（第三步和第四步）调度第三个和第四个 VM。此时，4 个 2vCPU 20GB VM 都已经调度过了，调度的结果就是 4 个 VM 将会占用每个插槽的 4 个核心，如图中的红针所示（红针就是最初 ESXi 调度 4 个 2vCPU VM 的结果）。稍后，部署了第五个 VM，它具有 4vCPU 以及 40GB RAM，现在，ESXi 会试图在一个 NUMA 节点上调度这个 VM。这是因为这个 VM 是 4vCPU，并不会被认为是跨 NUMA 节点的 VM，所以它的全部 4 个 vCPU 会被安排在一个 NUMA 节点上，尽管此时只有 2 个 vCPU 是可用的。按照 NUMA 的平衡感知算法（balancing awareness algorithm），可能会发生的事情是：ESXi 调度器将会最终强制要求其中一个 2vCPU VM 迁移到另外一个 NUMA 节点上，从而试图将第五个 4vCPU VM 放置到一个 NUMA 节点上。ESXi 调度器采用这种行为是因为它使用一种被称为 NUMA 客户端的理念，会以每个 NUMA 客户端的方式调度 VM，在这里 NUMA 客户端的默认大小就是物理NUMA节点的大小。在本例中，默认值就是6，所以任何6vCPU或更小的VM将会调度到一个NUMA节点上，因为它属于一个NUMA客户端。如果你想改变这种行为，应该强制要求NUMA客户端的计算更为细粒度。NUMA客户端的计算是通过numa.vcpu.maxPerClient控制的，它可以通过Advanced Host Attributes -> Advanced Virtual NUMA Attributes进行设置，如果你将其值修改为2，那么在我们的样例中，每个插槽会有3个NUMA客户端，每个2vCPU的VM将会调度到一个NUMA客户端之中，而第五个4vCPU VM的调度将会跨2个NUMA客户端，如果需要的话，它可能会跨2个插槽。你很少需要进行这种级别的调优，但是这个例子阐述了vSphere中NUMA算法的强大之处，在这一点上远超过任何非虚拟化的Java平台。

通常，当虚拟机启动时，ESXi会为其分配一个home节点，这是其初始安置（initial placement）算法的一部分。虚拟机只能运行其home节点上的处理器，它新分配的内存也来自于home节点。除非虚拟机的home节点发生了变更，否则它只会使用本地内存，这就避免了远程访问其他NUMA节点所带来的性能损耗。当虚拟机启动时，它会分配一个初始home节点，这样NUMA节点间整体的CPU和内存负载就能保持平衡。鉴于在大型NUMA系统中，跨节点所造成的延迟会有很大的差异，因此ESXi会在启动的时候来确定这些节点间的延迟，并且在安置大于NVMA节点的虚拟机时会用到这些信息。这些更大的虚拟机放置到多个NUMA节点上，这些节点彼此接近，从而达到最低的内存访问延迟。只进行初始安置时设置（initial placement-only）的方式对于只运行一个工作负载的系统来说足够了，比如基准配置在系统的运行过程中保持不变的情况。但是，对于数据中心级别的系统来说，这种方式无法保证达到好的性能和公平性，因为这种级别的系统要支持工作负载的修改。因此，除了初始化安置过程以外，ESXi 5.0确实也提供了在NUMA节点间动态迁移虚拟CPU和内存的功能，从而提高CPU的平衡性并增强内存的本地化。ESXi结合了传统的初始安置方式以及动态重平衡的算法。系统会阶段性（默认每两秒钟）检查各种节点的负载并确定是否要通过将虚拟机从一个节点迁移到另一个节点以实现负载的重平衡。

这个计算会考量到虚拟机的资源设置和资源池来提升性能，而不会违反公平性和资源的权限设置。重平衡器会选择合适的虚拟机并将其home节点修改为负载最小的节点。如果它能做到这一点，重平衡器会将已经具有一些内存的虚拟机转移到目标节点上。从这一刻开始，虚拟机会在其新的home节点上分配内存，虚拟机的运行也会依赖于新home节点中的处理器。重平衡是维护公平性并确保所有节点完全使用的有效方案。重平衡器可能需要将虚拟机迁移到一个分配了很少甚至没有内存的节点上。在这种情况下，虚拟机会引起性能损耗，这与大量的远程内存访问有关。ESXi可以消除这种损耗，这是通过透明地将内存从虚拟机的原始节点迁移到新home节点实现的。

注意　在 vSphere 4.1/ESXi 4.1 中，hypervisor 并没有将底层的物理 NUMA 架构暴露给操作系统，因此运行在这种 VM 上的应用程序工作负载并不能充分利用额外的 NUMA 挂钩（hook）所提供的优势。但是在 vSphere5 中，引入了 vNUMA 的理念，通过配置你可以暴露底层的 NUMA 架构给操作系统，所以能够感知 NUMA 的应用就能充分使用它了。在 Java 中，可以使用 -XX:+UseNUMA 这个 JVM 参数，但是，它只兼容于吞吐型的 GC，而不兼容 CMS GC。矛盾的是，在大多数内存敏感的应用中，NUMA 是重要的因素，而延迟敏感也是很大的考量因素，因此 CMS 收集器更为合适。这表明你不能同时使用 CMS 与 –XX:+UseNUMA 可选项。而好消息是 vSphere NUMA 算法对于提供本地化来讲已经足够好了，尤其是当你遵循 NUMA 规模划分最佳实践时更是如此——如在内存和 vCPU 方面，使 VM 的规模大小适应 NUMA 的边界。

1.3.3　在生产环境中，最为常见的 JVM 规模

前面已经讨论了你可以部署的各种 JVM 规模（在一些场景中，是非常大的 JVM），但是要记住的很重要的一点就是，在数据中心里面，堆大小为 4GB 的 JVM 最为常见。这可能是相当繁忙的 JVM，具有 100 ～ 250 个并发线程（实际上的线程数可能差异很大，因为这取决于工作负载的特性），4GB 的堆大小，那么 JVM 进程大约是 4.5GB，再加上 0.5GB 的 Guest 操作系统，因此该 VM 推荐的预留内存是 5GB，这个 VM 具有两个 vCPU 且只包含一个 JVM 进程，如图 1-6 所示。

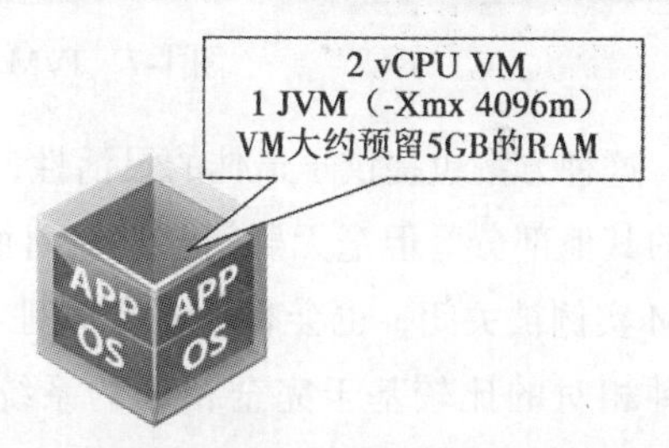

图 1-6　在生产环境中，最为常见的 JVM 规模

1.3.4　JVM 和 VM 的水平扩展与垂直扩展

当考虑水平扩展与垂直扩展时，你可以有 3 种可选方案，如图 1-7 所示。

下面的章节会详细介绍这 3 种方案的利弊。

方案 1

在方案 1 中，JVM 引入 Java 平台中是通过创建新的 VM 并在上面部署新的 JVM 实现的（因此，横向扩展 VM 和 JVM 的模型）。

方案 1 的优势

这种方案提供了最佳的可扩展性，因为 VM 和 JVM 会作为一个整体单元被 ESXi 调度器所调度。实际上 ESXi 调度的是 VM，但因为这个 VM 上只有一个 JVM，所以造成的实际效果就是 VM 和 JVM 会作为一个整体进行调度。

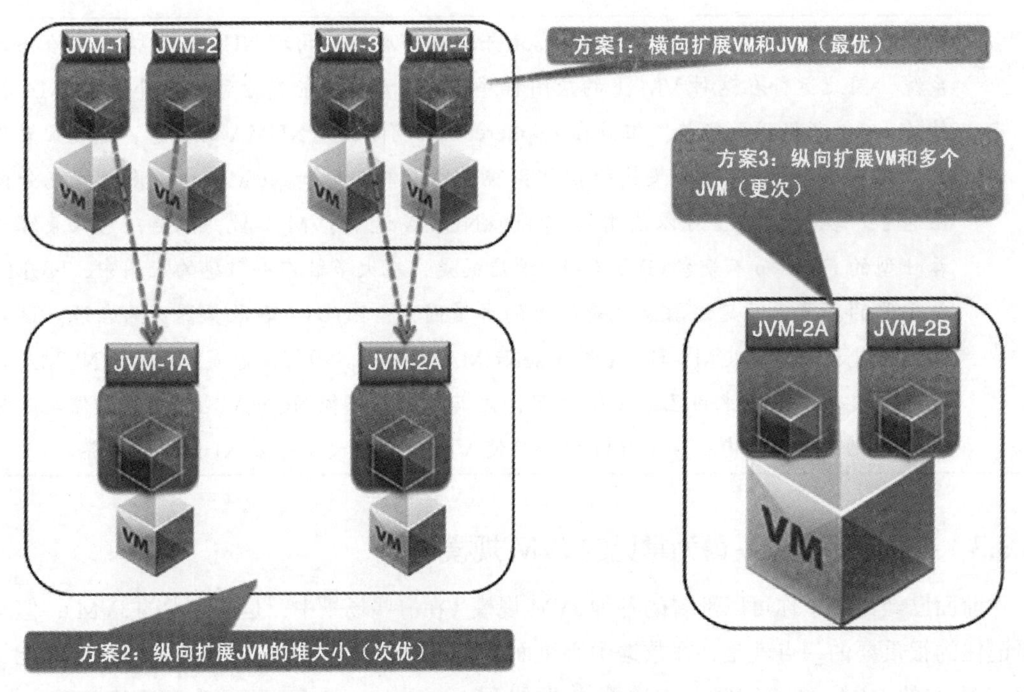

图 1-7　JVM 的水平与垂直扩展性可选方案

这种方案也提供了最佳的灵活性，能够独立地关闭任何 VM 和 JVM 而不会影响 Java 平台的其他部分。但毫无疑问这是相对而言，因为大多数 Java 平台都是可水平扩展的，即便 JVM 实例被关闭，也会有足够的实例来服务于访问流量。更多的实例会有更好的可扩展性，这种相对的比较基于完全相同的系统使用 100 个 JVM 和 VM 还是 150 个 JVM 和 VM。对某一个特定实例，如果你正在比较和对比平台设计方案并试图在使用 100 个 JVM 还是 150 个 JVM 中做出选择，不管是 100 个还是 150 个 JVM 都具有相应的 RAM 总量。很明显，具有 150 个 JVM 的系统具有更好的灵活性和可扩展性。在 150 个 JVM 的场景中，因为你有更多的 JVM，因此相对于 100 个 JVM 的情况，JVM 可能会更小。在这种情况下，如果 150 个 JVM 平台中的某一个 JVM 遇到了问题，所造成的影响可能会更小，因为这个 JVM 所持有的数据比 100 个 JVM 场景所持有的数据更少。因此，150 个 JVM 横向扩展的健壮性使其成为更为合适的可选方案。

如果系统进行了精化（refined），之前所提到的水平可扩展的优势就能得以发挥了。这里的精化指的是基于 64 位的架构采用 VM 和 JVM 的最佳实践，JVM 具有较为合理的大小，也就是大致 4GB 的最小堆空间，而不是围绕着 32 位 JVM 所形成的碎片化的 1GB 堆空间（有一些遗留的 32 位 JVM 能够大于 1GB，但是对于实际使用来讲，32 位 JVM 会有一个遗留的 1GB 限制）。

方案 1 的劣势

这种方案的成本会更为昂贵，因为它会导致更多的操作系统副本，许可证费用很快就会变得更为高昂。管理这种系统的成本也会更高，因为需要监控更多的 VM 和 JVM。

并没有什么技术原因强制要求你每个 VM 上面只放一个 JVM。唯一的例外情况是内存数据库系统（如第 2 类工作负载），这类系统需要从本地 NUMA 节点上获得高吞吐量的内存。在这种情况下，VM 的大小需要进行调整以便安装在一个 NUMA 节点之内并且上面只安装一个 JVM。另外，还要注意内存数据库中的 JVM 通常会相当大，有时会达到 128GB，这与第 1 类工作负载中 JVM 的大小（一般是 1 ～ 4GB 的堆空间）截然不同。方案 1 对于第 1 类工作负载（本章前文进行了定义）是很重要的，但是你也会有很多的机会去合并 JVM，从而消除浪费的 JVM 和 VM 实例。

对遗留的 32 位 JVM 来说，这是一种通用的模式，在这种情况下，32 位 JVM 的 1GB 限制会要求 Java 平台的工程师安装更多的 JVM 实例，以处理不断增长的请求流量。这里的缺点在于你需要支付额外的 CPU/ 许可费用。如果你将 JVM 迁移为 64 位，同时增加堆空间的大小，你可以用更少的 JVM 服务于相同数量的网络流量，因此会带来成本的节省。当然，JVM 的大小会随着增长，比如从 1GB 增长到 4GB。

方案 2

方案 2 涉及通过合并较小的 JVM 纵向扩展 JVM 的堆大小，同时也会形成合并的 VM。

方案 2 的优势

采用方案 2 的优势如下：

- 因为 JVM 和 VM 的数量更少，所以减少了管理的成本。
- 因为操作系统副本的数量会更少，所以降低了许可证的费用。
- 因为更多的事务（更可能）在同一个堆空间内执行，而不用跨网络访问其他 JVM 时所需的排列（marshaling），所以改善了响应时间。
- 降低了硬件的成本。

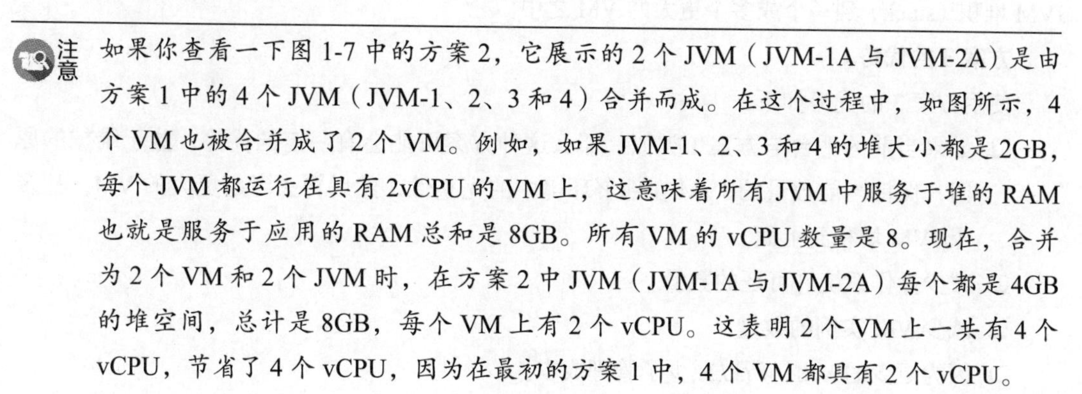

注意　如果你查看一下图 1-7 中的方案 2，它展示的 2 个 JVM（JVM-1A 与 JVM-2A）是由方案 1 中的 4 个 JVM（JVM-1、2、3 和 4）合并而成。在这个过程中，如图所示，4 个 VM 也被合并成了 2 个 VM。例如，如果 JVM-1、2、3 和 4 的堆大小都是 2GB，每个 JVM 都运行在具有 2vCPU 的 VM 上，这意味着所有 JVM 中服务于堆的 RAM 也就是服务于应用的 RAM 总和是 8GB。所有 VM 的 vCPU 数量是 8。现在，合并为 2 个 VM 和 2 个 JVM 时，在方案 2 中 JVM（JVM-1A 与 JVM-2A）每个都是 4GB 的堆空间，总计是 8GB，每个 VM 上有 2 个 vCPU。这表明 2 个 VM 上一共有 4 个 vCPU，节省了 4 个 vCPU，因为在最初的方案 1 中，4 个 VM 都具有 2 个 vCPU。

还可能减少vCPU，同时依然保持相等数量的RAM（JVM堆空间），因为对于更大的JVM堆空间，GC可以非常好地进行垂直扩展而不会过多消耗CPU。这很大程度上依赖于工作负载的行为，有一些工作负载确实会随着JVM的扩展而增大CPU的使用。但是，大多数第1类工作负载表现出的行为是当合并为更大的JVM堆时，可以释放不必要的vCPU。64位JVM是功能很强的运行时容器，尽管启动时会有一些初始成本，但是它们的确可以在更大的堆空间中处理大量的事务。当你考虑创建新的JVM时，同时你会问是否要创建新VM这样的问题。如果有人需要添加新的VM，vSphere管理员通常会问为何需要它。因为JVM是具有较强能力的机器（正如VM是具有很强能力的计算资源一样），vSphere管理员和DevOps工程师通常都会仔细检查创建新的JVM是否是必要的（而不是采纳合理地利用已有的JVM实例，为其增加堆空间以应对更大的流量的方案）。

方案2的劣势

使用方案2的劣势如下：

- 因为使用了更大的JVM，如果发生JVM崩溃而没有恰当地进行冗余或持久化事务，你会有失去更多数据的风险（相对于方案1中的更小的JVM）。
- 因为合并，可能会有更少高可用性（high-availability，HA）的JVM实例。
- 合并会局限于业务线。你并不想将来自不同业务线的应用混合到同一个JVM之中。如果你将两个业务线的应用放到了同一个JVM中，那么如果这个JVM崩溃，将会同时影响到这两个业务线。
- 更大的JVM可能会需要更多的GC调优。

方案3

如果方案1和方案2都是不可行的，那么考虑方案3。在这种情况下，你在一个更大的VM上部署了多个JVM。现在，JVM-1B和JVM-2B可以是合并后的JVM副本，如方案2中的那样，也可以是没有合并前的副本，如方案1中那样。不管是哪种情况，你都可以将这些JVM堆积（stack）到一个或多个更大的VM之中。

方案3的优势

使用方案3的优势如下：

- 如果当前的平台与方案1类似，那么这种方案可能会有一定的优势，鉴于维护的原因，保持当前数量的JVM在部署环境中的完整性，然后再去考虑更大的VM，让多个JVM堆积到上面。
- 减少操作系统许可证的数量。
- 减少VM实例的数量。
- 因为更少的VM，所以减少了管理成本。

- ❑ 你可以为每个业务线构建专用的JVM，也可以部署多个业务线的JVM到同一个VM上。只有VM合并的成本节省大于某一个VM崩溃给多个业务线所带来的影响时，你才应该选择这种方案。
- ❑ 大的VM可以为JVM配置更多的vCPU。如果VM上有两个来自不同业务线的JVM，例如，它们的高峰期在不同的时间段，那么繁忙的JVM就有可能使用所有的vCPU，当另一个JVM到达访问高峰时也会发生类似的事情。

方案3的劣势

较大的VM很可能是必需的，但是相对于小的VM，调度更大的VM需要更多的调优。

注意 各种性能案例显示，对于第1类工作负载来说，最恰当的VM规模是2～4个vCPU，而对于第2类的工作负载，会需要多于4个vCPU，或者说最少4个vCPU。不过，从HA的角度来看，会消除调度的机会。但需要记住的是，作为内存数据库的第2类工作负载很可能需要容错、冗余以及磁盘持久化，因此不会那么依赖于VMware HA以及自动化的分布式资源调度（Distributed Resource Scheduler，DRS）。

因为这种方案会试图合并VM，那么很可能不同业务线的JVM会部署到相同的VM之中。你必须要正确地对其进行管理，因为无意中对某个虚拟机进行重启可能会影响到多个业务线。

你可以将JVM进行合并，然后将其堆积到同一个VM上。但是，这就要求JVM要足够大才能完全使用底层的内存。如果你配置少量的更大的VM，那就意味着你的VM会有更多来自于底层硬件的RAM，为了充分使用这些RAM，你可能会需要更大的JVM堆空间。因为JVM的规模更大一些，所以当JVM崩溃时，如果你没有进行适当冗余和持久化事务，那么你会失去更多的数据。

这种方案可能会需要大型的vSphere主机和更大的服务器，因此成本会更高。

1.4 本章小结

本章介绍了大规模Java平台的概念并描述了它们的3种分类：

- ❑ 第1类：大量的JVM。
- ❑ 第2类：JVM数量更少，不过堆空间的规模较大。
- ❑ 第3类：第1类和第2类的组合。

本章还探讨了JVM中的各种理论和实际限制，并介绍了各种工作负载类型及其常见的JVM规模。本章还讨论了NUMA以及水平扩展、垂直扩展、JVM合并和VM合并的优势和劣势。

Chapter 2 第2章

现代化可扩展的数据平台

尽管你可以采用多种方式现代化应用的架构，但是核心的趋势如下：

❑ 围绕 Spring 框架所提供的灵活性现代化应用架构；

❑ 现代化数据。

就数据现代化来说，现在有很多不同的方式。本章主要关注的是日渐流行的一种趋势，那就是使用可水平扩展的内存数据库来提升扩展性和响应时间。在这里使用 VMware vFabric SQLFire 来阐述内存数据管理系统的功能，你可以使用它来构建可水平扩展且支持硬盘持久化的数据 fabric。

注意 讨论这种工作负载也会帮助 Java 平台的工程师强化其 Java 平台的调优能力。这种类型的内存数据库主要由第 2 类的工作负载所组成。但是，根据你所选择的拓扑结构，你可能还需要处理第 3 类的工作负载。理解如何优化这种系统能够让你解决可能面临的最难的优化任务。在深入学习如何优化之前，最好先理解一下此类工作负载的功能。

---

vFabric SQLFire 是一个内存分布式数据管理平台，它可以跨多个虚拟机（virtual machine，VM)、Java 虚拟机以及 vFabric SQLFire 服务器来管理应用数据。借助于动态复制（dynamic replication）以及分区（partitioning)，vFabric SQLFire 在平台中提供了如下的特性：数据持久化、基于触发器的事件通知、并行执行、高吞吐、低延迟、高扩展性、持续可用性以及 WAN 分布。

图 2-1 展示了 vFabric SQLFire 作为数据中间层，组织数据并将其交付给使用数据的企业

级应用。随着使用数据的应用的增长，中间数据层需要进行扩展从而适当地应对季节性的工作负载变化。vFabric SQLFire 是一个完整的数据管理系统，能够管理事务和数据持久化，因此使用数据的企业级应用可以依赖于 vFabric SQLFire，将其作为记录系统（system of record）。

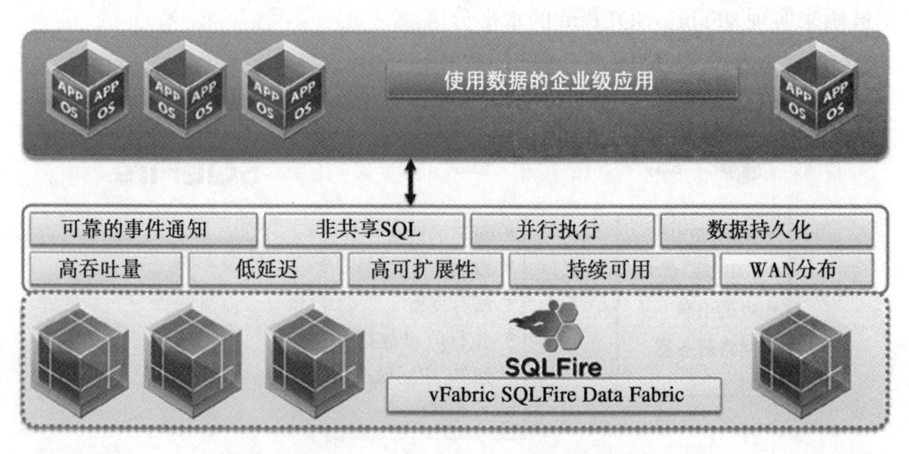

图 2-1　使用 vFabric SQLFire 的企业级数据管理

对于额外的持久化操作，数据可以写入后端支撑的存储（如关系型数据库）或其他硬盘存储，以实现归档的目的。vFabric SQLFire 提供了完整的持久化机制，使用了其自身原生的非共享持久化机制（native shared-nothing persistence mechanism）。图 2-2 阐述了 vFabric SQLFire 如何同步 / 异步的在外部数据存储中读取和写入数据。

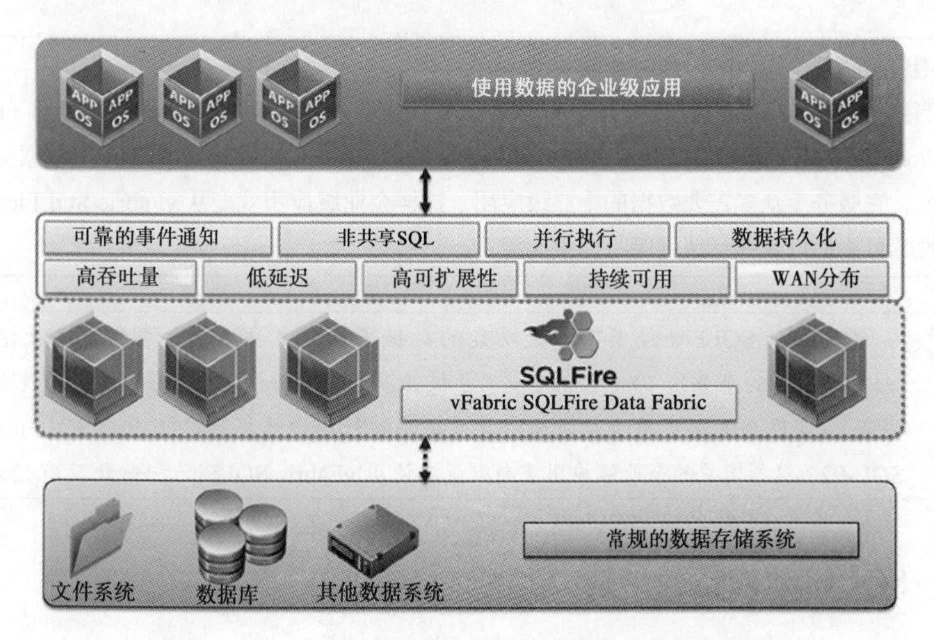

图 2-2　vFabric SQLFire 架构，具备写入传统存储系统的能力

vFabric SQLFire 基于 VMware vFabric GemFire 分布式数据管理产品以及 Apache Derby 项目。如图 2-3 所示，Apache Derby 用于其关系型数据库关系系统（RDBMS）组件、Java 数据库连接（Java Database Connectivity，JDBC）驱动、查询引擎以及网络服务器。GemFire 的分区技术被用来实现 vFabric SQLFire 的水平分区。

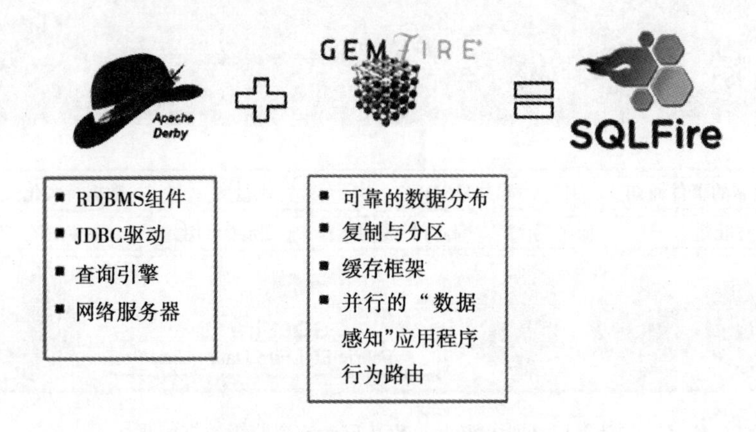

图 2-3　vFabric SQLFire 内部架构

vFabric SQLFire 增强了 Apache Derby 组件，如查询引擎、SQL 界面、数据持久化以及数据回收（data eviction），另外还提供了其他的组件，如 SQL 命令、存储过程、系统表、函数、持久化硬盘存储、监听器与定位器（locator），据此来操作高度分布式与容错性的数据管理集群。

最佳实践 1：通用的分布式数据平台

当数据需要以最快的速度进行交付时（也就是毫秒和微秒级），正确的方式是将 vFabric SQLFire 搭建为企业级数据 fabric 系统。如图 2-2 所示，在内存中引入一个通用的数据交付和使用层，它服务于众多需要数据的企业级应用。这样企业级应用就能从 vFabric SQLFire 的可扩展性、可用性以及执行速度等特性中受益。

注意　尽管 vFabric SQLFire 是具有强大功能的数据平台，主要用于大事务量的数据转移（每秒钟上千的事务），但是它也可以用于较低事务量的场景之中（每秒钟几十或上百个事务），实现企业级应用响应时间以及数据库弹性的快速提升。vFabric SQLFire 遵循 SQL-92，这样客户的企业级应用重新配置来使用 vFabric SQLFire 相对就没有侵入性。

2.1　SQLFire 的拓扑结构

搭建 vFabric SQLFire 的 3 种主要拓扑结构如下：

- 客户端 / 服务器（client/server）
- 端对端（peer-to-peer）
- 多点（multisite）

以上的每种拓扑结构可以单独使用，也可以组合起来扩展形成功能完备的分布式数据管理系统。

2.1.1　客户端 / 服务器拓扑结构

客户端 / 服务器拓扑结构包含了两层：客户端层和服务器层，如图 2-4 所示。

客户端层与服务器层进行交互，以查找和更新来自于服务器层的数据对象。

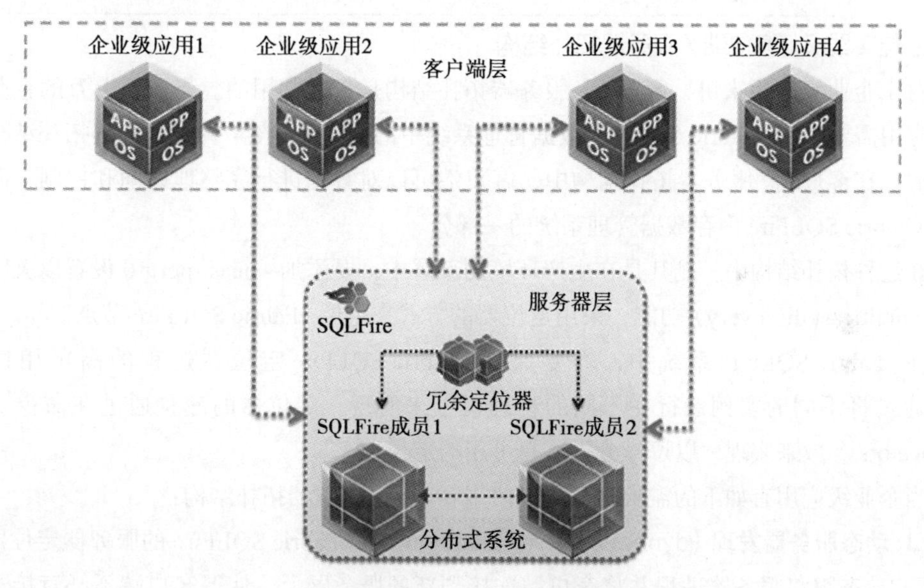

图 2-4　vFabric SQLFire 客户端 / 服务器拓扑结构

> 注意　客户端 / 服务器拓扑结构是第三类的工作负载，在这里成百上千的 Java 客户端（运行在应用服务器中的企业级应用）会使用来自于 vFabric SQLFire 集群中的数据，这个集群可能会有十几个 SQLFire JVM 所组成。

服务器层由众多的 vFabric SQLFire 节点所组成，每个都运行在自身的 JVM 进程中，这个进程提供网络分布式、内存以及磁盘持久化数据管理的功能。进一步来讲，尽管每个 vFabric SQLFire 成员运行在其自身的 JVM 进程空间之中，但是 vFabric SQLFire 成员之间确实也存在网络连接，因此形成了一个数据管理集群并服务于客户端层。

客户端通常是分布于组织中的企业级应用，位于 vFabric SQLFire 集群之外，但是需要对 vFabric SQLFire 进行数据访问。客户端会使用一个客户端驱动程序，对 Java 应用来说就是轻量级的 JDBC 驱动，对 .NET 应用来说就是 ADO.NET。瘦客户端并不会持有或持久化集群数据，它们并不会直接参与集群中所执行的分布式查询。客户通常会有成百上千个使用数据的企业级应用，这些应用会访问 vFabric SQLFire 集群中所管理的数据，但是客户端本身并不是 vFabric SQLFire 集群的一部分。

客户端会使用两个或更多可容错的定位器（locator）进程，定位器进程会提供对 vFabric SQLFire 成员的定位服务。vFabric SQLFire 定位器进程会告知新连接的端点（peer）以及瘦客户端如何去连接正在运行中的已有端点。在客户端 / 服务器部署拓扑结构中，对于瘦客户端到可用 vFabric SQLFire 成员间的连接，定位器会执行连接负载均衡以及动态负载调节的功能。

最佳实践 2：客户端 / 服务器拓扑结构

对于企业级应用来讲，客户端 / 服务器拓扑结构是最为常用的。当成千上万的企业级客户端应用需要使用 vFabric SQLFire 数据管理系统中的数据时，客户端 / 服务器拓扑结构是最合适的。在客户端 / 服务器拓扑结构中，客户端可以对数据进行完整地访问和控制，而不必成为 vFabric SQLFire 内存数据管理系统的一部分。

在这种拓扑结构中，尤其是在生产环境的部署中，要添加 -mcast-port=0 设置以关闭组播发现（multicast discovery）功能，采用定位器的方式来定位 vFabric SQLFire 节点。

在 vFabric SQLFire 系统中，需要保证 vFabric SQLFire 定位器进程的高可用性，这可以通过将不同的实例运行在不同的物理机上来实现。定位器的配置通过在命令行中提供 -locators 参数来实现，以逗号分隔所有可用的定位器。

当企业级应用有如下的需求时，考虑使用客户端 / 服务器拓扑结构：

- **动态服务器发现（dynamic server discovery）**：vFabric SQLFire 的服务器定位器工具动态跟踪服务器进程并将客户端连接到新的服务器上，使得客户端不必直接了解集群成员信息。客户端只需知道如何连接到定位器服务即可，它们不必了解在给定的某个时间点数据服务器在哪里运行以及有多少可用的数据服务器。
- **服务器负载平衡**：vFabric SQLFire 服务器的定位器会跟踪当前所有服务器的负载信息，并将新的客户端连接到负载最低的服务器上。vFabric SQLFire 提供了一个默认的服务器负载探测器（probe）。如果要自定义某个服务器负载的计算方式，你可以实现自定义的插件。
- **服务器连接调节（server connection conditioning）**：客户端连接可以配置为线路透明并且能够转移到不同的服务器上，这样当新的服务器启动后，服务器的整体使用率就能进行重新平衡。当添加新的服务器或服务器从崩溃以及其他故障中恢复时，这有助于快速进行负载调节。

2.1.2　端到端拓扑结构

在端到端（peer-to-peer）拓扑结构中，如图2-5所示，两个或更多交互的vFabric SQLFire服务器组成了一个分布式系统。数据会根据数据表所配置的冗余规则确定如何分布。

图2-5　端到端的GemFire分布式系统

注意　端到端是第二类的工作负载，会有十几个SQLFire JVM互相交互。

最佳实践3：端到端多宿主主机

- 一组互相访问的vFabric SQLFire服务器，没有客户端或者只有很少的客户端（如会话状态数据、Web内容、后勤维护部门或者提供对数据进行single-hop访问模式的后端处理类型）访问它们。
- 应用需要几个端点客户端（不同于客户端/服务器拓扑结构中上百的客户端）的情况适合于端到端拓扑结构。部署众多的端点会增加每个成员的缓冲和socket消耗。
- 从管理角度来讲会更为便利。在嵌入式集群中，没有必要管理任何外部的进程来部署vFabric SQLFire端点。例如，如果你将vFabric SQLFire嵌入到Java应用服务器集群之中，每个应用服务器与相关的vFabric SQLFire端共享相同的进程堆。
- 如果运行在多宿主主机（multihomed machine）中，你可以指定一个非默认的网络适配器来进行通信。在非组播的端对端场景中，通信会使用bind-address属性。这个地址必须映射到分布式系统中所有vFabric SQLFire服务器一致的子网中。

2.1.3　冗余区

在vFabric SQLFire中，你可以搭建各种冗余区（redundancy zone），这样要复制的内容（或冗余副本）就不会放到相同的物理硬件上。你可以在每个vFabric SQLFire成员上设置`redundancy-zone`启动属性，将其设置为特定的冗余区的名字。通用的实践是这些冗余区的名字与底层物理硬件的名字类似，这样就没有冗余vFabric SQLFire成员放置到与初始分区相同的物理硬件/服务器上。

2.1.4　全球的多点拓扑结构

在vFabric SQLFire中，你可以搭建多点（multisite）拓扑结构，它可以跨多个数据中心，来实现active-active架构、灾难恢复以及WAN分布类型的部署。你可以构建单个的数据fabric，用于数据中心距离小于60英里的情况，对于距离大于60英里的情况，要使用vFabric SQLFire WAN网关。

一种特殊的多点拓扑结构就是全球多点，如图2-6所示。

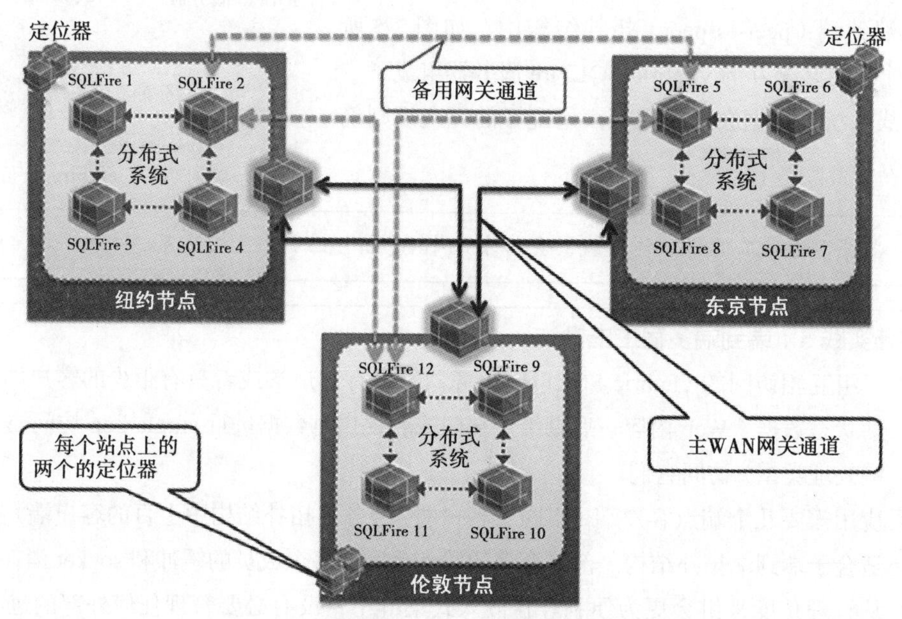

图2-6 vFabric SQLFire全球多点拓扑结构

这里有三个全球性的分布式（纽约、东京与伦敦）节点，每个节点都有一个本地的分布式系统。在每个节点内，都配置了一个网关，当出现故障事件或要在全世界范围内提供一致的数据视图时，该网关会提供数据分布式管理的功能。网关会按照可容错的方式成对工作。每一对中的主成员负责处理到其他节点的数据复制。主成员会有一个冗余的网关进程作为备用，如果初始的主网关进程出现故障，那么这个备用的网关进程就会成为主网关进程。同常规的客户端/服务器拓扑结构一样，每个节点都有两个或更多的定位器进程，它们提供了本地节点内成员的发现服务。

最佳实践4：多点

- 在多点配置中，每个分布式系统的操作都独立于其他相连接的系统。要在节点间进行复制的表在创建时必须要使用相同的表名和列定义。除此之外，网关发送者和接收者必须在每个系统中将逻辑网关连接指定到物理网络连接。对于配置为使用网关发送者的表，数据操纵语言（data manipulation language，DML）事件会自动转发到网关发送者，以便分发到其他的节点。事件会放到网关队列中，并且异步分发到远程节点上。插入/更新以及删除操作会发送到其他的站点上，除非删除是过期（expiration）或回收（eviction）的一部分。但是，查询、数据定义语言（data definition language，DDL）、事务以及过期并不会分发到其他远程节点上。
- 参与WAN复制的每个vFabric SQLFire分布式系统都必须使用一个或更多的定位器，

以用于成员发现。WAN 复制不支持组播发现机制。

- WAN 部署会在 vFabric SQLFire 系统上增加消息处理的需求。为了避免与 WAN 消息相关的连接饿死现象，要为参与 WAN 部署的 vFabric SQLFire 成员设置 conserve-sockets=false 属性。
- 启用 WAN 的表必须要存在于每个你想连接的分布式系统之中。
- 你可以配置分区表和复制表（replicated table）使用网关发送者。但是，你创建的复制表所在的服务器组必须与网关发送者一致，这是在 CREATE TABLE 语句中指定的。
- 在往表里填充数据之前，必须要启用整个 WAN 系统（也就是，全球多点系统），或者你必须在启用 WAN 监听器接收 WAN 流量之前，往一个新增加的节点中填充表。这种要求能够保证 WAN 站点从一开始就保持同步。如果做不到这一点的话会导致数据更新操作时出现异常。
- 正常情况下，当使用网关 hub 时，你应该使用合并（conflation）功能，这样只有最近的更新会传递到远程站点上。当使用合并特性时，在队列中之前存在的更新记录会被丢弃掉，以便于接受队列中更近的更新。启用合并能够达到最佳的性能。你可以在监听器的定义中将 ENABLEBATCHCONFLATION 属性设置为 true。只有应用程序依赖于查看每次更新的情况下（例如，如果某一个远程网关有表触发器或者需要知道每一个状态变化的 AsyncEventListener），你才应该关闭合并功能。
- 在使用网关的多点场景中，如果站点间的连接没有优化到最佳的吞吐量，那么消息可以备份在网关队列中。如果接收队列因为缓存空间不足导致溢出的话，那么它可能会与发送者产生不同步，接收者并不能了解到这种情况。网关的 socket-buffer-size 属性值应该与全球多点拓扑结构中交互的网关相匹配。
- 通过调节 MAXQUEUEMEMORY 属性来适应所需的内存，从而避免可能出现队列溢出到磁盘上。这是队列在溢出到磁盘之前，可以使用的最大内存量，是以 MB 作为单位的，默认值是 100MB。如果你更关注可靠性而不是高速度，推荐使用溢出到磁盘功能。进一步对 MAXQUEUEMEMORY 属性的调优包括同时调节 BATCHSIZE 和 BATCHINTERVAL，直到满足合适的服务水平协议（service level agreement, SLA），在这里 BATCHSIZE 是一个批次可以包含的最大消息数（默认是 100 条消息），而 BATCHINTERVAL 是两次发送批次消息之间可以等待的最大毫秒数（默认是 1000 毫秒）。

2.2 SQLFire 特性

本节将会介绍 SQLFire 的关键特性，这些特性使其成为一个面向内存同时支持磁盘持久化的数据管理系统。SQLFire 的特性如下：

- **服务器分组（server group）**：这能够让你对SQLFire成员（JVM）进行逻辑分组，使其具有更好的可扩展性权重（也就是在SQLFire数据fabric的特定分区上部署更多的计算资源）。服务器分组指明了为某个表保存数据的SQLFire成员。你可以使用服务器分组来对SQLFire的数据存储进行逻辑分组，以管理表中的数据。存放数据的任意数量的SQLFire成员可以分到一个或更多的服务器分组。当启动SQLFire数据存储时，你需要指明已命名的服务器分组。

注意 在本书中，术语data fabric和data cluster是可以替换使用的。

- **分区（partitioning）**：这项功能所描述的是在分布式系统中，将特定表中的数据分割为更小的可管理的数据块（实际上就是跨多JVM分割数据的一种机制）。传统的关系型数据库管理员（DBA）可能会熟悉这种机制，如果表超过了一个特定的可管理和可执行的规模，就可以使用这种机制，它会将表分割为多张表。按照类似的方式，SQLFire使用分区机制来完成类似的数据分割，不过SQLFire并不像RDBMS那样将其分割到严格的磁盘空间之中，而是将其分割到多个SQLFire成员JVM上（不过，它当然也能够输出到磁盘上，以实现额外的持久化保证）。你需要在`CREATE TABLE`语句中使用`PARTITION BY`子句来指明某个表的分区策略。可用的策略包括基于每行的主键值进行hash分区、基于非主键列进行hash分区、区间分区（range partitioning）以及列表分区（list partitioning）。SQLFire将分区表中的每一行映射到一个逻辑桶（bucket）中。将行映射到桶的过程基于你所指定的分区策略。例如，如果基于主键进行hash分区，SQLFire就会通过对表的主键进行hash操作来确定逻辑桶。每个桶被分配到一个或多个成员上，这取决于你为该表所配置的副本数量。配置分区表有一个或更多的数据冗余副本能够确保即便有一个成员出现故障，分区的数据依然是可用的。当成员出现故障或被移除时，逻辑桶会根据负载被重新分派到新的成员中。你可以使用`CREATE TABLE`语句的`BUCKETS`子句来指定要使用的桶的总数。桶的默认数量是113。
- **冗余（redundancy）**：该功能指定了你希望SQLFire为你管理多少份数据副本。在生产环境的系统中，通常会希望至少有一份冗余。冗余是分区数据在内存中一个额外的副本。
- **位置协同（colocation）**：例如，如果两个表通常要联合起来以完成一个业务查询，那么就可以使用位置协同机制使主数据和外键部分的数据放到同一个分区中，这样的话查询就会在一个SQLFire成员JVM中执行，该JVM中会包含所有需要的数据。
- **磁盘持久化（disk persistence）**：你可以将数据复制到磁盘上，以实现额外的弹性。
- **事务（transactions）**：在内存提交之时，通过乐观锁机制锁定数据从而控制数据一致性的能力。这是使 SQLFire 成为数据库的关键特性之一。

- **缓存插件（cache plug-in）**：在缓存缺失的场景下，执行自定义业务逻辑的能力。
- **监听器（listener）**：在 vFabric SQLFire 中，你可以实现任意数量的监听器，这些监听器的触发可以基于应用所执行的特定 SQL DML 操作。
- **writer**：vFabric SQLFire writer 是一个事件处理器，它会在表真正发生变化之前同步处理这些变化。缓存 writer 的主要用途就是执行输入校验。
- **异步监听器（asynchronous listener）**：`AsyncEventListener` 实例会有专用的线程为其提供服务，在线程中会调用一个回调方法。与 DML 操作相对应的事件会放到一个内部队列之中，专用的线程会将一批事件一次性地分发给用户实现的回调类。
- **DBSynchronizer**：`DBSynchronizer` 是一个内置的 `AsyncEventListener` 实现，你可以使用它异步地将数据持久化到兼容 JDBC 4.0 的第三方数据库中。
- **DDLUtils**：vFabric SQLFire 提供了一个命令行界面和 DDLUtils，它能够帮助你基于众多支持的 RDBMS 源模式，生成目标模式和数据加载文件。

2.2.1　服务器分组

服务器分组指明了为某个表存储数据的 vFabric SQLFire 成员。为了管理表中的数据，你可以使用服务器分组实现 vFabric SQLFire 数据存储的逻辑化分组。存储数据的任意数量的 vFabric SQLFire 成员可以参与到一个或多个服务器分组中。当你启动 vFabric SQLFire 数据存储时，需要指定已命名的服务器分组。默认情况下，所有储存数据的服务器会被添加到 default 服务器分组中。不同的逻辑数据库模式通常由不同的服务器分组来管理。例如，订单管理系统可能会将所有的客户和订单放到一个 Orders 模式中进行管理并部署到一个服务器分组中。

同一个系统中可能会将派送和物流数据放到一个不同的服务器分组中进行管理。一个端点（peer）或服务器可以参与到多个服务器分组中，一般的做法会将相关的数据放到一起或者在复制表中控制冗余副本的数量。因为支持分组成员的动态性，所以服务器分组中存储数据的进程数量可以动态变化。但是，服务器分组成员的动态性对应用开发人员进行了抽象，他们可以将服务器分组视为一个逻辑服务器。

服务器分组只是决定了表的数据由那些端和服务器进行管理。表可以由分布式系统中的任何一个端来进行访问，也可以由连接到某个服务器上的瘦客户端访问。当触发服务端程序时，你可以将该程序在服务器分组中的所有成员中并行执行。这些数据感知（data-aware）的程序也会在属于服务器分组端点的客户端上执行。因为不必将表关联到特定成员的 IP 地址上，所以服务器分组的容量可以动态添加或减少，而不会影响到已有的服务器和客户端应用。vFabric SQLFire 可以自动重平衡服务器分组中的表到新添加的成员上。图 2-7 展现了

vFabric SQLFire 的服务器分组。

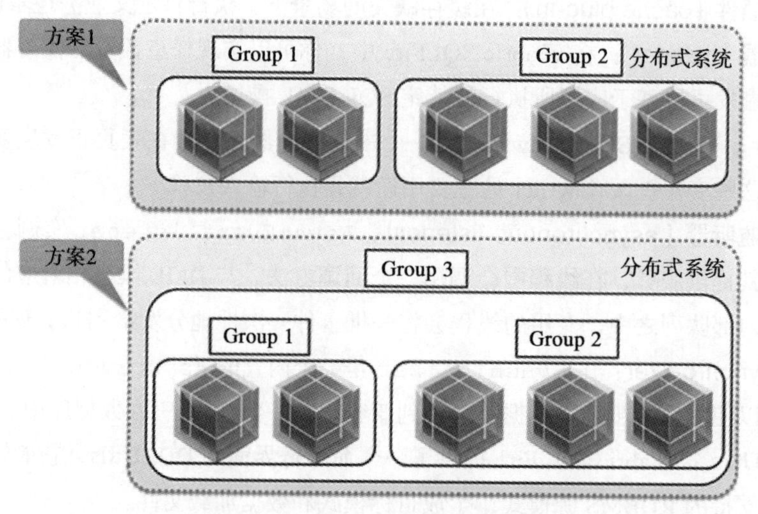

图 2-7 vFabric SQLFire 服务器分组

最佳实践 5：使用服务器分组

- 你可以将你的服务器指定到逻辑分组上，客户端可以在其连接配置中指明逻辑分组。例如，如果服务器的一个子集为某个特定的表存储数据，你可能会使用分组以确保那些只对这些表感兴趣地客户端会连接到这些服务器上。或者你可以使用一个分组将所有以数据库为中心的流量都转移到服务器的子集上，这一部分服务器直接连接到后端的数据库上。服务器可以属于多个组。客户端只需指明要使用哪个组，而无须知道哪个服务器属于哪个组。
- 图 2-7 中的方案 1 展现了 vFabric SQLFire 数据管理系统被分为 Group 1 和 Group 2。
- 图 2-7 中的方案 2 展示了第三个组 Group 3，这个组包含了 Group 1 和 Group 2。像 Group 3 这样的分组通常会考虑到引用数据（reference data）被数据 fabric 中的所有成员（Group 1 与 Group 2 中的成员）所共享，而 Group 1 与 Group 2 有不同的数据分区。一个这样的样例就是股票交易数据放在 Group 1 中，定价数据放在 Group 2 中，而引用数据放在 Group 3 中。
- 服务器分组要与各种业务功能结合使用（如风险管理保存在一个分组中，而库存管理放在另外一个分组中），这样你就能够为不同的业务线提供不同的服务质量，这是通过为每个独立的分组添加或移除处理功能实现的。

例如，在服务器分组中，通常会遵循如下的最佳实践：

- 引用数据可以放到 Group 1 中，这是因为它主要是不经常发生变化的复制表数据，因此需要较少的计算资源。但是，数据快速发生变化且数据量足够大需要进行分区的表（如交易、位置以及定价数据）可以由更强大的计算资源来进行管理，就像 Group 2 中那样。

- 借助服务器分组，你能够为特定的分组添加 / 移除处理能力。如果添加了处理能力，你必须在所有服务器都启动后执行一条重平衡的命令。
- 对于具体的存储过程，你可以选择并行地在服务器分组的所有成员上执行服务器端的存储过程，也可以只在特定服务器分组的成员上执行。
- 在表的定义中，始终都要设置服务器分组以指明表存在于哪个分组中。如果你不指名服务器分组的名字，就会使用默认的分组，这个分组就会包含系统中所有的 vFabric SQLFire 成员。这样表就会在整个默认服务器分组的成员中进行分区和复制。如果某个复制表中的数据经常发生变化，在默认分组的每个服务器上来维护副本的成本会是相当高的。在这种情况下，你可以考虑用一个更小的分组，将这种类型的数据放到特定的一组成员 / 主机上，将其封装到专用的分组中。复制表只应该用于满足数据元素之间的多对多关系。通过设置所需的冗余等级，分区表也可以按照类似 RAID 的方式进行复制。
- 服务器分组的便利性有助于为某个特定的分组设置回收策略（eviction policy）的堆百分比，因此能够控制资源消耗。
- 你可以在某个特定的分组中使用 `AsynchEventListener`。

2.2.2　分区

在后端，由 RDBMS 模式支撑的企业级应用中，有些表在常规业务中被访问的频率很高，分区策略能够提升性能进而更容易满足 SLA 的需求。这种被经常访问的表通常被称之为热表（hot table），这是因为它进行数据插入、更新、删除以及读取的频率很高。除了高频率的数据变化，这些热表通常还会因为数据规模导致在单个节点上无法对其进行管理。在这种情况下，你可以使用 vFabric SQLFire 的水平分区策略将数据分割到多个更小的可管理的数据分区中。

借助 vFabric SQLFire 的水平分区，一整行的数据会被存储到同一个 hash 索引的桶（hash indexed bucket）中。桶是数据的容器，它会确定数据的存储点、冗余点以及用来实现重平衡的迁移单元。你可以基于表的主键来对表进行 hash 分区，如果表没有主键的话，也可以使用内部生成的唯一行 ID。其他的分区策略可以在 `CREATE TABLE` 语句中的 `PARTITION BY` 子句中指定。vFabric SQLFire 支持的策略包括基于非主键的列进行 hash 分区、区间分区以及列表分区。

图 2-8 展现了一个样例表 `Flights`，该表基于 `FLIGHT_ID`（表 Flights 的主键）分区

为 3 个桶，第一个桶中包含了行 1 ~ 3，位于 vFabric SQLFire 服务器 1 中，第二个桶中包含了行 4 ~ 6，位于 vFabric SQLFire 服务器 2 中，第三个桶中包含了行 7 ~ 9，位于 vFabric SQLFire 服务器 3 中。所有根据 FLIGHT_ID 主键对行 1 ~ 3 的航班数据访问都会被 vFabric SQLFire 转移到 vFabric SQLFire 服务器 1 上执行，其他的行情况类似。vFabric SQLFire 会通过这种桶的系统自动化地管理所有分区，设计师只需在表的定义中提供正确的 PARTITION BY COLUMN(FLIGHT_ID) 子句即可。

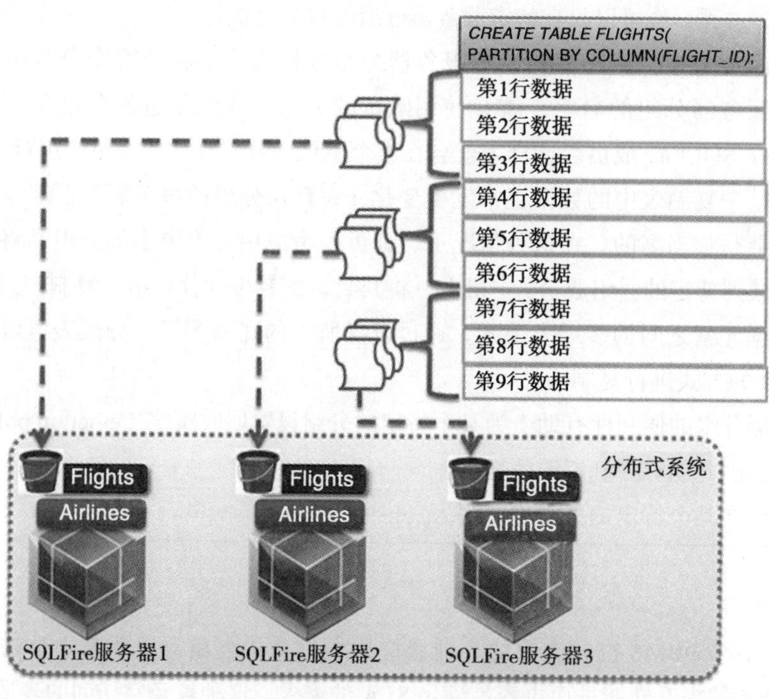

图 2-8　使用 vFabric SQLFire 桶系统分区 Flights 表

在图 2-9 中，基于前面的讨论再看一下航班样例的模式快照。这里展现的模式是典型的 master-detail 设计模式，在大多数 RDBMS 模式中都可以看到。图 2-9 展现的航班模式包括了表 FLIGHTS、FLIGHTAVAILABILITY 和 AIRLINES。FLIGHTS 和 FLIGHTAVAILABILITY 有一对多关系，而 AIRLINES 与 FLIGHTS 和 FLIGHTAVAILABILITY 之间存在多对多关系。

表 Flights 按照其主键 FLIGHT_ID 进行分区并且 REDUNDANCY 值为 1。这意味着，每一行 FLIGHT 数据都会有一份备份的副本，该副本存在于集群中某一个冗余 vFabric SQLFire 服务器上。而 FLIGHTAVILABILITY 根据 FLIGHT_ID 进行分区，并且 COLOCATE 被设置为 FLIGHTS，这意味着 vFabric SQLFire 会管理数据分区，当出现 FLIGHTS 和 FLIGHTAVILABILITY 表之间的关联查询时，查询会在同一个 vFabric SQLFire 成员 / 内存空间中执行，从而优化了性能。AIRLINES 表中是不会经常发生变化的引用数据，与 FLIGHTS

和 FLIGHTAVAILABILITY 存在多对多关系。为了在 vFabric SQLFire 中配置这种关系，你可以使用 REPLICATE 关键字来指定在分布式系统的每个 vFabric SQLFire 成员上都存有一份完整的 AIRLINES 表副本。

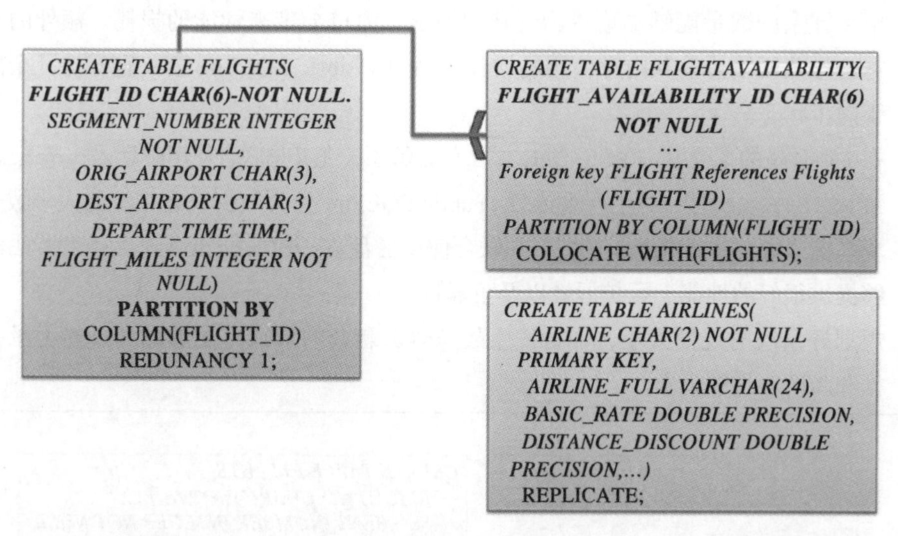

图 2-9　具备 Master-Detail 模式的航班模式以及表查找（lookup-table）类型的关联

最佳实践 6：水平分区

- ❑ 水平分区能够极大地提升企业级应用的可扩展性和性能。
- ❑ 最为常见的形式是将 Partition By 应用到表的主键上。
- ❑ vFabric SQLFire 水平分区将一整行放到相同的 hash 索引桶中，因此对桶中某一行的所有数据操作会在相同的内存空间中执行。
- ❑ 要经常测试你的分区模式以确保所有的 vFabric SQLFire 成员能够保持平衡。

2.2.3　冗余

在 vFabric SQLFire 中，你可以指定特定的数据要保持多少冗余副本。vFabric SQLFire 会管理主副本以及所有备份副本之间数据变化的同步。当一台服务器出现故障时，试图在故障成员中读取和写入数据的操作会被 vFabric SQLFire 自动重新路由到可用的成员中。在图 2-10 中，冗余子句被声明为 REDUNDANCY 1，这表明 vFabric SQLFire 会将一份冗余副本复制到集群中的另一个成员之中。

最佳实践 7：冗余

- ❑ 当你在一个 vFabric SQLFire 表定义中使用 REDUNDANCY 1 声明时，vFabric SQLFire 会在内存中管理数据的一份冗余副本。当 vFabric SQLFire 成员发生故障时，vFabric SQLFire 会将备份服务器升级为主服务器，并将所有的访问请求路由到这个新的主服务器上，因此为企业级应用实现了持续的容错性。

- 因为 vFabric SQLFire 是面向内存的数据管理平台，因此具备一定等级的冗余是推荐的做法。但是，冗余的等级必须要在增加冗余数量所带来的优势和不足间保持平衡。增加冗余的数量能够形成更为健壮的系统，但也会带来性能的损耗。额外的冗余副本会导致网络传输和内存使用的增长，因为 vFabric SQLFire 会一直保持冗余副本处于同步状态。
- 在生产环境的系统中，`REDUNDANCY 1` 就足够了，尤其是联合使用磁盘 `asynchronous PERSISTENCE` 时。对于严重依赖 vFabric SQLFire 作为数据管理系统的大多数生产环境系统来说，`REDUNDANCY 1` 并联合使用磁盘 `asynchronous PERSISTENCE` 能够提供很好的性能、可扩展性以及可靠性。
- 规划好系统的规模大小，一旦发生故障时，剩余的节点有足够的处理能力承担新数据和新的客户端请求。

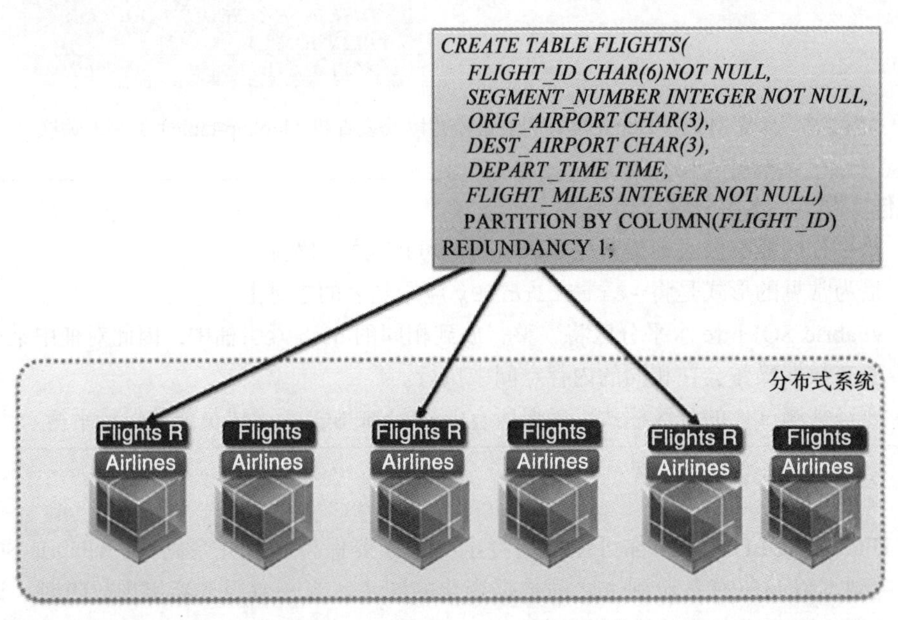

图 2-10 在表 `Flights` 中使用冗余

2.2.4 位置协同

如前面图 2-9 所示，`FLIGHTS` 和 `FLIGHTAVAILABILITY` 表之间存在父子关系。这表明 `FLIGHTS` 和 `FLIGHTAVAILABILITY` 这两个表的 SQL 联合查询必须要在相同的内存空间之中。vFabric SQLFire 的 `COLOCATE` 子句表明这两个表是要放在一起的，也就是说，这两个表中用于外键关联的列如果具有相同的值，会被强制分区到同一个 vFabric SQLFire

成员之中。在图 2-11 中，COLOCATE WITH (FLIGHTS) 子句被用到了 FLIGHTAVAILABILITY 上。

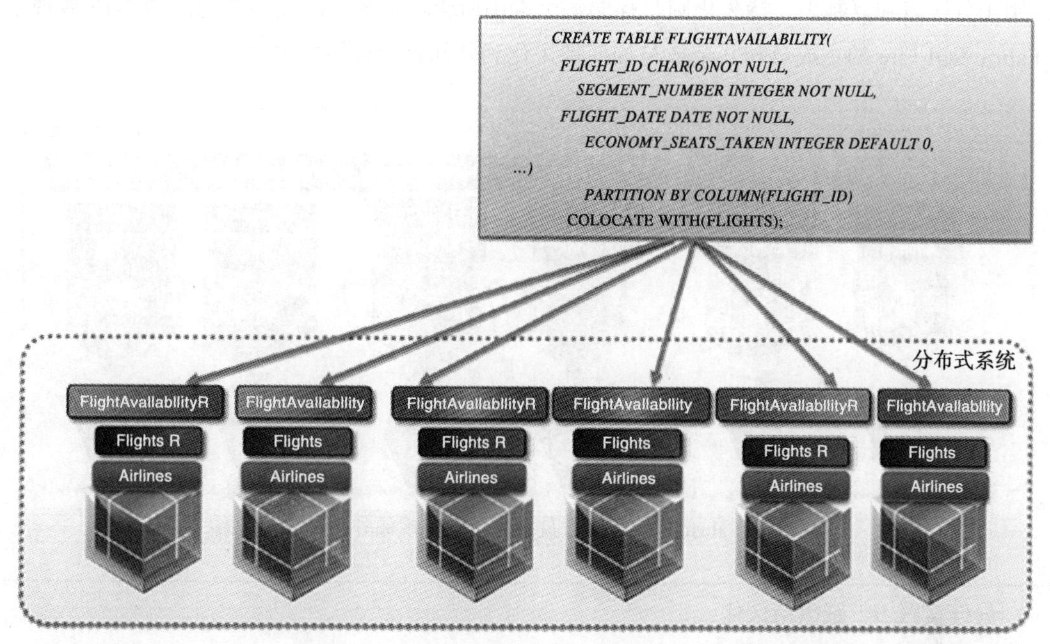

图 2-11 在 FLIGHTS 和 FLIGHTAVAILABILITY 表中使用 vFabric SQLFire COLOCATE

最佳实践 8：位置协同

- 如果你使用图 2-9 中的模式进行如下的 select 语句查询时，这个查询联合了表 FLIGHT 和 FLIGHTAVAILABILITY，在表定义时需要使用 COLOCATE WITH 子句：

```
Select * from Flights f, FlightAvailability fa where
f.flight_id = fa.flight_id
```

- 联合的条件必须要在 flight_id 列上，因为它是 FLIGHTS 和 FLIGHTAVAILABILITY 表的分区列。在这种情况下，你应该使用 COLOCATE WITH(FLIGHTS)，如图 2-11 所示。
- 在你创建分区表时，COLOCATE WITH 子句中所引用的表必须已经存在。当这两个表进行分区和联合确定位置时，两个表中用于外键关联关系的列如果具有相同的值，会被强制分区到同一个 vFabric SQLFire 成员之中。
- 两个分区表要进行位置协同时，两个表的 CREATE TABLE 语句中，SERVER GROUP 子句必须是一致的。

2.2.5 磁盘持久化

为了提供额外的数据可靠性，vFabric SQLFire 可以将表数据持久化到磁盘上作为内存数据的备份，同时还可以将溢出的表数据存储到磁盘上。这两种磁盘存储方案，也就是持久化和溢出，可以单独使用也可以联合使用。溢出使用磁盘存储作为内存表管理的一种扩展，可以用于分区表和复制表。持久化则是存储每个端中所管理表数据的完整备份。图 2-12 展现了 vFabric SQLFire 的主成员和冗余成员如何持久化到外部磁盘存储之中的。

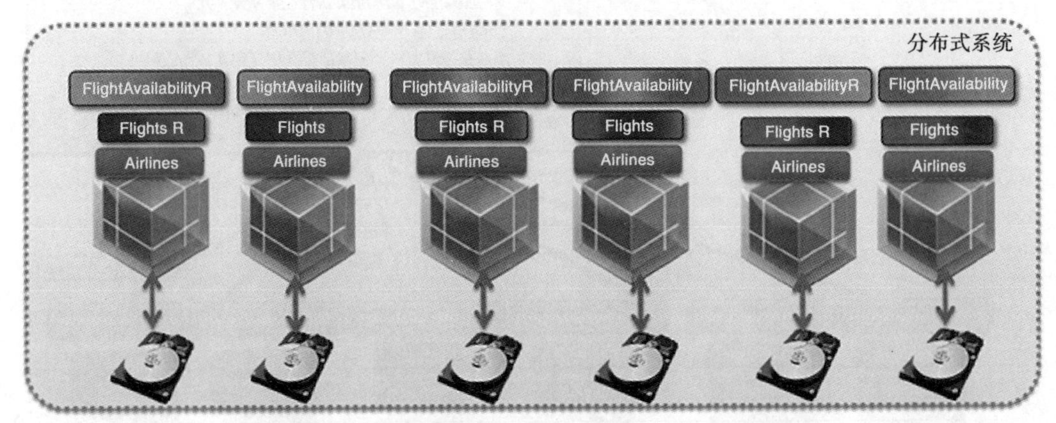

图 2-12 vFabric SQLFire 磁盘持久化以实现额外的数据可靠性

最佳实践 9：磁盘持久化

- ❑ 网关发送者、`AsyncEventListener` 以及 `DBSynchronizer` 队列需要进行溢出处理并且可以进行持久化。
- ❑ 为了达到最佳的性能，将每个磁盘存储放到一块单独的物理磁盘上。
- ❑ 对网关发送者队列使用磁盘持久化，因为它们通常已经启用了溢出功能，持久化这些队列的能够提供额外的高可用性。
- ❑ 表可以进行溢出处理，可以进行持久化，也可以两者兼具。为了提升性能，要将用于存储溢出表数据的磁盘存储放到一块专用的物理磁盘上。将持久化的表数据或者兼有持久化和溢出的表数据，放到不同的物理磁盘上。
- ❑ 当计算磁盘需求时，要考虑表的修改模式（modification pattern）以及压缩策略（compaction strategy）。vFabric SQLFire 创建的每个 oplog 文件都有指定的 `MAXLOGSIZE`。过期的 DML 操作只有在压缩的时候才会在 oplog 文件中移除，因此你需要有足够的空间来存储两次压缩之间的所有操作。对于兼具更新和删除的表，如果你使用自动压缩的话，所需磁盘空间的一个合适上限如下：(1 / (1 – (*Compaction_threshold* / 100))) * *Data size*，在这里，*Data size* 指的是在磁盘存储中所有的表数据的总量。默认的 `COMPACTIONTHRESHOLD` 为 50，因此磁盘空间大致是数据量的两倍。压缩线程可能延后于其他操作执行，因此会导致磁盘的使用暂时超过阈值。如果你禁用自动压缩的话，所需的磁盘量依赖于两次手动压缩之间会累计多少的过期操作。

- 当你启动系统时，并行启动所有具备持久化表的成员。为了保证一致性和完整性，可以创建和使用启动脚本。
- 使用 `sqlf shut-down-all` 命令来关闭系统。这是一个顺序化的关闭过程，会完整的刷新数据并将其安全地存储到磁盘上。
- 确定文件压缩策略，如果需要的话，开发程序来监控你的文件并定时执行压缩。
- 为磁盘存储确定备份策略并遵循之。你可以在系统离线的时候，通过复制文件的方式进行备份，也可以使用 `sqlf` 命令备份在线的系统。如果你在磁盘存储离线的时候删除或修改任何的持久化表，要考虑同步磁盘存储中的表。
- 如果你要将整个数据 fabric 停掉，在系统关闭的时候压缩磁盘存储，这样能够使启动的性能达到最优。

2.2.6 事务

在 vFabric SQLFire 中，一条或多条 SQL 语句组成一个逻辑工作单元的场景具有事务的语义。也就是，整个工作单元可以完整地提交或回滚。vFabric SQLFire 的分布式事务协调机制能够实现线性可扩展性且遵循原子性、一致性、隔离性和持久性，也就是所谓的 ACID 属性。因为参与事务的 vFabric SQLFire 成员会保持其本身的事务状态，对数据库的查询看到的总是已提交的数据，并且不需要获取锁。因此会在 READ_COMMITTED 隔离级别，读和写可以并行运行。

在事务写的情况下，vFabric SQLFire 会在每个相关节点上锁定要更新行的每一份副本。这减弱了对分布式锁管理器的需求，允许有更大的可扩展性。同时，vFabric SQLFire 对 REPEATABLE_READ 使用了特殊的读取锁和外键检查，以确保在事务执行期间这些行不会发生变化。如果有其他活跃事务的并发写操作正在运行导致无法获取锁时，vFabric SQLFire 锁会立即出错（fail-fast）并提示冲突异常。这种立即出错行为的一种例外情况就是初始化事务的 vFabric SQLFire 节点如果同时也是存储数据的节点的时候。在这种情况下，基于性能考虑，vFabric SQLFire 会将事务分批放在本地成员中，并且只有在提交前 vFabric SQLFire 刷新批处理数据时，冲突才可能被探测到。

当数据由分区表所管理时，对于非事务性的操作，每行数据都由一个成员所持有。但是，在分布式事务中，行的所有副本都会被同等对待，更新操作会并行地路由到所有副本中。这样分区表的事务性行为类似于复制表的行为。事务管理器会与 vFabric SQLFire 成员管理系统紧密协作来确保不管是发生失败还是添加 / 移除成员，在提交时所有行的变更要么会应用到所有副本中，要么这些变更没有应用到任何副本上。

例如，如图 2-13 所示，初始化了一个事务来执行 updateFlights。在这个方法中的所有语句被视为一个逻辑单元，并且会并行地应用到系统的所有副本中。在这个例子中，

vFabric SQLFire 服务器 1 会作为“拥有行的成员（row-owning member）”，协调事务的执行，将事务视为一个逻辑工作单元。

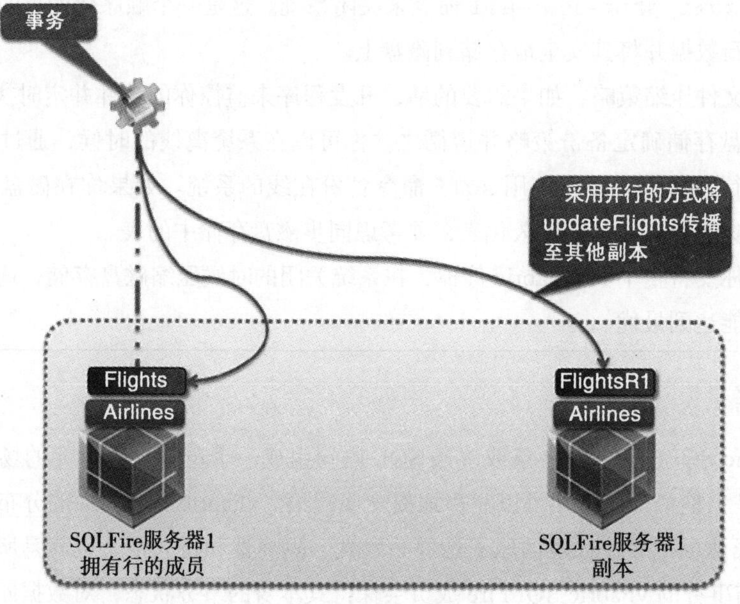

图 2-13　更新航班的事务

注意　图 2-13 ～图 2-16 描述了同一个事务的多个步骤。

图 2-14 展现了图 2-13 中 `updateFlights` 事务的后续过程。具有 `updateFlights` 事

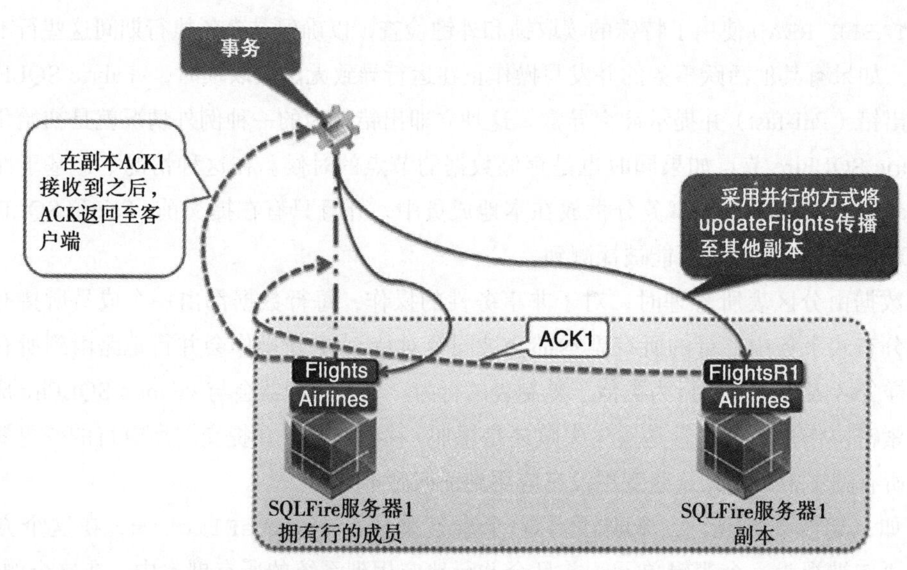

图 2-14　更新航班的事务，展现了拥有行的 vFabric SQLFire 成员在执行提交之前会等待接收 ACK

务的 vFabric SQLFire 成员也就是拥有行的成员，会并行地分发更新命令到所有副本上。同时，该成员在执行提交之前，会等待所有的确认消息（acknowledgment，ACK）到达。ACK 表明收到了更新操作，事务可以进入提交状态了。

图 2-15 中展现了有可能会初始化第二个事务，也就是图中的事务 2。事务 2 可能会与最初的事务 updateFlights 竞争相同的数据，为了避免冲突，vFabric SQLFire 将会回滚事务 2 的整个逻辑单元，从而让最初的 updateFlights 事务得以执行。

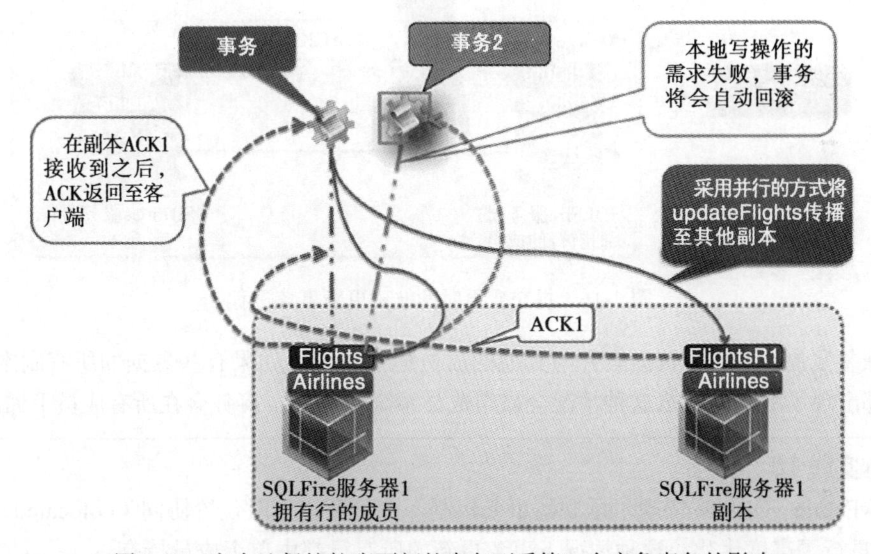

图 2-15　安全地保护航班更新的事务不受第二个竞争事务的影响

在图 2-16 中，updateFlights 事务执行到了提交状态，在将要结束提交状态之前，它会在所有对应的数据副本上添加锁，并且以一致性的方式传播数据的变更。vFabric SQLFire 服务器 1 是"持有行的成员"，因为它在事务提交过程中会作为事务的协调者，也就是获取本地的写入锁并将所有的变更分发到副本上。

vFabric SQLFire 没有中心化的事务协调者。事务发起的成员在事务的持久化过程中会作为事务协调者。如果应用要更新一行或多行数据，事务的协调者会确定哪些成员会被涉及，并且会在所有行的副本上获取本地的"写入"锁。在提交时，所有的变更都会应用到本地数据存储以及所有冗余的副本中。如果有另外一个并发的线程试图修改其中的一行时，对那一行获取本地写入锁时会失败，因此那个事务会自动回滚。

如果没有涉及持久化表的操作，那就没有必要对冗余成员使用二阶段提交。在这种情况下，提交会是高效的、单阶段操作。不像传统的分布式数据库，vFabric SQLFire 没有使用写前日志（write-ahead logging）的功能，复制或冗余更新到一个或多个成员时如果发生失败的话，这些日志会用于事务恢复。最可能出现的失败场景就是成员处于不正常的状态并在分布式系统中被移除掉，vFabric SQLFire 能够保证数据的一致性。当失败的成员重新在线时，它

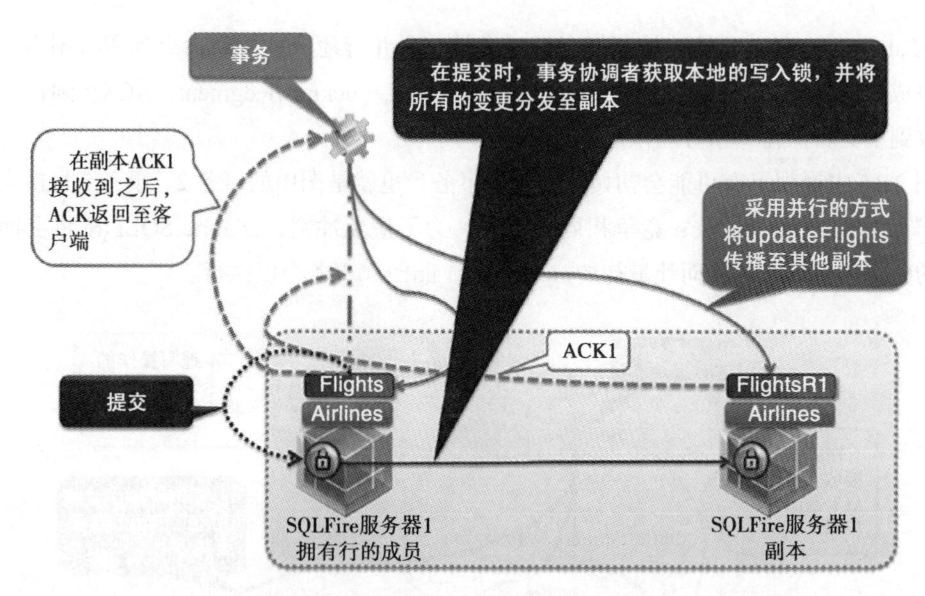

图 2-16 提交变更时的航班更新事务进程

会自动恢复复制/冗余的数据集并与其他的成员建立一致。如果有些数据的所有副本在事务提交前都出现了故障，那么这种情况会被组成员系统探测到，事务会在所有成员上回滚。

最佳实践 10：事务

- ❑ vFabric SQLFire 实现了乐观的事务机制。该事务模型对位置协同（colocated）的数据进行了高度优化，这种情况下事务更新的所有行都由单个成员持有。
- ❑ 让事务的持续时间以及事务所涉及的行数尽可能越少越好。vFabric SQLFire 会立即（eagerly）获取锁，因此长时间的事务会增加冲突和事务失败的可能性。
- ❑ 理解 vFabric SQLFire 所提供的所有隔离级别。vFabric SQLFire 的隔离级别如下：

  NONE：默认情况下，vFabric SQLFire 的连接并不会参与事务，这与其他的数据库有所不同。但是，这种默认行为并不意味着不存在任何的隔离级别，也不意味着连接能够访问到其他正在处理事务的未提交状态。如果没有事务的话（事务的隔离被设置为 `NONE`），vFabric SQLFire 会确保先入先出（first in first out，FIFO）的表更新一致性。某个线程的写入操作在提交后，所有其他的进程都能看到写入的结果，但是不同进程的写入操作对于其他的进程来说，看到的顺序可能是不一样的。当一个表被分区到分布式系统的多个成员之中的时候，vFabric SQLFire 会在成员间均匀分布数据集，因此这些存储表的成员都不会成为可扩展性的瓶颈。vFabric SQLFire 在指定的时间内，会为特定的行（通过主键标识）分配一个拥有者。当拥有行的成员发生故障时，行的拥有权会以一致的方式转移到另一个可用成员上，这样所有的端服务器会看到相同的行拥有者。

READ_UNCOMMITTED：vFabric SQLFire 内部将这种隔离级别升级为 READ_COMMITTED。

READ_COMMITTED：vFabric SQLFire 不允许正在进行中的事务以及非事务（隔离级别为 NONE）操作读取未提交的（脏）数据。在实现这一点时，vFabric SQLFire 会将事务的变更维持在一个单独的事务状态中，它只有在提交的时候才会应用到数据存储的实际表中。

REPEATABLE_READ：vFabric SQLFire 支持这种隔离级别，遵循了 ANSI SQL 标准。在事务内，对某一行两次以上的读取都能看到相同的列值。REPEATABLE_READ 也能保证在事务持续期间，在第一次读取后，表中提交的行就不会发生变更。vFabric SQLFire 会将这种读写锁应用到选定数据的副本中，这样在事务持续期间读取就是可重复的。vFabric SQLFire 没有使用范围锁（range lock），因此在这种隔离级别依然是有可能出现幻读（phantom read）的。

- vFabric SQLFire 会克隆已有的行、应用更新（修改一个或多个域）然后自动使用更新过的行替换原有的行。这种机制避免了并发线程读取和写入行时访问到的是部分更新的数据。如果你的系统中存在事务的话，要小心规划重平衡操作。重平衡可能会在不同的成员间转移数据，这可能会导致事务出现 TransactionDataRebalancedException 异常而失败。在应用中要有足够的异常处理和事务重试逻辑。
- vFabric SQLFire VSD 提供了事务提交、回滚以及失败的统计信息，这样你就能够监控 vFabric SQLFire 事务了。

2.2.7　缓存插件

当分布式系统对某个具有特定标识符的数据行的查询请求无法满足时，可以调用一个加载器（loader）在外部数据源中检索数据。vFabric SQLFire 会锁定相关的行并阻止并发获取同一行的数据，从而避免后端数据库的负荷过载。

在图 2-17 中，在分布式系统的每个 vFabric SQLFire 都注册了一个 RowLoader。这个 RowLoader 实现了 getRow() 方法，当缓存缺失时就会调用该方法。RowLoader.getRow 会包含必要的业务逻辑来从 RDBMS 或外部系统检索所需的数据。

最佳实践 11：RowLoader

- 当为一个表配置了加载器时，对该表执行 select 语句时，在内部会获取到数据并将其插入到 vFabric SQLFire 表中。基于这种行为模式，配置了加载器的表可以进行约束校验（比如，加载器试图将后端数据库得到的数据插入到 vFabric SQLFire 的表中，但这些数据违反了表的约束条件）。
- 当实现 RowLoader 时，要遵循 RowLoader 接口。

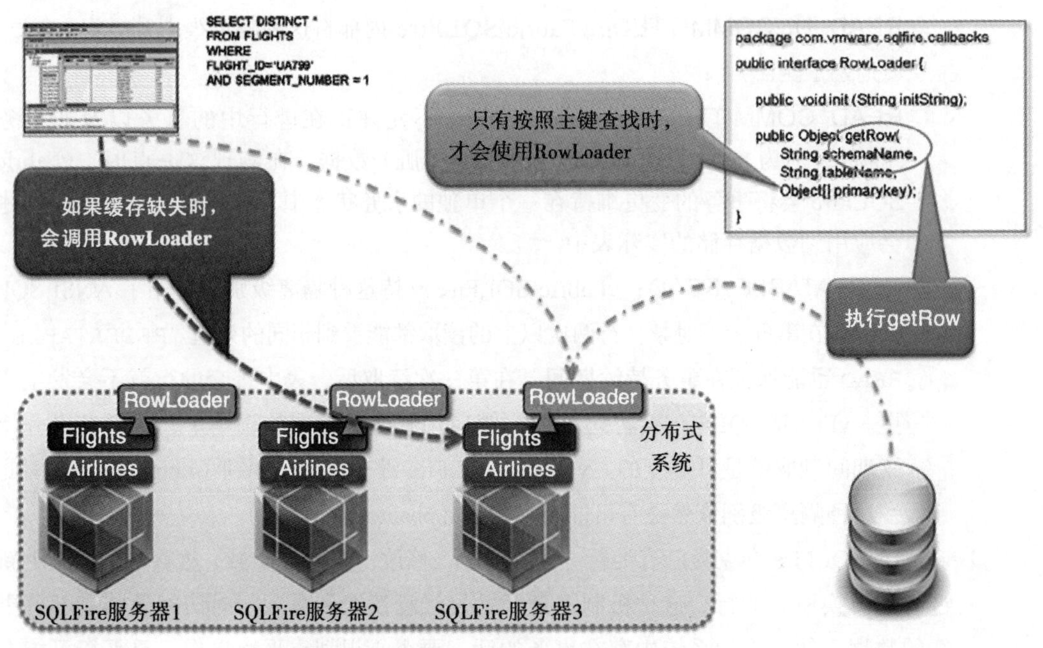

图 2-17 使用 RowLoader 来处理缓存缺失

- RowLoader 接口由如下的方法所组成：
  - init(String initStr) **方法**：当将你的实现类注册到表上的时候，这个方法可以用来获取参数。当使用 SYS.ATTACH_LOADER 程序将 RowLoader 注册到表上时，vFabric SQLFire 会调用实现类的 init() 方法。所有的参数会在一个 String 对象中传递进来。
  - getRow(String schemaName, String tableName, Object[ ] primarykey) **方法**：每次加载器被触发从外部数据源获取数据时，vFabric SQLFire 会调用这个方法的实现来提供模式名、表名以及主键值所组成的一个对象数组（按照表定义中的顺序）。

在你的实现中，getRow 的返回值必须是以下几种情况之一：

  - 一个对象数组，其中的元素是每列的值，包括主键，要按照 vFabric SQLFire 中表定义的顺序。
  - null，适用于找不到元素的情况。
  - java.sql.ResultSet 实例，可能是对另一个数据库的查询结果，只会使用第一行数据。结果中的列要与 vFabric SQLFire 表相匹配。
  - 空的 java.sql.ResultSet，适用于找不到元素的情况。
- 在编译完 RowLoader 实现之后，将其添加到类路径中，通过执行内置的 SYS.ATTACH_LOADER 程序将 RowLoader 注册到表中。

2.2.8　监听器

在 vFabric SQLFire 中，你可以实现任意数量的监听器，这些监听器可以在应用程序执行特定的 SQL DML 操作时触发。监听器在插入 / 更新 / 删除操作之后触发，也就是所谓的事后事件（after-event）。在图 2-18 中，注册了 3 个监听器来监听 SQL DML 的变更。

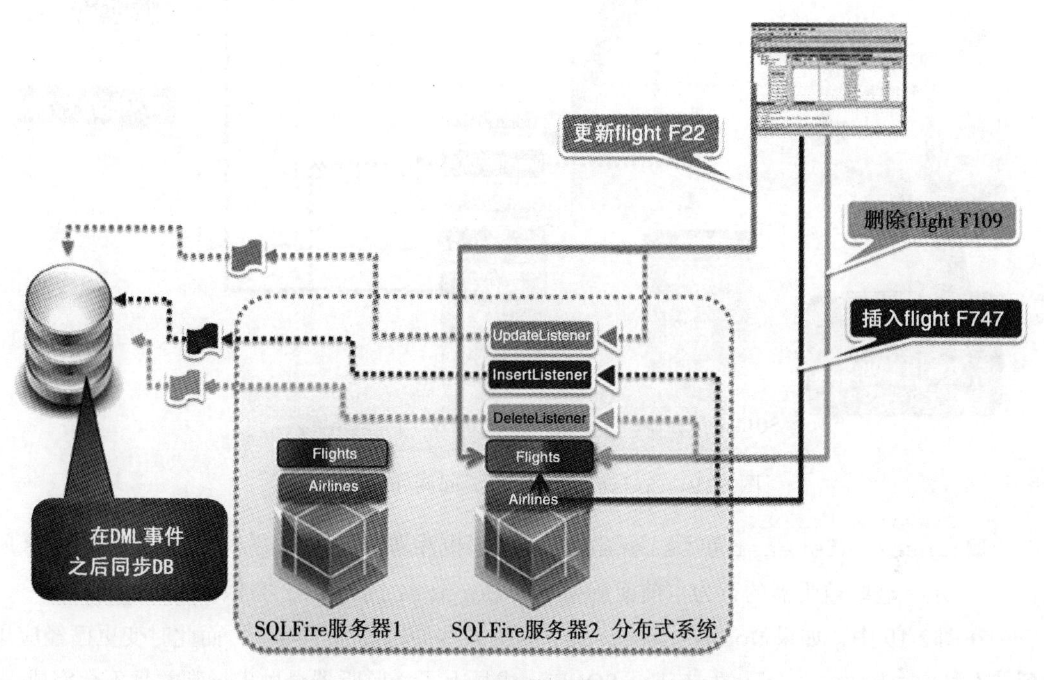

图 2-18　vFabric SQLFire SQL DML 监听器

各监听器详述如下：

- UpdateListener 在图 2-19 中以绿色文本框来显示。当对表 Flights 进行更新时，这个监听器就会被触发。Flights 表来源于前文图 2-9 中所介绍的模式。在 vFabric SQLFire 中，任何使用 SQL DML 对 Flights 表所做的更新都会触发 UpdateListener 以事后事件的方式来执行。这也就是说，vFabric SQLFire 中 Flights 表的数据变更在先，然后 UpdateListener 回调会以同步的方式执行，从而将数据变更同步到后端的传统关系型数据库之中。在图 2-18 中，更新 DML 事件是通过"更新 flight F22"触发的，也就是图中针对绿色箭头的那个绿色指示框所示。图中的绿色实线箭头表示 vFabric SQLFire 成员会首先发生变更，然后绿色的点线箭头触发 UpdateListener，它会作为同步的事后事件。当 UpdateListener 触发时，会执行监听器的回调处理器，它会将变更通过图中的绿色点线发送到数据库中，那个小的文档片段图片表示变更已经发送到了数据库之中。

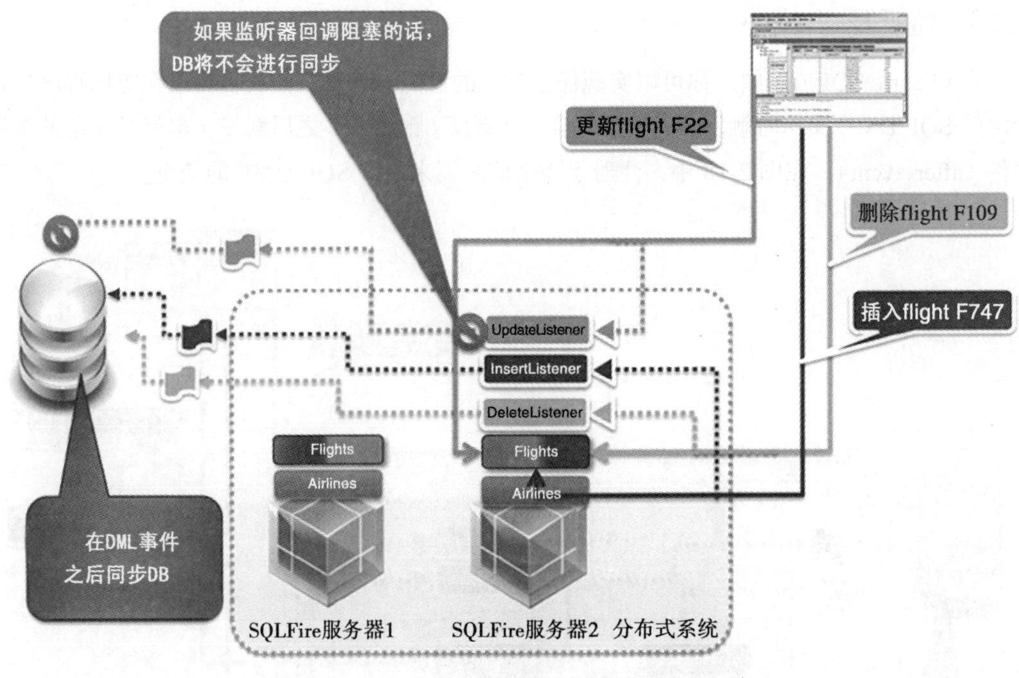

图 2-19 UpdateListener 回调处理器的阻塞

- InsertListener 和 DeleteListener 也注册到了 Flights 表上，如图 2-18 所示。这些监听器的行为与前面所描述的 UdpateListener 类似。

在图 2-19 中，如果 UpdateListener 因为某些原因发生了阻塞，而此时变更已经应用到持有特定 Flights 分区的 vFabric SQLFire 成员上了，监听器会抛出异常并且不会完成。

最佳实践 12：监听器

- 监听器能够让其他的系统接收到表变更（插入、更新和删除）的事后事件通知。如果要集成企业范围内依赖于数据变化的系统，这会是很有用的一项技术，这些数据变化都来源于数据 fabric。
- 在有些场景下，你可能想要只执行 DML，而不触发监听器。你可以在每个连接上使用 skip-listeners 属性来忽略所配置的监听器。设置这个属性不会影响到 WAN 分布式系统。DML 事件的发送会始终跨 WAN 设置 / 网关发送者。
- 你可以使用内置的 SYS.ADD_LISTENER 程序将一个或多个监听器关联到表上。
- 同一个表上可以定义任意数量的监听器。这样有助于提供多个自定义的插入 / 更新 / 删除监听器来满足不同的业务需求。如果是只允许定义一个监听器的话，那么事件处理代码将会需要复杂的 if/else 上下文切换或很长的 case 语句，这会使得代码难以维护。监听器是 EventCallback 接口的实现（https://www.vmware.com/support/developer/

vfabric-sqlfire/102-api/com/vmware/sqlfire/callbacks/EventCallback.html）。

- 如果监听器中抛出异常的话，更新会成功，但异常会传播回最初的节点中。

2.2.9 writer

vFabric SQLFire的writer是一个事件处理器，它会在变更发生之前同步地处理对表所作出的修改。缓存writer的主要用处是进行输入校验，从而保护数据库不会存储错误的数据。在数据对vFabric SQLFire的表中可见之前，可以使用这种机制来更新外部的数据源。writer为外部的数据源提供了write-through式缓存。与监听器不同，对于某个表只能关联一个writer。当表要因为插入、更新和删除操作而进行修改时，vFabric SQLFire会使用回调机制通知writer，使原有的操作暂时挂起。writer可以通过抛出`SQLException`从而拒绝正在进行中的变更操作。writer回调是同步执行的，如果回调阻塞的话，操作也会阻塞。

在图2-20中，表`Flights`上注册了一个`InsertWriter`。"插入flight 747"会触发`InsertWriter`的回调事件处理器，首先同步外部数据库，然后再往vFabric SQLFire `Flights`数据分区中执行插入操作。这是它与vFabric SQLFire监听器的关键不同之处，监听器是在DML已经应用到vFabric SQLFire数据分区之后再将变更传播到外部的系统中。另外一个重要的不同点在于你可以注册多个监听器，但是只能注册一个writer。

在图2-21中，`InsertWriter`事件处理器在试图往外部数据库写入时抛出了一个异常。在这种情况下，数据库的整个数据变更会回滚，数据变更也不会应用到vFabric SQLFire的`Flights`数据分区之中。

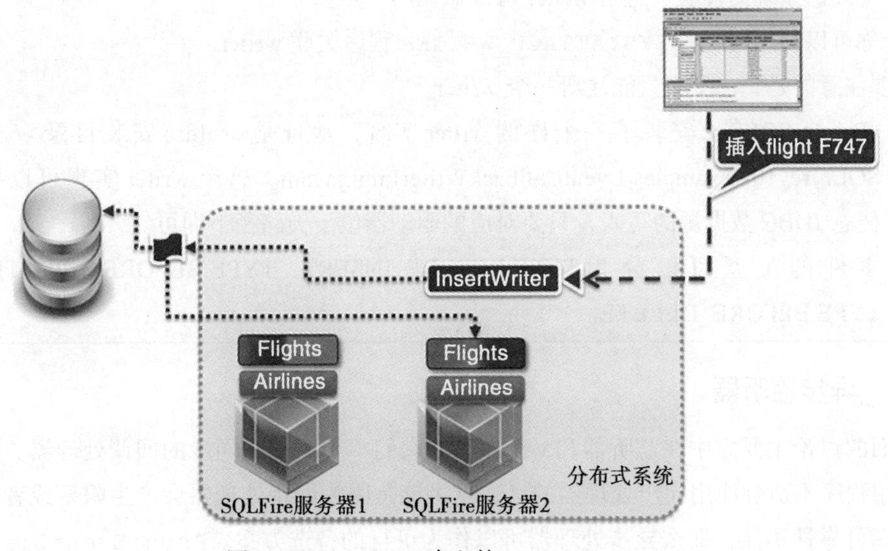

图2-20　`Flights`表上的`InsertWriter`

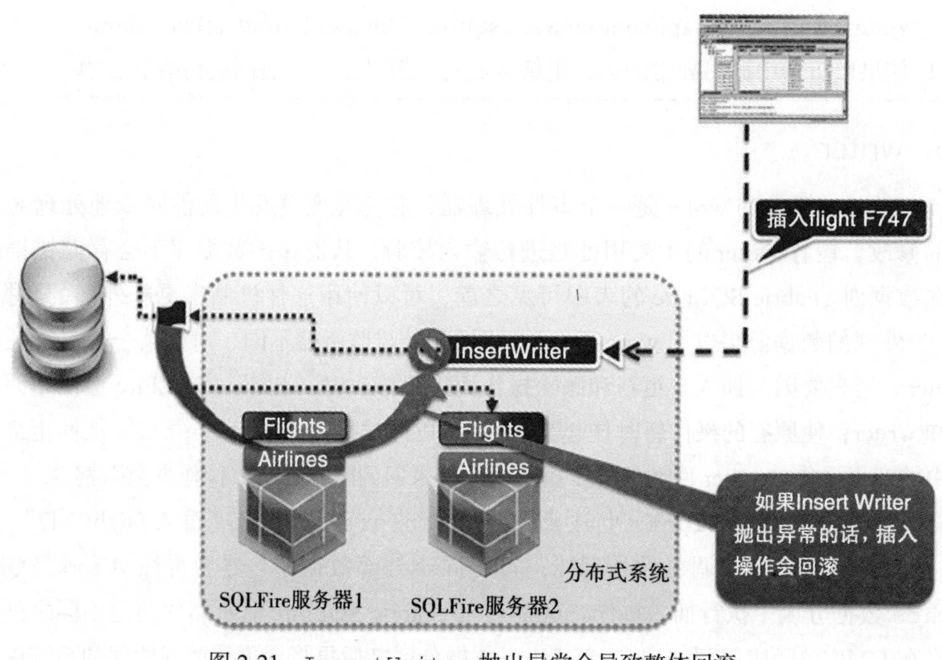

图 2-21　InsertWriter 抛出异常会导致整体回滚

最佳实践 13：writer

- writer 能够让其他的系统在表发生变更（插入、更新和删除）时接收到事前事件通知。为了保持外部 DB 与 vFabric SQLFire 同步，应用于 vFabric SQLFire 的变更已经通过了外部系统的校验，这是 writer 可以做到的一点。
- 你可以使用内置的 SYS.ATTACH_WRITER 程序关联 writer。

需要注意的是，一个表只能注册一个 writer。

- vFabric SQLFire 安装了一个样例 writer 实现，地址是 <sqlfire 安装目录>/vFabric_SQLFire_10x/examples/EventCallbackWriterImpl.javam。这个 writer 实现可以执行对任意 JDBC 数据源的写入，只要对应的驱动器位于类路径下即可。
- 事件的类型可以分为 TYPE.BEFORE_INSERT、TYPE.BEFORE_UPDATE 以及 TYPE.BEFORE_DELETE。

2.2.10　异步监听器

前面的讨论主要集中在监听器和 writer 上，它们本质上都是同步的回调处理器。如果企业的应用程序不适合使用同步处理器的话，这可能是因为同步处理器会产生阻塞或者使用它的客户端可靠性不佳，那么异步处理器可以作为可行的备选方案。AsyncEventListener 实例会使用专用的线程调用其回调方法。对应于 DML 操作的事件会放到内部队列中，有一个专用的线程会将一批事件分发给用户实现的回调类。事件分发的频率通过 vFabric SQLFire 中 AsyncEventListener 的配置来管理。

在图 2-22 中，在 Flights 表上注册了 TestAsynchEventListener，当 DML 事件发生时，就会触发回调。DML 事件会放到一个事件队列中，然后根据所配置的周期，再从队列中取出。当事件从队列中取出时，会调用已注册的 TestAsyncEventListener.processEvents() 方法。

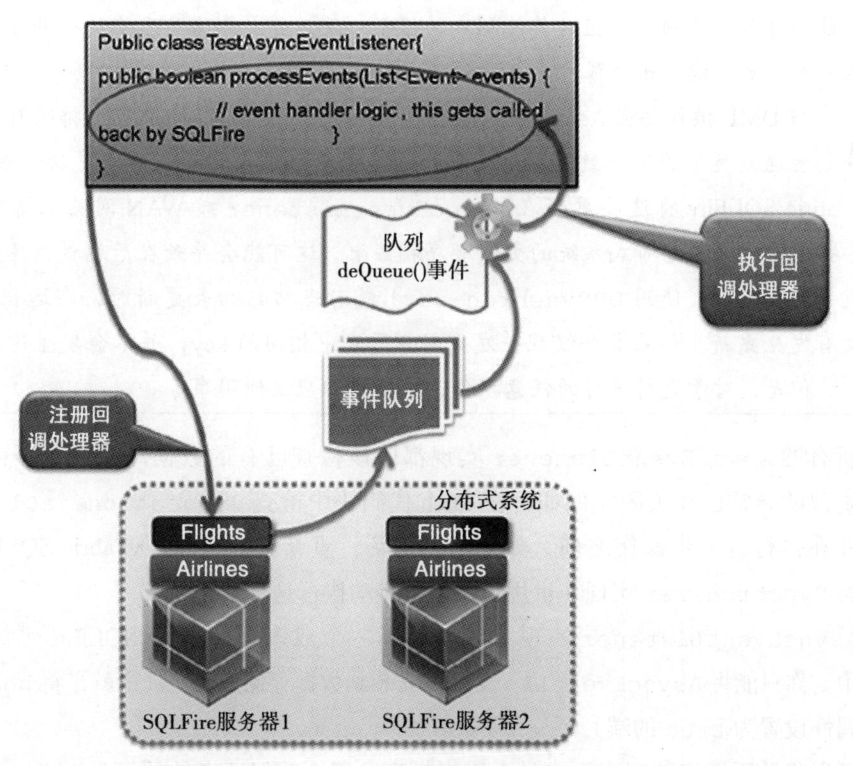

图 2-22 TestAsynchEventListener 样例，展现了注册以及通过事件队列周期性执行的过程

最佳实践 14：异步监听器

- ❑ AsyncEventListener 实例通过专用的线程来提供服务，在线程中会调用回调方法。
- ❑ 对应于 DML 操作的事件会放到内部队列中，有一个专用的线程会将一批事件分发给用户实现的回调类。在集成企业内的系统时，这种方式会很有用，因为这些被集成的系统可能会具有不同的可靠性以及响应时间 SLA。
- ❑ 如果多个线程同时更新的数据导致 AsyncEventListener 实现类排队的话，那么有可能会出现一定的数据一致性问题。这说明事件并不能保证顺序。

注意 只有对于单线程执行的情况，vFabric SQLFire才能够保证DML语句按照顺序应用于分布式系统（以及AsyncEventListener队列和远程WAN站点）。多个线程的更新会保证FIFO顺序。vFabric SQLFire并没有“总体顺序（total ordering）”的保证。

如果多个线程并发更新复制表的相同行，或者多线程并发地更新复制表中存在父子关系的相关行，有可能会出现数据不一致性的问题。在复制表中并发更新相同的行可能会导致一些副本的值与其他副本的值不一致。并发删除父表中的行并在子表中插入一行，有可能会出现孤立无关联的（orphaned）行。

当DML操作要在AsyncEventListener或远程WAN站点上排队时，并发访问表会遇到类似的不一致性问题。例如，如果两个独立的线程并发更新父表和子表，vFabric SQLFire将这些更新在AsyncEventListener或WAN网关上排队时的顺序并不一定与主分布式系统的更新顺序相匹配。这可能会导致在后端数据库上违反外键约束（例如，使用DBSynchronizer）或者当初始的表更新时，在远程WAN并没有发生更新。如果多个线程并发更新分区表中相同的key，并不会发生这种无序更新。但是，对于更新多行的任意操作，应用中都应该使用事务。

- 所有的AsyncEventListener实现都应该检查已有的数据库连接是否由于之前出现的异常已经关闭。例如，在catch代码块中检查Connection.isClosed()，并在执行进一步操作之前，如果需要的话，重新建立连接。vFabric SQLFire中的DBSynchronizer实现在重用连接前会自动执行这种检查。
- AsyncEventListener实现必须安装到一个或多个vFabric SQLFire系统的成员中。你只能将AsyncEventListener安装到数据存储成员上（也就是将host-data属性设置为true的端）。
- 可以将监听器安装到多个成员上以提供高可用性并保证事件的正常递送，以防备带有活跃AsyncEventListener的vFabric SQLFire成员被关闭。在任意的时间点上，只会有一个成员会包含活跃的线程来派发事件。其他成员的线程会处于冗余的备用状态。
- 为了实现高可用性以及事件投递的可靠性，将事件队列配置为支持持久化和冗余。

2.2.11 DBSynchronizer

DBSynchronizer是内置的AsyncEventListener实现，可以使用它同步持久化数据到第三方兼容JDBC 4.0的RDBMS中。你可以将DBSynchronizer作为AsyncEventListener安装到多个数据存储之中。在vFabric SQLFire上执行的DML语句会传递到

DBSynchronizer 以及所配置的 JDBC RDBMS 上。DBSynchronizer 只应该安装到数据存储成员上（也就是将 host-data 属性设置为 true 的成员）。每个 DBSynchronizer 实例维护了一个内部队列来分批处理 DML 语句，并且会有一个专用的线程来做这件事。该线程从队列中取出 DML 语句，并使用 prepared statement 将它们应用到外部数据库中，如图 2-23 所示。

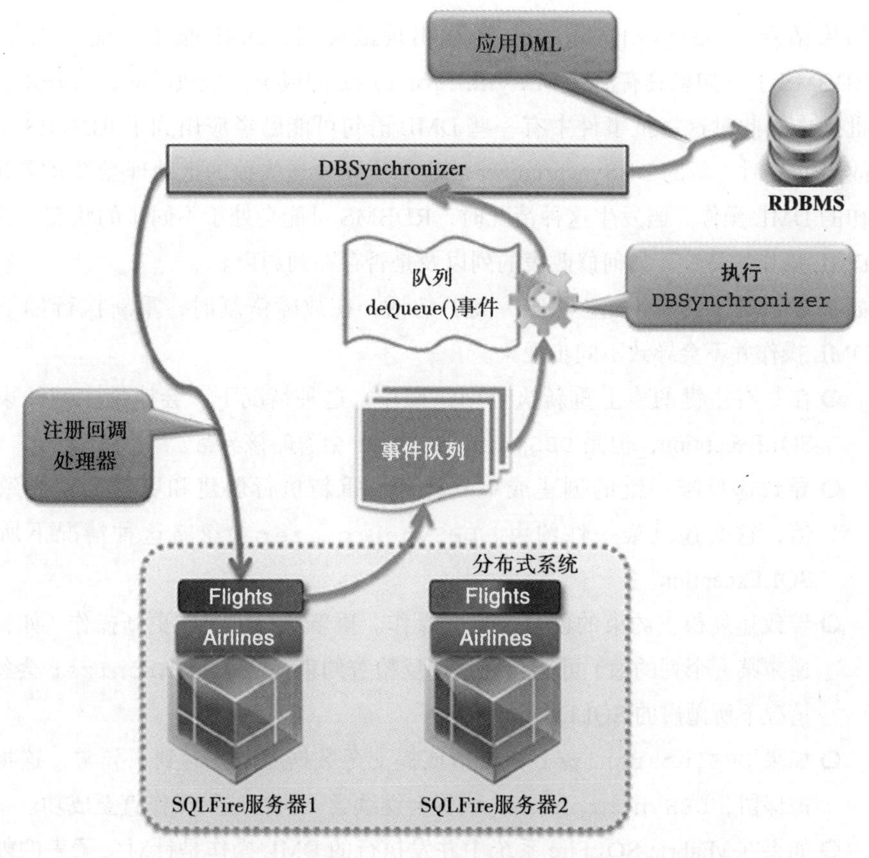

图 2-23 使用 DBSynchronizer 保持与外部 RDBMS 同步

最佳实践 15：DBSynchronizer

- 配置 DBSynchronizer 队列使其支持持久化和冗余，以实现高可用性和事件投递的可靠性。要在不止一个数据存储上安装 DBSynchronizer 以保证高可用性。在任意的时间点，只有一个成员中会有活跃的 DBSynchronizer 线程，它会在外部数据库上执行 DML。其他成员上的线程会作为备用（冗余）来保证当含有活跃 DBSynchronizer 线程的成员出现故障时，DML 依然能够执行。

注意 默认情况下，如果正在活跃的成员被关闭，在 DBSynchronizer 内部队列中所有未执行的 DML 操作都会丢失。如果你想避免丢失操作的话，需要将 DBSynchronizer 的内部队列配置为支持持久化。

- 由于性能和内存的原因，所安装的备用 DBSynchronizer 不要超过一个（最多一个冗余）。
- 如果活跃的 DBSynchronizer 线程出现故障时，DML 操作可能会重新应用到 RDBMS 上。如果具有活跃 DBSynchronizer 的成员出现故障时，恰好正在发送一批操作，此时这一批事件中有一些 DML 语句可能已经应用到了 RDBMS 上面。在故障恢复时，新的 DBSynchronizer 线程会重新发送失败的批处理操作并重新应用最初的 DML 操作。当发生这种情况时，RDBMS 可能会处于不同步的状态，这取决于 DML 操作的特性、如何修改表的列以及是否存在列约束。
- 如果表定义了约束（主键、唯一键）的话，在故障恢复时，重新执行如下类型的 DML 操作并不会导致不同步现象。
  - 在具有主键的表上重新执行创建操作。这种情况下，会违反主键约束并抛出 SQLException，但是 DBSynchronizer 会忽略该异常。
  - 导致违反唯一键的创建或更新操作。重新执行创建和更新操作导致重复的值，这会违反唯一性约束。DBSynchronizer 会忽略这种情况下所抛出的 SQLException。
  - 导致违反检查约束的创建或更新操作。重新执行创建或更新操作（如，递增或递减某一个列的值）可能会导致违反检查约束。DBSynchronizer 会忽略这种情况下所抛出的 SQLException。
  - 如果 DBSynchronizer 在更新或提交至数据库时，遇到了异常，这批操作会被保留，DBSynchronizer 线程会继续尝试执行这批操作直至成功。
  - 如果在 vFabric SQLFire 系统中并发执行的 DML 操作是针对父子表的外键关联关系，那么将 DML 应用到外部数据库时可能会出现违反外键约束的情况。这种现象甚至可能发生在 vFabric SQLFire 系统已成功执行 DML 的情况之中。尽管在 vFabric SQLFire 系统中对父子表的插入是按照顺序执行的，但是插入数据的操作到达 DBSynchronizer 时，可能是相反的顺序。为了避免这种行为，要在一个应用线程中执行父表和子表的更新。

2.2.12 SQLF 命令与 DDLUtils

vFabric SQLFire 提供了命令行界面以及 DDLUtils，它们可以基于众多支持的 RDBMS

源模式生成目标模式以及数据加载文件。图 2-24 列出了 DDLUtils 能够迁移的 RDBMS。

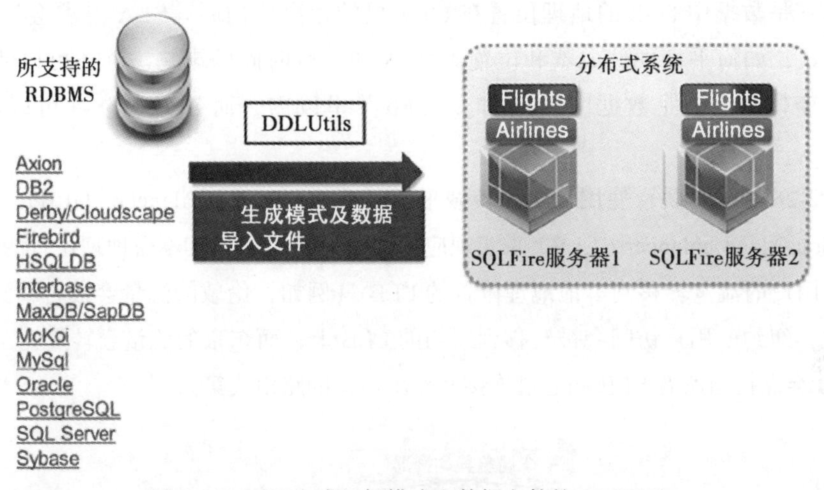

图 2-24　用于生成目标模式和数据文件的 DDLUtils

2.3　Active-Active 架构与现代化数据平台

图 2-25 展现了位于两个数据中心中的 4 个 active-active 端。在数据中心 -1 中，有 Active-1A 和 Active-1B 端，在数据中心 -2 中，有 Active-2A 和 Active-2B 端。Active-1A、1B、2A 和 2B 端都包含了典型企业级应用的所有分层。在本例中，我们使用 SpringTrader 作为参考应用。对于数据中心 -1 来说，企业级应用实例可能同时分布于 Active-1A 和 1B 中，对于数据中心 -2 来说，情况类似。如果 Active-1A 出现了故障，Active-1B 中的应用实例将会继续为访问流量提供服务，而不管 Active-1A 何时恢复在线状态。这表明 Active-1B 必须要准备承担 Active-1A

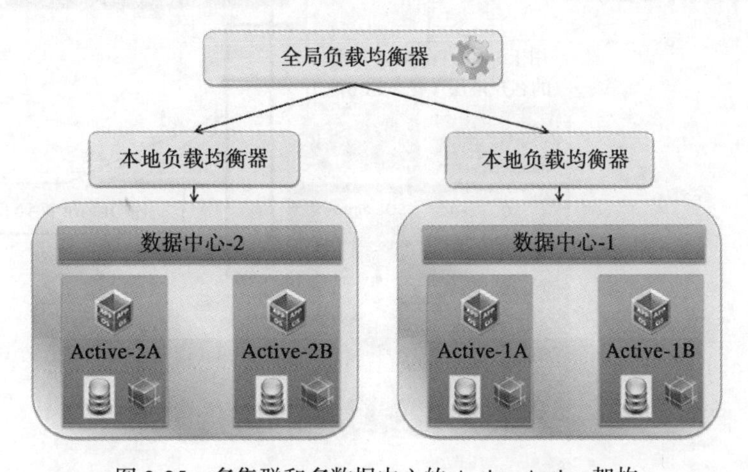

图 2-25　多集群和多数据中心的 Active-Active 架构

完整的峰值负荷。当然，有时候这不一定是可行的，因此部分额外的流量会转向数据中心-2，尤其是数据中心-2的地理位置在60英里的距离之内时。SLA需求会决定采用什么样的方式，如何平衡硬件成本和位置对SLA和响应时间的影响。你还可以使用如上所示的一种变体，也就是数据中心-1和2在60英里以内，而数据中心-3可以通过WAN连接。

如图2-26所示，联合使用了全局负载平衡器（global load balancer，GLB）和本地负载均衡器（local load balancer，LLB）来实现应用的快速响应，使其不受地理位置的负面影响。GLB会将用户的流量转移到本地地理位置的LLB。（例如，伦敦的流量会被转移到位于伦敦的LLB上，纽约的用户访问会被转移到纽约的LLB上，而东京的流量会转发到东京的LLB上）。GLB会保持与所有LLB的心跳连接并作出最优的路由决策。

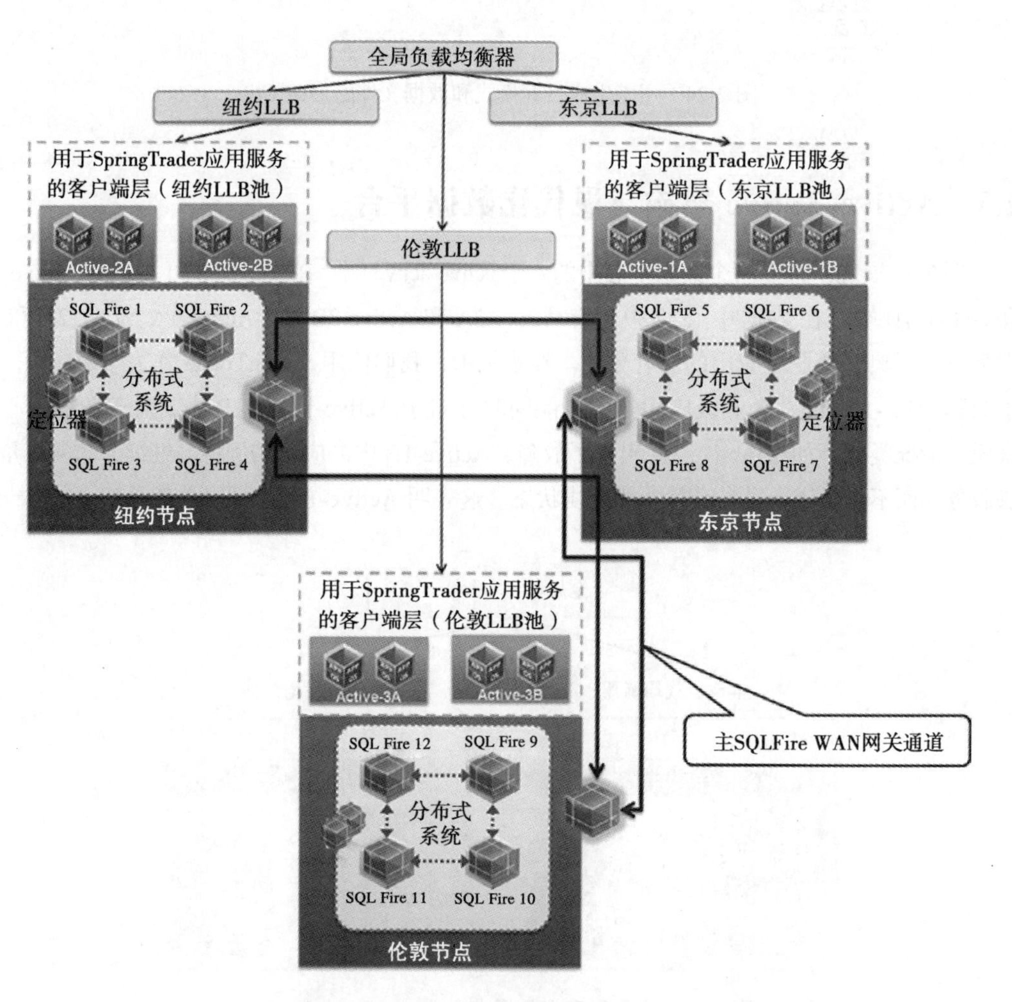

图2-26 SpringTrader全球多点配置的GLB与LLB

地理位置节点的LLB配置池中都具有到每个SpringTrader应用服务的入口。图2-26展现了3个LLB配置。

东京的LLB池配置实际上是在负载均衡器池中所配置的4个SpringTrader应用服务。LLB有4个分发流量的入口。这4个入口在逻辑上分为Active-1A和Active-1B，这表明Active-1A应用服务的VM位于相同的vSphere主机上，而Active-1B SpringTrader应用服务的VM位于另外一个vSphere主机上。这种模式的LLB配置在纽约和伦敦站点上是类似的。要注意的是，对SpringTrader应用服务的流量是通过负载均衡的，但是每个应用服务到SQLFire数据fabric的通信是通过定位器的（locator)，在这个调用中并没有涉及负载均衡器架构。在SpringTrader应用服务和SQLFire数据成员之间如果使用负载均衡器拦截调用的话是一种多余的行为，vFabric SQLFire定位器进程能够胜任对数据fabric访问的负载均衡和负载调节功能。

此外，为了更清晰地展现配置的其余部分，此处省略了Web服务器池的细节。如果你要添加对Web服务器池的单独配置，Web服务器会将LLB的流量分发到应用服务的LLB池中，理想情况下，要按照最少连接（least-connection）类型的调度算法。这意味着前端池（在本例中，也就是本地LLB Web服务器池）从GLB接收到访问流量，然后Web服务器池会将流量转发到应用服务的本地LLB中。在流量分发到具体的SpringTrader应用服务时，很重要的一点就是维持会话黏性（session stickiness）。注意，建议避免只有一个LLB Web服务器池（这意味着每个Web服务器池成员只指向一个具体的SpringTrader应用服务），这会提供一种不准确的容错性服务水平。SpringTrader应用服务，本质上也就是一个vFabric tc Server实例，可能会出现故障，但因为服务水平的测试是针对LLB Web服务器成员的，因此可能会产生误报（false positive）。最好是遵循双LLB的方式，在本地LLB所管理的地理节点中，有一个池用于Web服务器，另一个池用于SpringTrader应用服务。从active-active部署架构的视角来看，企业级应用层包含了两个主LLB池。第一个池中是一组vFabric Web服务器实例，它会将请求流量分发到第二个池中。到第二个池的典型分布式算法是最少连接算法。第二个池由vFabric tc Server实例组成，以无状态的方式运行，实际上，Web服务器和tc Server本身都是无状态的。没有必要再配置额外的Web服务器和tc Server集群，LLB会负责分布式流量。从Web服务器池到tc Server池的分发基于最少连接分布式算法，因此SpringTrader的会话一旦被初始化，在整个用户－会话/浏览器生命周期活动中，会话会保持粘性。

图2-27扩展了图2-26中的LLB池配置，在这个图中展现了2个LLB池，一个用于vFabric Web服务器，另一个用于vFabric tc Server实例。

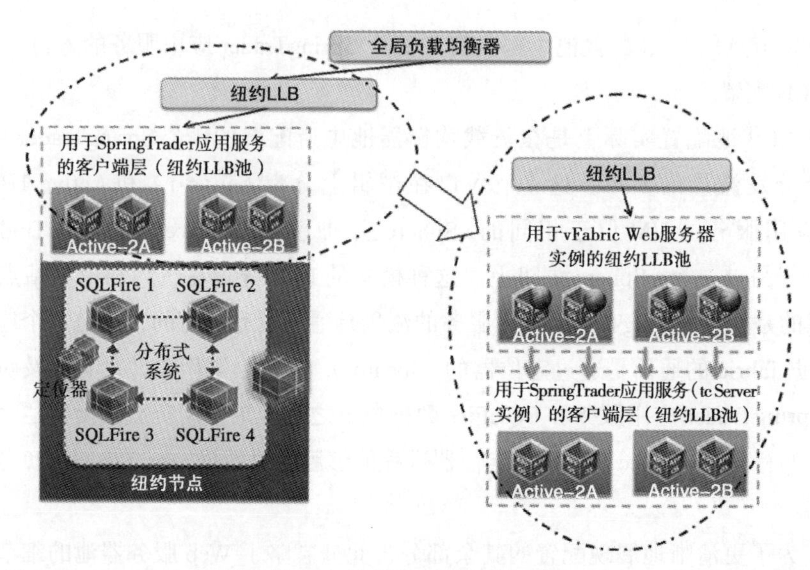

图 2-27　vFabric Web 服务器 LLB 池将访问流量发送给 vFabric tc Server LLB 池

2.4　本章小结

本章介绍了 vFabric SQLFire 的特性，你可以使用这些特性来现代化各种类型的企业级数据。当企业级数据的可扩展性和性能出现了问题，并且不能通过简单的硬件调节和已有应用的重新配置来解决时，那就可能需要重新架构数据层了，应该关注内存数据管理系统。

第 3 章 Chapter 3

大规模 Java 平台调优

有两种主要的垃圾回收（GC）机制：吞吐 / 并行 GC 和并发标记清除（concurrent mark sweep，CMS）。我们不会讨论其他的垃圾回收机制，因为它们目前并不适用于延迟敏感类型的工作负载，比如第 2 类和第 3 类的工作负载。

> 注意 当对第 2 类或其他任何对响应时间或延迟敏感的 Java 平台进行调优时，一般来讲，要实现最优的吞吐量和响应时间，会在新生代使用吞吐 / 并行 GC 并在老年代使用 CMS。

吞吐 / 并行 GC 策略之所以称为吞吐 GC，因为它注重于改善内存吞吐而不是更快的响应时间。它同时也可以称为并行 GC，因为它使用多个工作者（worker）线程（配置为 –XX:ParallelGCThreads =<nThreads>）来回收垃圾。吞吐 / 并行 GC 本质上是 stop-the-world 类型的收集器，当垃圾回收活动发生时，应用程序将会暂停。为了将这种影响降到最低，并创建可扩展的系统，我们可以配置多个并行的垃圾回收线程，从而实现 minor GC 活动并行化。

虽然吞吐 GC 在新生代中使用多个工作者线程回收垃圾，但当这些线程运行时，应用的线程将会暂停，对于延迟敏感的工作负载来讲，这可能会是一个问题。–XX:ParallelGCThreads=<nThreads> 和 –Xmn(新生代大小) 的组合优化两个关键的优化选项，要考虑该对它们向上调整还是向下调整。老年代中 GC 活动不像新生代中那样频繁，但是当 GC 活动发生时，垃圾回收的时间明显长于新生代的垃圾回收时间，如果在老年代中使用并行 / 吞吐收集器尤其如此。为了缓解老年代暂停的问题，可以在老年代中采取并发标记清除

（CMS）GC，同时仍然在新生代中使用吞吐 / 并行收集器进行垃圾回收。

CMS 指的是并发标记清除。因为 GC 线程与应用程序线程同时运行，所以当 GC 线程运行时，并不暂停应用程序的线程。CMS 有多个阶段，因此有时也称为多通道收集器（multipass collector），但它更多的还是被称之为基本并发的收集器（mostly concurrent），因为 CMS 存在两个短暂的暂停阶段，这些暂停通常是无关紧要的。这些阶段如下所示：

1）初始标记

2）标记和预清理

3）重新标记

4）清除

虽然 CMS 收集器命名为并发收集器，但是有时更准确地应该称其为“基本并发的收集器”，因为它存在两个短暂的暂停，分别是开始的初始标记阶段和后面的重新标记阶段。这些暂停对于 CMS 整个生命周期影响不大，因此基本上可以忽略大量暂停与实际并发的矛盾。CMS 操作阶段如下所示：

- **初始标记阶段（短暂的暂停）**：这是 CMS 整个老年代收集的开始。在 CMS 的初始标记阶段中，所有根（root）对象直接可达（reachable）的对象会被标记。在这个过程中，赋值（mutator）线程是停止的。
- **并发标记阶段（没有暂停）**：在初始标记阶段被停止的线程将再次启动，在第一阶段中被标记对象所能够访问到的对象在这个阶段也会被标记。
- **并发预清理阶段（没有暂停）**：查找堆中从新生代转移到老年代的对象，或者在前面的并发标记阶段被赋值线程所更新的对象。在预清理阶段并发地重新扫描对象有助于减少下一个“重新标记”阶段的暂停时间。
- **重新标记阶段（暂停）**：这个阶段会重新扫描堆中剩余的更新对象，并从对象图中追溯它们。
- **并发清理（没有暂停）**：开始清理已死的对象，清理是一个并发的阶段，和其他线程同时运行。

图 3-1 以图形化的形式展现了新生代中使用 –XX:ParNewGC 以及老年代中使用 CMS 的配置组合。图 3-1 中，蓝色区域表示新生代，大小通过 –Xmn 定义，需要配置 –XX:ParNewGC 和 –XX:ParallelGCThreads。Minor GC 线程的运行用 蓝色的点线箭头表示，这些线程位于绿色箭头 表示的应用程序线程之间。由于配置了 –XX:ParallelGCThreads，在新生代中会有多个工作者线程执行垃圾回收。每当这些工作线程执行垃圾回收时，绿色箭头表示的应用程序线程就要暂停，然而使用多线程有助于缓解这个问题。当然，新生代的大小在这一过程中起着重要的作用，如果新生代增大的话，minor GC 的持续时间会增加，同时因为新生代更大了，所以它发生的频率会更低。新生代越小，minor GC 的持续时间越短，发生的会越频繁。

不能直接定义老年代的大小，但是可以通过 -Xmx 和 -Xmn 的差额间接定义，GC 策略是通过 -XX:+UseConcMarkSweepGC 配置的。GC 与应用程序线程并行运行并且没有停顿，如图中的红色箭头表示了 CMS 活动。

示例 3-1 和示例 3-2（JVM 选项如表 3-1 所描述）展现了完整的 JVM 选项，这里使用了 ParNewGC 和 CMS 结合。

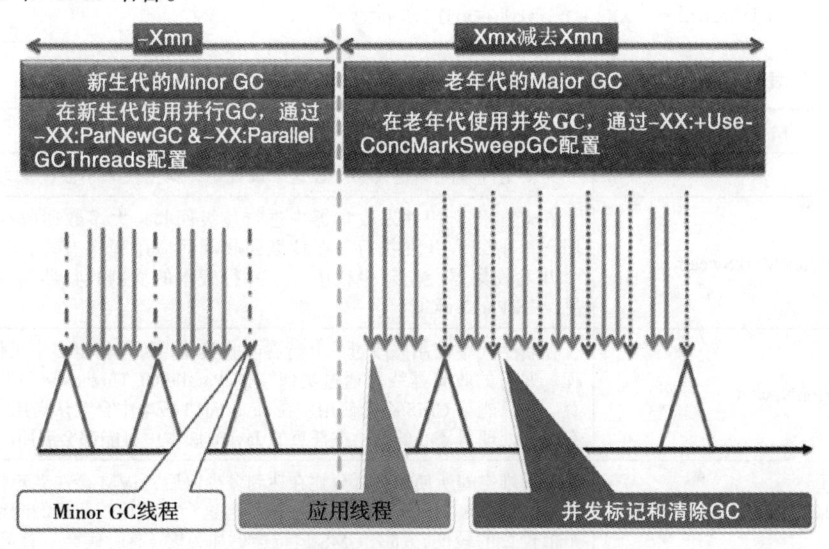

图 3-1　新生代中使用并行 GC 和老年代中使用 CMS

样例3-1　使用ParNewGC和CMS配置JVM，64GB堆内存

```
java -Xms64g -Xmx64g -Xmn21g -Xss1024k
-XX:+UseConcMarkSweepGC
-XX:+UseParNewGC -XX:CMSInitiatingOccupancyFraction=75
-XX:+UseCMSInitiatingOccupancyOnly
-XX:+ScavengeBeforeFullGC
-XX:TargetSurvivorRatio=80 -XX:SurvivorRatio=8
-XX:+UseBiasedLocking
-XX:MaxTenuringThreshold=15
-XX:ParallelGCThreads=4
-XX:+OptimizeStringConcat -XX:+UseCompressedStrings
-XX:+UseStringCache -XX:+DisableExplicitGC
```

样例3-2　JVM使用ParNewGC和CMS配置，30GB堆内存

```
java -Xms30g -Xmx30g -Xmn9g -Xss1024k
-XX:+UseConcMarkSweepGC
-XX:+UseParNewGC -XX:CMSInitiatingOccupancyFraction=75
-XX:+UseCMSInitiatingOccupancyOnly
```

```
-XX:+ScavengeBeforeFullGC
-XX:TargetSurvivorRatio=80 -XX:SurvivorRatio=8
-XX:+UseBiasedLocking
-XX:MaxTenuringThreshold=15
-XX:ParallelGCThreads=2
-XX:+UseCompressedOops -XX:+OptimizeStringConcat -XX:+UseCompressedStrings
-XX:+UseStringCache -XX:+DisableExplicitGC
```

表3-1 新生代中使用并行收集器以及老年代中使用CMS的JVM配置选项

JVM 选项	描述
–Xmn21g	为新生代分配固定大小。在这个设置中，新生代大小被设置为 21GB
–XX:+UseConcMarkSweepGC	在老年代启用并发收集器中进行垃圾回收，大多数回收线程会和应用程序的线程并发执行。在垃圾回收期间应用程序有短暂的停顿。这个并发收集器会与新生代中一个并行版本的复制收集器结合使用，参见 –XX:ParNewGC
–XX:+UseParNewGC	在新生代中使用修改过的并行吞吐收集器，可以指定多个工作者 GC 线程。并行的收集器线程通过类似 –XX:ParallelGCThreads=4 这样的方式配置。它只能与 CMS 组合使用。在 Java 6u13 版本中会默认启用，如果机器有多个处理器核心的话，在任意的 Java 6 版本中可能都会启用
–XX:CMSInitiatingOccupancyFraction=75	设置堆空间所使用的百分比在达到多少以后，JVM 会在老年代启用并发收集。Java 6 中，默认值大约是 92，但这会导致比较明显的问题。如果这个值设置的较低，那么 CMS 运行会更加频繁（有时候会一直运行），但这通常会清理地更快，从而避免产生碎片
–XX:+UseCMSInitiatingOccupancyOnly	所有并发 CMS 周期应该基于 –XX:CMSInitiatingOccupancyFraction=75 启动
–XX:+ScavengeBeforeFullGC	启用这个功能时，在尝试执行新的 CMS 周期或 full GC 之前，首先会执行一次新生代收集
–XX:TargetSurvivorRatio=80	在垃圾清除后，Survivor 空间所期望占有的百分比
–XX:SurvivorRatio=8	设置新生代中 Eden 区与 Survivor 空间的大小比例
–XX:+UseBiasedLocking	启用提升非竞争同步性能的一种技术。某个对象会“偏向于”首先获取其监视器（monitor）的线程，获取监控器可以通过使用 monitorenter 字节码或者调用同步方法实现；在多处理器的机器上，该线程后续所执行的监视器相关的操作相对来讲会快得多。一些大量使用非竞争同步的应用程序通过启用该标记可以获得明显的性能提升。虽然已经试图将负面影响降到最低，但一些使用特定模式锁的应用程序会导致性能的降低
–XX:MaxTenuringThreshold=15	确定新生代对象在进入到老年代之前，在新生代所能经历的最大年龄。对象每坚持过一次 minor GC 并复制到 Survivor 空间，对象的年龄就会增加 1。HotSpot JVM J6 这个参数最大值是 15。这个值如果过小可能使对象过早进入老年代，这样导致老年代的活动会更加频繁，从而影响响应时间
–XX:ParallelGCThreads=4	设置新生代中 GC 线程的数量。不同 JVM 平台的默认值并不相同。这个值不应该高于 JVM 可用核心数的 50%。

（续）

JVM 选项	描　述
-XX:ParallelGCThreads=4	假设一个虚拟机上只运行一个JVM，没有其他的JVM竞争其所在VM上的可用核心。 例如，在图2-14中的方案2所示，vSphere集群有16个VM，因此有16个vFabric SQLFire成员。每个VM配置了68GB RAM和8个vCPU。每个vFabric SQLFire成员的JVM VM运行在vSphere主机上的一个8核心插槽内。这意味着8个核心可服务于VM所分配的8个vCPU。因为配置了-XX:ParallelGCThreads=4，所以4个vCPU被ParallelGCThreads消耗，剩余4个vCPU用于应用服务线程、老年代的并发活动、非堆区的活动以及其他任何运行在虚拟机上的工作负载，如监控代理。 这里有一个小提示，在初始标记阶段有非常短暂的停顿（与其他并发暂停不同），它是单线程的，但是很快就结束，接下来的重新标记阶段是多线程的。初始标记阶段是单线程的，不会使用-XX:ParallelGCThreads所分配的线程，但是重新标记阶段是多线程，会使用一些所分配的并行线程。因为重复标记是一个很短暂的阶段，它对并行线程周期的使用可以忽略不计。 不同的工作负载会有很大的差异，这些假设应该在自己应用程序中通过负载测试进行验证
-XX:+UseCompressdoops	启用压缩指针（对象引用表示为32位的偏移量而不是64位指针）优化64位环境的性能，适用于Java堆小于32GB的场景
-XX:+OptimizeStringConcat	在可能的情况下，优化字符串连接操作(在Java 6 Update 20中引入)
-XX:+UseCompressedStrings	小心使用! 字符串使用byte[]，可以表示为纯ASCII码(在Java 6 Update 21性能发布版本中引入)。 在Java 6一些特定版本中，这个选项可能已被弃用
-XX:+UseStringCache	为常用的字符串启用缓存
-XX:+DisableExplicitGC	使所有System.gc()函数调用失效，因为它可能会错误的用在应用程序的代码之中
-XX:+AlwaysPreTouch	这个选项是可选的。在样例中没有使用该选项，但是优化时可以值得考虑。 在JVM初始化时PreTouch Java堆。这样的话，堆的每一页在初始化阶段都会设置为0（demand-zeroed），而不是随着应用的执行递增。 设置这个选项会增加启动时间，但可能会提升JVM的运行性能
-XX:+UseNUMA	不要使用! 不应该使用这个JVM选项，因为它与CMS垃圾回收器不兼容。如果vFabric SQLFire Server JVM所在的VM部署在vSphere ESXi 5 hypervisor上的话，不需要设置这个标记，因为VMware提供了许多非一致内存访问（NUMA）的优化，为vFabric SQLFire类型的工作负载提供了很好的本地化。这个标记和CMS GC策略不兼容。

对于大多数的工作负载来讲，上面所介绍的GC调优就已经足够了，在调整-Xmn、ParallelGCThreads、SurvivorRatio和栈大小-Xss时会有一些注意事项。下面的章节中介绍了GC优化的更多细节，有助于在新生代和老年代GC优化时做出正确的决策。还有许多可行

的方案，但是在下一节中所讨论的都是比较稳健的 GC 调优方法。

3.1 GC 调优方法

我们有很多其他的方式可以使用，而 JVM 调优本身就可以花费很多时间来讨论其理论和实践。本节描述了适用于延迟敏感型工作负载的 JVM 调优。

图 3-2 概述了调优方法的三个步骤：

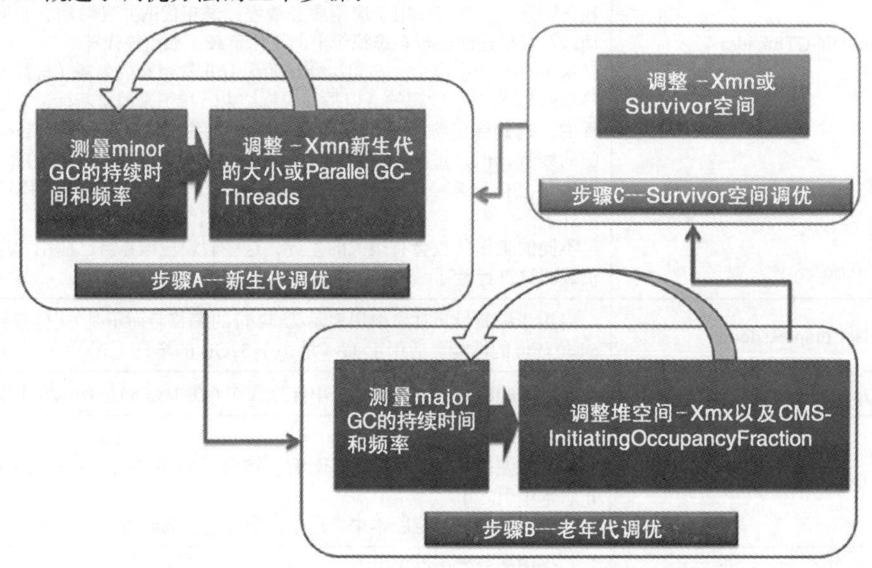

图 3-2　新生代采用并行 GC 且老年代采用 CMS 的 GC 调优方法

步骤 A　**新生代调优**：这涉及测量新生代 GC 的频率和持续时间，然后调整 –Xmn 和 `-XX:ParallelGCThreads` 以满足应用程序响应时间的服务水平协议（SLA）。

步骤 B　**老年代调优**：这涉及测量 CMS GC 周期的频率和持续时间，调整 –Xmx 和 –XX:CMSInitiatingOccupancyFraction 值以满足工作负载在响应时间方面的 SLA。

步骤 C　**Survivor 空间调优**：这是优化 survivor 空间的细化步骤。增加 survivor 空间的大小，能够延迟对象从新生代转移到年老代，或者减少 survivor 空间的大小，使 minor GC 的持续时间减少并加速对象从新生代转移到老年代。

3.1.1　步骤 A：新生代调优

在这个步骤（图 3-2 中步骤 A）中，首先测量 minor GC 的频率（GC 多久运行一次）和持续时间（运行多久时间），然后对比 GC 暂停和响应时间需求，进而确定 GC 周期是否需要调优。理解新生代的内部构造对于 minor GC 周期的调整至关重要，因此图 3-3 对图 3-1 进行了一些轻微的修改来进一步描述新生代的 GC 周期。这个调优的主要目的是为了测量 minor GC 的频率和持续时间，以确定在 minor 活动之间，是否有足够的时间留给应用程序线程。在图 3-3 中，应用程序线程用绿色箭头表示，位于 minor GC 活动之间。

新生代大小使用 –Xmn 定义，如图 3-3 所示，如前文所述，垃圾收集使用 `-XX:ParNewGC` 配置，并配置 `-XX:ParallelGCThreads=<nThreads>` 使用多工作者线程来优化 GC 周期。新生代包含两个 Survivor 空间（深蓝色方块），在图上表示为 *S0* 和 *S1*。这些空间大小为 *SurvivorSpaceSize* = *-Xmn* / (*-XX:SurvivorRatio* + 2)。新生代中最重要空间是 Eden 空间（图 3-3 中橙色方块）。Eden 空间的大小为 *–Xmn* 和 *SurvivorSpaceSize* * 2 的差额。更详细的 Survivor 空间调优讨论在调优方法的步骤 C 中给出，但是简而言之，开始的时候将 *survivor ratio* 设置为 8，这样的话 *SurvivorSpaceSize* 就是整个 *–Xmn* 的 10%。因此，*S0* 是 *–Xmn* 的 10%，*S1* 也是 *–Xmn* 的 10%。如果 *SurvivorRatio* 设置为 8，Eden 空间大小为 *–Xmn* 的 80%。

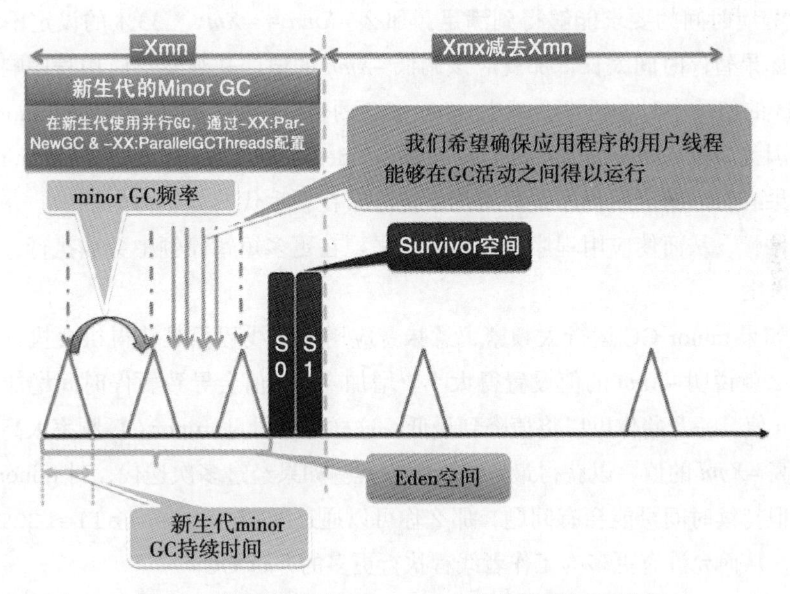

图 3-3 测量新生代中 minor GC 的持续时间和频率

假设我们已经测量了 minor GC 的频率和持续时间，再加上之前讨论的每个参数在新生代调优中所扮演角色，下一节中我们将会介绍调整这些参数的影响。

调整 *-Xmn* 的影响

到目前为止，最关键的 JVM 选项是 *–Xmn*，也就是新生代的大小，我们将会考虑增加或者减少 *–Xmn* 值的影响。在本节中描述了新生代内部的 GC 周期以及调整参数的影响：

- **理解新生代中的 GC 周期**：所有对象都会在 Eden 空间中创建。当 minor GC 执行时，Eden 空间完全被清除，所有存活的对象都被移到第一个 survivor 空间 S0 中。一段时间后，再次执行 minor GC 时，Eden 空间会再次被清空，并且更多的存活对象会转移到 survivor 空间中，在 Survivor 空间 S0 和 S1 之间会进行复制。因此，Edon 和 Survivor 空间需要有足够的可用空间。如前所述，初步设定 *SurvivorRatio* 为 8，这对于 *SurvivorSpaceSize* 是足够的。

- **理解减少或增加新生代大小 *–Xmn* 所产生的影响：** 如果你觉得 minor GC 的持续时间太长，并且能够容忍暂停时间超过应用程序线程的执行时间（在应用程序响应时间较长的场景下会看到），那么适合将 *–Xmn* 的值减小。如果 minor GC 持续时间或者暂停时间太长，那么就表明应用程序新生代设置得太大。

在示例 3-1 中，*–Xmn* 大约为 *–Xmx* 的 33%，这是一个好的起点，这取决于堆的大小。在堆小于 8GB 的小规模 JVM 中，33% 可能是比较合适的，但是如果你有更大的存储（例如，64GB 的 33% 意味着 *–Xmn* 是 21GB，这是一个很大的存储空间），那么 33% 可能就不会那么合适了。

如果对响应时间的要求能够得到满足，那么 *–Xmn* = *–Xmx* * 33% 的设定不需要进行调整。然而，如果暂停时间太长，那就应该调低 *–Xmn* 的值，并观察对应用程序响应时间的影响。当 *–Xmn* 的值减小时，通常会减少 minor GC 的暂停时间，同时会增加 minor GC 的运行频率。这是因为减少 *–Xmn* 的值意味着同时减少 Eden 的空间大小，这会导致 minor GC 运行更频繁。如果有足够的应用程序线程更均衡地分布在新生代的全生命周期中，并且很少有突发的长时间停顿，从而使应用程序线程能够更平稳在更多短暂停顿中穿插执行，这可能也不是一种坏的方案。

然而，如果 minor GC 运行太频繁，意味着应用程序线程很难获得机会执行，或者执行得很少，那么就说明 *–Xmn* 的值设置得太小。增加 *–Xmn* 值会导致暂停时间增加。你可以反复调整 *–Xmn* 值，一开始你可以将值降到最低，这样可以看见 minor GC 频率太高，在下次调整中稍微调高 *–Xmn* 的值，以获得最好的折中方案。如果经过多次迭代，对 minor GC 的频率感到满意，但持续时间可能会有问题，那么你可以通过增加 `-XX:ParallelGCThreads` 的值进行调整，从而允许有更多的工作者线程执行更多的并行 GC。

当设置 `-XX:ParallelGCThreads` 时，开始时将其设置为底层可用 vCPU 或者 CPU 核心数的 50%。如果发现有充足的 CPU 周期并且想进一步提高性能和加速 GC，可以增加 `ParallelGCThreads` 的值，数值每次增加 1。增加 `ParallelGCThreads` 的值直接关系到消耗更多 CPU 周期。在样例 3-1 中，JVM 所在的 VM 位于一个具备 8 个底层 CPU 核心的插槽内，因此 CPU 计算资源的 50% 分配给了 `-XX:ParallelGCThreads` 使用。插槽中其他 50% 的资源用于常规的应用程序事务，也就是说 4 个 vCPU 被 `ParallelGCThreads` 消耗，剩下 4 个服务于应用程序线程、并发的老年代活动、非堆活动和其他运行在 VM 上的工作负载，例如监控代理。

这里有一个小提示，在初始标记阶段有非常短暂的停顿（与其他并发暂停不同），它是单线程的，但是很快就结束，接下来的重新标记阶段是多线程的。初始标记阶段是单线程的，不会使用 -XX:ParallelGCThreads 所分配的线程，但是重新标记阶段是多线程，会使用一些所分配的并行线程。因为重复标记是一个很短暂的阶段，它对并行线程周期的使用可以忽略不计。

你可以调整 -XX:ParallelGCThreads 值，使其低于 50%，这样可以分配更多线程给应用程序。如果你尝试这样做，并且对响应时间没有影响的话，那么你就可以谨慎减少 -XX:ParallelGCThreads 值了。相反，你如果新生代的大小调整（*–Xmn*）已经达到极限，但是还有充足 CPU 周期，那么可以考虑使其超过 50%，这需要渐进式地增加这个值，每次增加 1。要对你的应用程序进行负载测试并测量响应时间。

当考虑减少 -XX:ParallelGCThreads 值的时候，最小值应当为 2。低于这个值将会对并行收集器造成负面影响。对于 vFabric SQLFire 类型的大规模 JVM 工作负载（例如，8GB 或者更多），至少需要 4 个 vCPU 的 VM 配置，因为 2 个 vCPU 被 -XX:ParallelGCThreads 使用，另外 2 个被应用线程使用。这个配置规则在样例 3-2（4 个 vCPU 的虚拟机有 2 个 ParallelGCThreads）和样例 3-1（8 个 vCPU 的虚拟机有 4 个 ParallelGCThreads）的 JVM 配置中进行体现。在这两种场景中，都是可用 vCPU 的 50%。

此外，当你使用 CMS 类型的配置时，你应该使用 4 个或更多 vCPU 的 VM。

> 注意　如前所述，假设 survivor ratio 开始为 8，在步骤 C 前不要进行任何的 survivor 空间调优。

图 3-4 展现了减少 *–Xmn* 的影响，如前面章节中所讨论的，我们理解了减少或增加新生

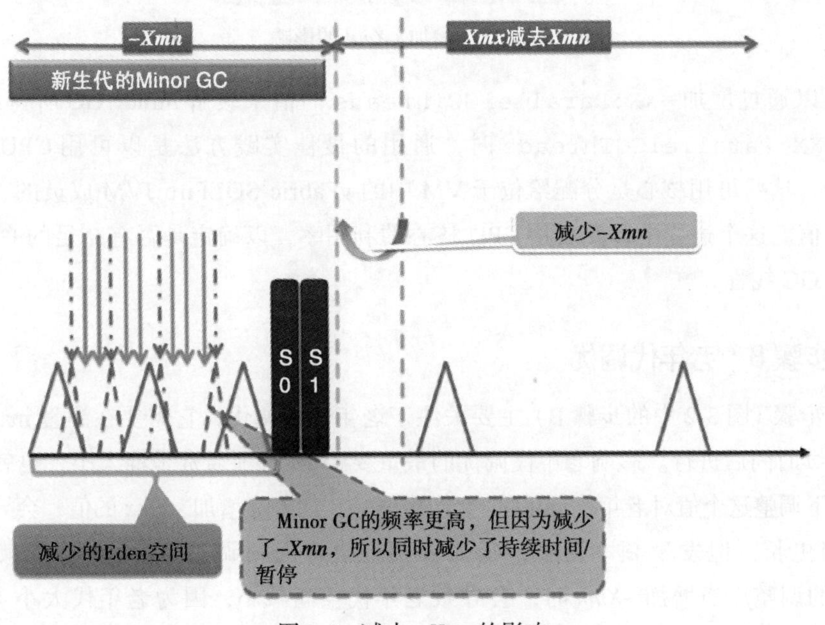

图 3-4　减小 *–Xmn* 的影响

代大小 –*Xmn* 所产生的影响。在图中，原始的 minor GC 频率用蓝色实线三角形表示，有较大的持续时间 / 停顿，但当 –*Xmn* 减小时，minor GC 频率增加，如虚线三角形所示。

图 3-5 展示了增加 –*Xmn* 所产生的影响，有利于降低 minor GC 的频率，但是会增加它的持续时间或者暂停时间。你可以使用迭代的方法来平衡 –*Xmn* 值增加或减小到什么程度。大规模 JVM 的合适范围大约是几 GB，但是不会超过 –*Xmx* 的 33%。

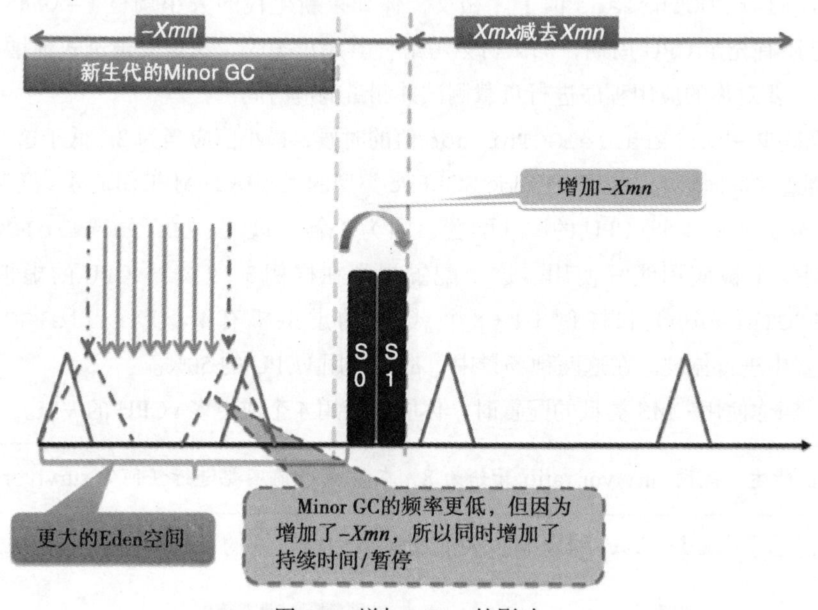

图 3-5　增加 –*Xmn* 的影响

你可以通过增加 `-XX:ParallelGCThreads` 的值来缓解 minor GC 所持续的时间。当增加 `-XX:ParallelGCThreads` 时，通用的最佳实践方法是以可用 CPU 核心数的 50% 开始，这些可用核心是分配给位于 VM 中的 vFabric SQLFire JVM 成员的，然后逐渐调高这个值。这个过程中，要测量 CPU 核心的利用率，以确定是否有充足的 CPU 分配给更多并行 GC 线程。

3.1.2　步骤 B：老年代调优

这个步骤（图 3-2 中的步骤 B）主要关注于老年代的调优，它需要在测量 major/full GC 频率和持续时间后进行。影响老年代调优的最重要 JVM 选项通常是堆大小，也就是 –*Xmx*，向上或向下调整这个值对老年代 full GC 会产生影响。如果你增加 –*Xmx* 的值，会导致 full GC 持续时间更长，但发生频率更低，反之亦然。决定何时调整 –*Xmx* 直接依赖于步骤 A 中 –*Xmn* 的调整。当增加 –*Xmn* 时，会导致老年代空间减小，因为老年代大小（不是直接通过 JVM 选项）是 –*Xmx* 减去 –*Xmn* 间接得到的。调优决策是成比例地增加 –*Xmx* 以抵

消 *–Xmn* 大小的增加，从而适应 *–Xmn* 的变化。如果 *–Xmn* 增加了 *–Xmx* 的 5%，那么 *–Xmx* 也需要增加 5%。如果不这么做，增加 *–Xmn* 对老年代影响是 full GC 频率增加，因为老年代空间已经减小了。

在这个场景中，相反的操作也是一样的道理，当 *–Xmn* 减小时，*–Xmx* 也要成比例地减小。如果减小 *–Xmn* 时不调整 *–Xmx* 的话，老年代空间会成比例地增大，因此 full GC 持续时间会更长。

在图 3-6 中，减小新生代 *–Xmn* 大小会导致老年代中 full GC 持续时间的增加。当 *–Xmn* 减小时，可以成比例减小 *–Xmx* 大小，来抵消老年代中 full GC 持续时间增加。

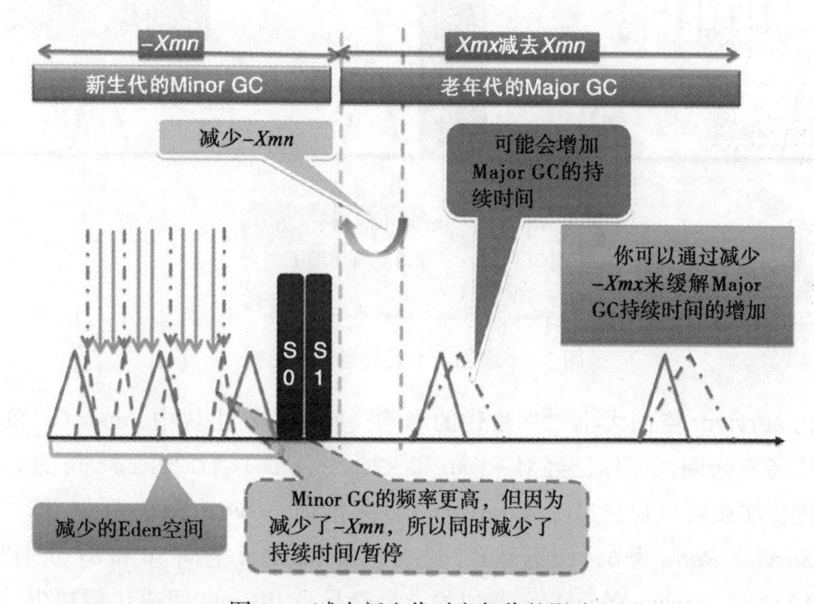

图 3-6　减小新生代对老年代的影响

图 3-7 展示了增加新生代大小 *–Xmn* 对老年代的影响。当增加新生代大小时，导致老年代变小，因此造成 full GC 运行频率变高。抵消这一问题的方法是当 *–Xmn* 增加时，成比例增加 *–Xmx* 大小。

3.1.3　步骤 C：Survivor 空间调优

图 3-2 中步骤 C 试图优化 survivor 空间。到目前为止的讨论中，均假设 *SurvivorRatio* 为 8，这是一个最好的起始点。当 *SurvivorRatio* 设置为 8 时，这意味着 survivor 空间 S0 和 S1 各为 *–Xmn* 的 10%。如果在步骤 A 和步骤 B 的迭代式优化结束时，你已经接近响应时间的目标，但是仍然想改善新生代或者老年代，那么可以尝试调整 survivor 空间大小。

在调优 *SurvivorRatio* 前，需要注意是 *SurvivorSpaceSize* = *–Xmn* / (*SurvivorRatio* + 2)。

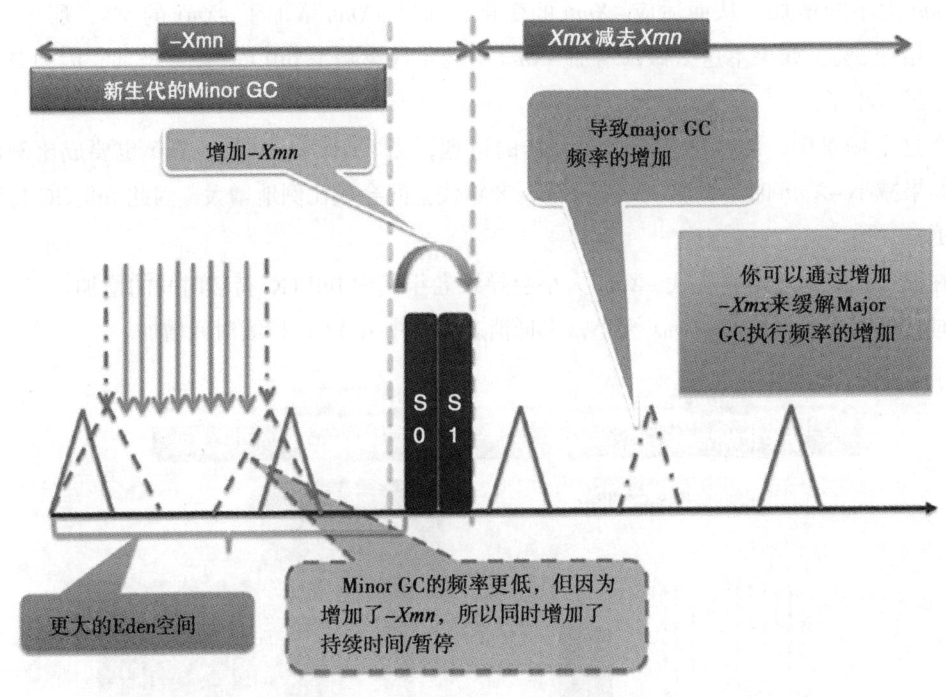

图 3-7　增加新生代对老年代影响

- **优化 survivor 空间大小对新生代的影响**：如果在新生代中 minor GC 的持续时间依然还有问题，但你已经对 *-Xmn* 和 `-XX:ParallelGCThreads` 进行了充分的优化，那么可以通过减小 *SurvivorRatio* 来增加 *SurvivorSpaceSize*。你可以尝试设置 *SurvivorRatio* 为 6，而不是 8，这意味着 survivor 空间 S0 和 S1 分别将为 *-Xmn* 的 12.5%。*SurvivorSpaceSize* 增加的结果会导致 Eden 空间成比例减少，有助于缓解持续时间 / 暂停长的问题。相反，如果 minor GC 太频繁，你可以选择通过增加 *SurvivorRatio* 的值来增加 Eden 空间大小，但值不超过 15，因为它会减少了 *SurvivorSpaceSize*。
- **优化 survivor 空间大小对老年代的影响**：如果在步骤 A 和步骤 B 的迭代式调优结束后，还想完善老年代，并且已经充分使用了前文所述的建议，那么可以通过调整 *SurvivorSpaceSize* 延缓对象年龄的增长，或者是说延迟将存活对象从 S0 和 S1 转移到老年代。如果老年代 full GC 频率很高，这意味着新生代中的对象过多地转移到了老年代。如果在步骤 A 已经调整了 *-Xmn* 大小，并且只是需要微调的话，你可以通过增加 survivor 空间的大小，从而延迟将存活对象转移到老年代。当你增加了 survivor 空间大小时，会减小 Eden 空间，将导致更频繁的新生代 GC。survivor 空间大小调整范围在 5% 到 10% 之间，这取决于 *SurvivorRatio*，因此这种小调整不会导致新生代 GC 频率大幅度增加。

3.2　本章小结

本章探讨了如何最好地优化延迟敏感的 JVM，这种 JVM 的大小从 4 ～ 128GB，甚至更大。我们探讨了如何结合 CMS 和 ParNewGC GC 协调工作，使其产生最佳响应时间并将延迟的负面影响降到最低。

Chapter 4 第4章

设计和划分大规模 Java 平台

本章探讨了设计和划分大规模 Java 平台的各种方式。所讨论的 3 个主要话题如下所示：

- 怎样设计和划分一个新的环境
- 将已有的物理部署环境迁移到虚拟环境时，如何设计与划分一个新的大规模 Java 平台
- 针对延迟敏感型的内存数据库，如 vFabric SQLFire，如何设计与划分大规模的 Java 平台

4.1 为虚拟化大规模 Java 平台设计和划分新环境

当部署完整的全新环境时，很重要的一点就是执行全面的性能测试，这样任何潜在的瓶颈都能在项目生命周期的早期暴露出来。过程如下所示：

步骤 1：建立负载的 profile

步骤 2：建立基准

步骤 3：划分生产环境

步骤 1 是建立工作负载的 profile。如果这是一个全新的应用程序，那在步骤 2 要执行一个初始测试来建立基准。如果应用程序已经存在，并且你正在对 Java 平台进行负载测试以确定虚拟环境下所需资源的话，那么在步骤 1 中你还需要获取所需的服务水平协议（service level agreement，SLA）并在步骤 2 中基于此来进行测试。

4.1.1　步骤 1：建立生产环境下的负载 Profile

当评估负载 profile 时，要衡量一些（如果不是所有的话）表 4-1 所列的属性，以确定 Java 应用的生产环境负载。负载 profile 应该包含用户在使用应用时的通用性功能以及事务性功能。

表4-1　负载Profile属性

负载 profile 属性	描　述
为功能性的访问模式建模	通过研究用户对业务应用的访问行为，可以基于此对性能负载驱动（load driver）设计建模。在这里很重要的一点是确保负载驱动的功能模型要与用户访问应用的方式类似。大多数应用的访问模式都会在一定程度上混合了读取功能、写入功能、依赖 CPU（CPU bound）的功能、依赖内存（memory bound）的功能、网络功能以及依赖存储 / 磁盘的功能（storage/disk bound）。这些访问行为所占百分比的任何细微变化都可能改变基准的数值。因此，要与应用程序开发人员和应用运维团队进行复查并在负载驱动设计和实现（通过探查日志和监控系统的信息来掌握访问模式）是否精确的问题上达成共识
并发用户数	跟踪用户对应用的访问情况，然后你可以使用这个信息来建立峰值用户和平均值用户的 profile。有一些确定用户数量的方法是联合探查登录和注销功能，如果没有这些功能的话，有一些方法会组合使用用户的访问日志和对 URL cookie 的跟踪（或者使用商用的监控工具）。 并发用户是在进行测试时表示负载的通用术语。这个指标衡量了在任意的时间有多少活跃的用户。 这有别于每秒钟请求数（Requests per second，RPS），因为某个用户可能会产生数量众多的请求，而其他用户产生请求的数量相对来说可能会更少一些。当确定负载测试时，请求之间的延迟是思考时间（think time）。平均思考时间可能会因为应用的不同而有所差异
每秒请求数（RPS）	RPS 能够衡量有多少请求发送到了目标服务器上。它包括了对 HTML 页面、CSS 样式表、XML 文档、JavaScript 库、图片以及 Flash/ 多媒体文件的请求。 除了这些请求以外，还有对动态页面的请求：JavaServer Pages（JSP）以及其他内容，它们是服务端范围内的请求——来自于 Web 服务器并且由应用服务器来处理。你可以通过研究 Web 服务器的转发规则和访问日志来确定请求的比例（有多少静态请求与动态请求）。动态请求是很重要的，因为它们会转化成 Java 应用服务器所使用的 Java 进程，而且如果它们访问数据库的话，会在 Java 数据库连接（Java Database Connectivity）的连接池中获得数据库的连接，连接池会配置在 Java 应用服务器中
平均响应时间	该值可以测量为接收到应用请求的第一个 / 最后一个字节的时间。如果你已经具备生产级别的响应时间 SLA 监控系统的话，那么可以使用这些工具产生的报表。如果没有的话，你可以在负载测试时通过基准来确定这个值
峰值响应时间	测量请求 / 响应一个往返周期的时间

4.1.2　步骤 2：建立基准

步骤 2 的目标，如图 4-1 所示，是建立基准并执行垂直扩展性（纵向扩展）和水平扩展性（横向扩展）测试。

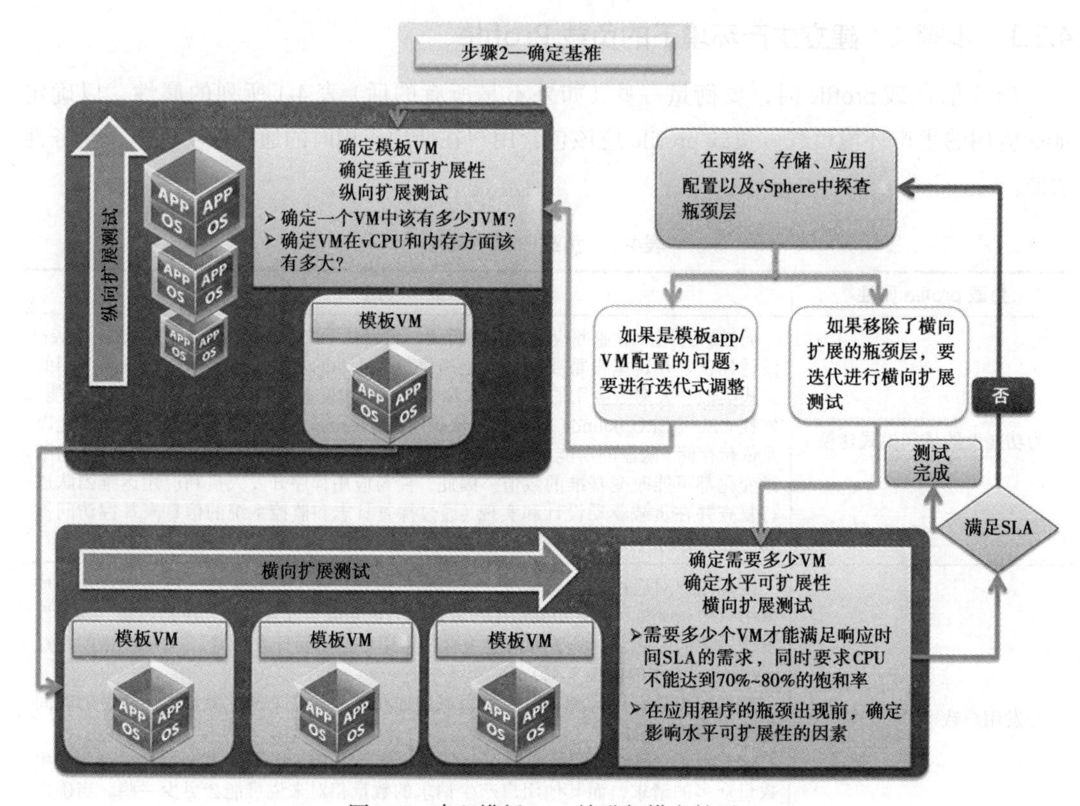

图 4-1 建立模板 VM 并进行横向扩展

步骤 2a：为垂直可扩展性测试建立基准

在垂直可扩展性测试中，在达到期望的 SLA 并保证 CPU 和内存在可承受的饱和状态条件下，确立虚拟机（virtual machine，VM）有多大并且在 VM 上可以堆放多少 Java 虚拟机（Java Virtual Machine）。这个测试所确定的 VM 配置以及各种 JVM 会形成模板（building block）VM，它会用在横向扩展测试之中。最重要的是测试的部署环境能够代表应用的实际状况以及所要真正部署的生产环境。例如，如果你的应用要访问另外的两个应用，那么它们必须要对应地包含在性能 profile 之中。在你决定往模板 VM 上添加第二个 JVM 之前，必须要确定对第一个 JVM 已经进行了充分地管理。有时候就应用架构来说，这是不合理的，但因为各种业务功能的原因，应用要由单个 VM 上的至少两个 JVM 所组成。但是，在横向扩展中，大多数的 JVM 都是独立的实体，选择由一个 JVM 还是两个 JVM 来承载功能的执行是设计上的一个问题，并且还与负责优化较大 JVM 堆的工程师对此领域的熟练程度有关。当你读完本书时，希望对你来说较大的 JVM 不再是个难题，你能够很容易地将其应用于你的 Java 平台之中。

我们希望避免在 VM 上创建第二个 JVM 的原因在于新增加的第二个 JVM 会产生开销，

这要归因于它所带来的额外的垃圾回收（garbage collection，GC）周期。尽管可以在一个 VM 上处理多个 JVM，但是第二个 JVM 确实会带来损耗和成本，而这些可以通过在一个 JVM 上承载更多的事务来避免。如果你能够在模板 VM 上已有的第一个 JVM 中做更多的事情，那么你会发现 GC 算法会更优，因为你可以进行垂直扩展，而没有必要随着堆大小的增加成比例地增加更多的 CPU。在 VM 上添加更多 JVM 的行为有时候被称之为 JVM 堆积（JVM stacking），也就是多个 JVM 被部署到了一个 VM 上。有与之相反的方案，通常最好的办法是采用横向扩展的方式，也就是当你决定需要第二个 JVM 时，不是将这个 JVM 放在已有的 VM 上，而是要考虑创建第二个 VM，然后将第二个 JVM 放在新创建的 VM 上。关于 JVM 横向扩展和纵向扩展（在 VM 中堆积 JVM）的优势和劣势，请参见第 1 章。

注意 在前面的讨论中，我们对场景进行了简化，对比了在 VM 上放置一个 JVM 以及堆积两个 JVM 的方案。这是为了有意简化对比，但是，这种对比以及 JVM 堆积和横向扩展 VM 的优势与劣势，同样适用于 *n* 个 JVM 和 VM 的场景。

模板 VM 是纵向扩展测试的关键输出。例如，你可能确定了 4GB 堆空间的 JVM，VM 预留了 5GB，并且具有 2 个 vCPU（假设一个 vCPU 对应一个 pCPU/ 核心），能够实现 300 个并发用户会话。这表明你可以将这个模板 VM 及其配置作为副本，它能够保证实现 300 个并发用户会话。当进行横向扩展的 VM 部署时，可以基于这个 VM 模板进行部署。

注意 在这里，我们忽略了超线程（hyperthreading），我们将会在横向扩展也就是步骤 2b 中讨论这个问题。超线程应该启用，但是我们现在还不能将其作为计算因素。超线程所带来的效果通常会在接近饱和的测试中才能体现出来，在这种情况下所有的物理核心都处于忙碌状态，需要利用超线程。对于生产系统而言，我们不会将超线程作为处理能力考虑进来（尽管在必要时可以使用超线程，也就是当系统接近 CPU 处理能力极限时）。但是在基准测试中，我们有时候可能希望看到相对于物理环境，在虚拟环境中所能达到的极限。在这样的场景中，我们一般的计算方式是 $vCPU <= 1.25\ pCPU$，在这里 *pCPU* 代表物理 CPU 核心。最后一点，我们在基准测试中的做法并不一定会转换成生产系统的最佳实践，尤其是在如此接近 CPU 处理能力极限的情况下运行系统。

为了计算部署在 VM 上的 JVM 所需的各个内存区域，首先很重要的就是要理解 JVM 中所需的每个内存分区，如图 4-2 所示。在这个图中，VM 的总内存由 Guest OS 内存以及 JVM 所需的内存组成（也就是 JVM 内存）。JVM 内存本质上又可以划分为堆内存和非堆内存。在很多的场景中，由于对非堆区域不熟悉，所以在计算的时候会将其遗漏。这部分区域不能忽略，必须要考虑进去。公式 4-1 展现了如何计算 VM 所需的内存。

VM 所需要预留的总内存以及图 4-2 中的 JVM 配置如公式 4-1 所示。

> *VM* 内存＝ *Guest OS* 内存＋ *JVM* 内存
>
> *JVM* 内存＝
>
> *JVM* 堆最大值（–Xmx 的值）＋
>
> *JVM* 永久代（–XX:MaxPermSize）＋
>
> *NumberOfConcurrentThreads*＊（–*Xss*）＋"其他内存"

公式 4-1　VM 预留的内存

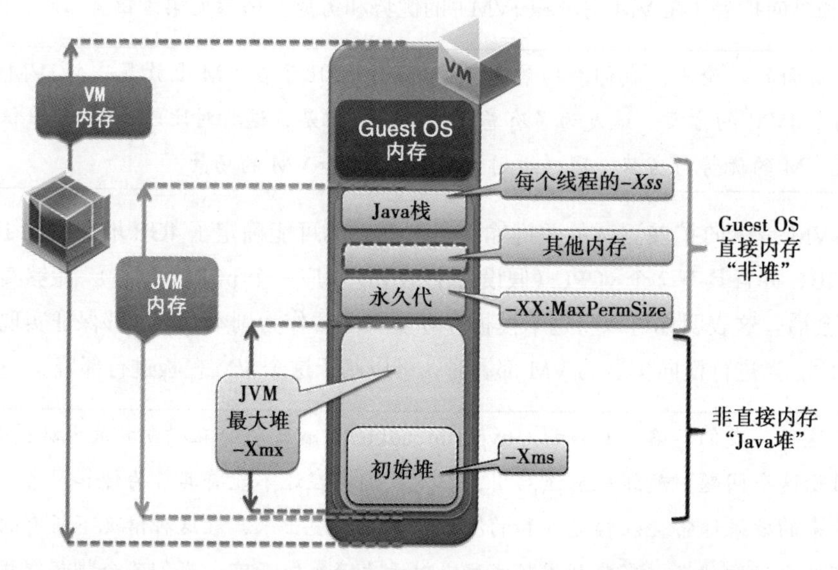

图 4-2　在一个 VM 上部署单个 HotSpot JVM 时的各种内存区域

如下是作为参考的一个规模划分样例，你可以根据你的工作负载需求进行调整。这是如何使用公式 4-1 的一个例子：

假设通过负载测试，确定了 JVM 需要的最大堆（`-Xmx`）是 4096m。进行规模划分的过程如下：

- ❑ 设置 `-Xmx4096m` 和 `-Xms4096m`。
- ❑ 设置 `-XX:MaxPermSize=256m`。这个值是一个通用的数字，它依赖于你的 Java 应用程序代码中类级别信息的内存分布。
- ❑ 另外一个区域是 *`NumberOfConcurrentThreads*(-Xss)`*，它主要取决于 JVM 处理的 `NumberOfConcurrentThreads` 以及你所选择的 *–Xss* 值。*`-Xss`* 常见的范围是 128K ～ 256K。比如说，如果 *`NumberOfConcurrentThreads`* 的值是 100，那么 100 * 192K => 19200K（假设你将 *`-Xss`* 设置为 192K）。

注意　栈 –*Xss* 是依赖于应用的，也就是说如果栈没有正确地进行设置，那么你会遇到 StackOverflow 错误。StackOverflow 错误会出现在应用服务器日志中。它的默认值有时候会太大，你可以将它的值调低以节省内存的消耗。

- 假设 OS 规范要求大约 500MB 以支撑其运行。
- 总的 JVM 内存（Java 进程内存）= 4096m（–*Xmx*）+ 256m（–XX:MaxPermSize）+ 100 * 192K（`NumberOfConcurrentThreads*-Xss`）+ 其他内存（*Other Mem*）。
  - 因此，JVM 内存大约是 4096MB + 256MB + 19.2MB + *其他内存* = 4371MB + *其他内存*。
  - 其他内存通常并没有那么重要。但是，如果应用中大量使用了新 I/O（NIO）缓冲以及 socket 缓冲的话，那么它可能会非常大。否则的话，将其大约设定为总 JVM 进程内存的 5%（也就是 4371 的 4% ～ 5%=> 假设为 217MB）就足够了，当然，还应该进行适当的负载测试来验证。
  - 这表明 JVM 进程的内存应该是 4371MB + 217MB = 4588MB。
- 为了确定 VM 内存，假设你正在使用 Linux，在上面只有一个 Java 进程并且没有其他的重要的线程在运行。那么，为该 VM 总共所配置的内存可以转换为 VM 内存 = 4588MB + 500MB = 5088MB。
- 最后，你应该将 VM 的内存设置为预留内存的值，也就是将内存预留值设置为 5088MB。

图 4-3 阐述了这些数值以及各个内存区域都位于 VM 和 JVM 的什么位置。

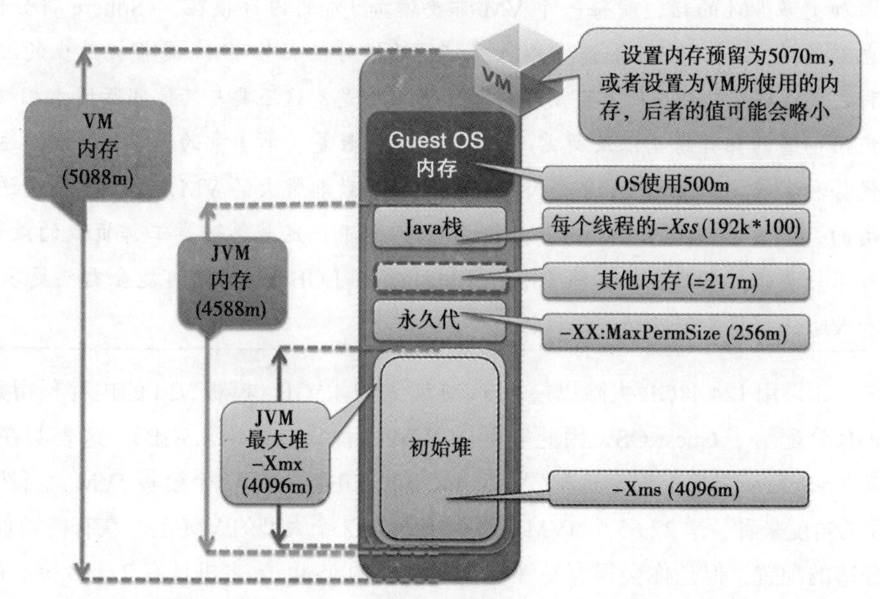

图 4-3　具有 4GB 堆空间的 JVM，其所在的 VM 具有 2 个 vCPU 且预留了 5GB 内存

步骤 2b：为水平可扩展性测试建立基准

在这个步骤中，上一节中的输出，也就是模板 VM 会用来横向扩展多个 VM。这些 VM 都是由模板 VM 构建而来，并且部署到单个 vSphere 主机上。在步骤 2A 中，VM 的处理能力已经通过模板 VM 进行了验证，接下来我们需要确定一个 vSphere 主机能够承担多少的访问流量。因为在步骤 2A 中，已经确定模板 VM 有 5GB 的内存预留以及 2 个 vCPU，所以现在的问题在于要选择合适大小的 vSphere 主机并进而确定在这个主机上能够部署多少个 VM。这个问题本质上是将 vSphere 的 RAM 和物理 CPU 总量按照模板 VM 进行划分。如果你正在划分的 JVM 是第一类的（众多的 JVM 但是每个 JVM 的规模较小），并且你将 JVM 堆的大小限制为 4GB，那么你可能会创建大量的 JVM 和 VM，这样在充分利用 vSphere 主机上的物理 RAM 之前，可能早就已经出现了 CPU 的竞争。因此，对于水平可扩展性测试来讲，选择具有足够内存的 vSphere 主机是至关重要的。

让我们通过几个例子来帮助你理解选择具有恰当数量 RAM 的 vSphere 主机是多么重要。

样例 1

例如，以具有 2 个插槽，每个插槽具有 8 个核心以及 128GB RAM 的 vSphere 主机为例。基于计算，假设模板 VM 具有 4GB 的堆内存以及 5GB 的 VM 内存总预留。通过使用第 1 章的公式 1-2，只不过在这里没有像最初的公式那样除以插槽数（暂时忽略 NUMA），也就是 vSphere 主机上一共有 128 –（(128GB*0.02) +1GB）。

=> 124.44GB 可以用于 VM 的内存配置。

注意 在这里乘数 0.02 代表假设初始配置了 2 个 VM，这只是迭代计算的起始点，如果你添加更多 VM 的话，对每一个 VM 都要增加 1% 的内存损耗，vSphere 将会使用它。也就是说，2 个 VM（每个 NUMA 节点 / 插槽对应一个 VM）是损耗最少的配置，这种方式能够充分利用所有可用的计算资源。但是，这还要与其他实际因素相权衡，如应用部署的拓扑结构以及所需的 JVM 和 VM 数量。第 1 章的表 1-1 详细描述了各种优势和劣势。除此之外，2 个 VM 的配置会导致非常大的 VM，这种类型更适合第二类的 Java 平台工作负载（内存数据库），但并不一定是第一类工作负载的最佳配置，在第一类工作负载中业务线（line of business，LOB）的需求可能会需要更多的 JVM 和 VM 来提供更好的功能隔离性。

现在，如果用 124.44GB 去除以模板 JVM 所需的 4.5GB（模板 VM 的内存预留是 5GB，因为 0.5GB 分配给了 Guest OS，因此实际的 JVM 进程只会使用 4.5GB），这表明在该样例中，可以在 vSphere 主机上安全地配置 124.44GB/4.5GB => 27.65 个模板 JVM。当然，这只是在内存的角度来看，这 27.65 个 JVM 会平均布署在 2 个大型的 VM 上。在有些场景中，这可能是合适的配置，但是你会很容易地发现本例中的 vSphere 主机具有 2 个 8 核心的插槽，也就是一共有 16 个 CPU 核心，这表明比率是 16 个 CPU 核心 / 27.65 个 JVM=> 每个 JVM 具

有 0.57 个物理核心，这有些过于紧凑（aggressive）了。但是，如之前所述，这取决于工作负载情况，在有些场景下这是足够的。在大多数理想的情况下，我们想看到初始 JVM 和 vCPU 比例大约是每个 JVM 对应 2 个 vCPU（假设每个 vCPU 等同于一个 CPU 核心）。所以，如果我们采用这种假设，2 个插槽并且每个插槽具有 8 个核心的话，那在 vSphere 主机上一共就是 16 个 CPU 核心，为了保持 1 个 JVM 对应 2 个 vCPU 比例的规则，在 vSphere 主机上我们应该只有 8 个 JVM（假设多个 JVM 部署在 2 个 VM 上）。按照这种假设，为了完全利用 128GB（考虑到 VM 和 ESXi 损耗的话，将会是 124.44GB）可用的 RAM，每个 JVM 将会分配（124.44 – 2GB）/ 8 => 15.3GB。公式中 2GB 指的是 VM 中 OS 的内存消耗，并且因为我们有两个 VM（OS 的内存最低可能会是 0.5GB，这取决于 VM 上还有什么其他消耗 Guest OS 内存的进程存在）。这意味着，Java 堆的大小在最小值（15.3 – 1GB）* 0.75 和最大值（15.3 – 1GB）* 0.9 之间（也就是大约在 11 ～ 13GB）。最小值中的乘数 0.75 表示考虑非堆区域的消耗，乘数 0.9 可以用于最大堆空间的计算，在这种情况下非堆的消耗要小得多。通常，如果 JVM 中堆的大小是 4GB（-Xmx4g），那么为整个 Java 进程预留的内存大约是在堆内存的基础上再增加 10% ～ 25%，然后再为 Guest OS 添加 0.5 ～ 1GB。

注意　在之前的样例中没有考虑到超线程的影响。如果我们将其考虑进去的话，那么我们会额外增加 25% 的 vCPU，启用超线程后的 vCPU 总数是 1.25 * pCPU，其中 pCPU 是物理核心的数量（本例中有一个具备 16 个 CPU 核心的 vSphere 主机，也就是 16 个 pCPU）。因此，总的超线程 vCPU 将会是 16 * 1.25 => 20 个 vCPU。因此，为了完全利用 vSphere 主机，你可以至少再添加 2 个 JVM，那一共就是 10 个。当然，如果你选择放置 10 个 JVM 的话，那么之前所提到的预留 15.3GB 内存将会调节为 =>（124.44 – 2）/ 10 => 12.2GB，其中 10 指的是超线程 JVM 的数量，也就是将会分配给 JVM 12.2GB，这是从最大值的角度来进行的计算。这样，Java 堆空间的大约就是（12.2 * 0.75）=> 9.18GB。（也就是，JVM 的 –Xmx 命令选项可以设置为这个值）。在这里乘数 0.75 假设堆空间是整个 Java 进程的 75%，为 Java 进程的非堆区域留了 25% 的内存，这个空间大小是足够的。

通常情况下，在设置规模大小的时候，我们不会考虑超线程的影响，建议你将超线程功能开启。在进行负载测试并尝试建立基准时，或者你想过量使用（overcommit）vSphere 主机时，那么你可以将超线程的调节计算进来。但是，对于生产系统来讲，尽管我们启用了超线程，但你不应该设置为如此饱和的场景，而是应该假设 1 vCPU = 1 pCPU。将超线程作为一种极端状况下的缓冲，以应对生产环境中可能突然出现的饱和状况。在负载测试中，你可能想确定 vSphere 主机的性能转折点（break point），这就意味着要考虑超线程。但是，在划分生产环境时要采用更为保守的方式，也就是不要考虑超线程所带来的 CPU 周期变化。

在这种场景下（假设在 vSphere 主机的 2 个 VM 上选择部署 8 个 JVM），你可以保持 vSphere 主机 128GB 内存和 16 个物理核心，这样的话堆空间的值要远远大于你所熟悉的范围（比如，11 ～ 13GB），或者你可以决定购买更少 RAM 的 vSphere 主机，并将堆空间设置在你所熟悉的范围之内。

注意 较小的 vSphere 主机可能会产生更大的 vSphere 集群，因为你需要更多的主机。vSphere 集群最合适的规模是 8 ～ 16 台，但是这个数字本身并没有什么魔力。第一类的工作负载会需要数量更多的 vSphere 主机，但是 RAM 会更少一些，这样分布式资源调度器（distributed resource scheduler, DRS）能够对 VM 进行负载均衡。与之相反，vSphere 集群中的第二类的内存数据库工作负载会需要较少数量的主机（4 ～ 8 台主机，通常 RAM 的配置会很大，在 144 ～ 512GB 之间）。本质上来讲，在第二类的工作负载中，这些决策是由数据的规模所确定的，你的集群中同样也可能会有很多的主机，甚至超过 8 台，但是最可能的数量还是 8 台左右。这能保证集群的分布更为紧密，使延迟造成的影响达到最小化，同时能够使较大的 JVM 更加紧凑（crunch），这在第二种类型工作负载的内存数据库中是很常见的。像其他的设计决策一样，这都有优势和劣势，vSphere 主机越多，冗余性越好。当然，对于第二类的工作负载，你必须要平衡成本以及实际所要达到的性能。

样例 2

如果你决定购买具有 48GB RAM 的 vSphere 主机，那么你可以通过使用公式 1-2，向下分配 RAM 的数值。让我们使用公式 1-2 再次计算一下，相比于原始的公式，没有除以插槽的数量（暂时忽略 NUMA）:((48GB * 0.98) – 1GB) => 46GB，也就是整个 vSphere 主机上有 46GB 可以用于 JVM 的内存配置。如果你运行两份 Guest OS 副本的话，由于 vSphere 主机上部署了 2 个 VM，那么能够分配给 JVM 的净内存值就是 => 46 – 1 => 45GB。如果将这个值除以模板 VM 所需要的 4.5GB（注意模板 VM 预留的内存是 5GB，因为 0.5GB 分配给了 Guest OS，因此 JVM 进程实际只能使用 4.5GB）的话，也就是 45GB / 4.5GB => 10.2 个模板 JVM。这意味着 JVM 的比率是 16 个核心 /10 个 JVM => 每个 JVM 对应 1.6 个核心，这已经很接近我们所期待的最佳实践，也就是每个 JVM 具有 2 个 vCPU。为了完全符合 1-JVM 对应 2-vCPU 的比例规则，这个 vSphere 主机上应该只有 8 个 JVM。在这里，往上调节还是往下调节 VM 的数量取决于你实际的性能指标以及对 CPU 和内存的使用情况。你可以选择 8 个 JVM 分布在 8 个 VM 上，或者 8 个 JVM 部署在 2 个 VM 上或者 8 个 JVM 部署在 4 个 VM 上。每种选择都有其优势和劣势，如同之前在第 1 章所讨论的那样（参见表 1-1）。但是，不管你选择使用 8 个 VM、4 个 VM 还是 2 个 VM，这都是合法的配置，都能符合 1-JVM 对应 2-vCPU 比例。

注意　在之前的计算中使用了0.98的乘数，允许2%的VM损耗，这假设每个VM有大约1%的内存损耗，这符合公式1-2。因此，你添加的VM越多，产生的内存损耗可能也会越多。

注意　如果在横向扩展测试中，达到了饱和的状态，那么需要调查所有的分层（网络、应用配置以及vSphere）并确定瓶颈的所在。移除瓶颈后，通过调节VM的数量重复测试过程。如果你发现在最初的模板VM中，在VM或应用级别存在配置不合理的地方，那么要对其进行调整然后重复垂直负载测试以确定新的模板VM。例如，如果你最初选择4-vCPU的VM作为模板，然后基于此进行横向扩展测试，对Java平台施加最大的负载，你可能会发现以4-vCPU模板作为横向扩展的VM时，会导致整个Java平台对数据库层产生严重的负载。在这种情况下，你应该对模板VM进行修订，使其达到一个更为合理配置，如2-vCPU的VM。

在横向扩展测试中，要使用纵向扩展测试得到的VM作为可重复的模板。这能够在两个方面提供帮助。首先，它重复的是一个定义良好且已知的配置，消除了配置上的不确定性。其次，这意味着应用集群中所有的节点都是完全相同的，这能够简化负载均衡逻辑。因此，负载均衡器能够均等地分发负载，而不必去了解每个VM的配置。例如，如果你的VM是一个2-vCPU的VM，那么应用集群中所有的VM都是2-vCPU的VM，它们能够处理相同的工作负载。如果VM具有不同配置的话，那么负载均衡器需要特别的设置以适应应用集群中不同的VM配置。在接下来的横向扩展测试中，你实际测试的是单个vSphere主机的处理能力，以确定它能够承担多少个模板JVM或VM。

在与架构师以及性能工程师进行了各种讨论之后，你选择使用上文样例2中所述的vSphere主机。该主机由2个8核的插槽组成，并且有48GB的RAM，你决定在上面放置8个VM和8个JVM。其实，VM越少，你需要划分和提供内存的OS就越少。因此，你可以索性在vSphere主机上只部署2个大的VM。因为我们假设2-vCPU且5GB内存预留（实际上，在5GB的模板VM中，包含了一个4.5GB RAM的JVM模板）的VM模板能够实现大约300个并发用户事务，那么在这个vSphere主机上，我们可以安全地假设8个JVM（如样例2所建议的2个VM）模板能够实现8 * 300 => 2400并发用户事务。

步骤1和步骤2的本质在于按照你的SLA确立JVM或VM以及vSphere主机的数量，进而按照这个数字确定vSphere集群的大小以服务于应用的全部访问流量。在步骤2的测试中，实际上只测试了一个vSphere主机（没有使用DRS/VMotion）。步骤3的过程是划分整个vSphere集群，并启用DRS，然后观察整个集群在压力条件下的行为。

在这个步骤中，还有很重要的一点就是测试各种失败场景以及强制JVM和VM重启时或高可用性（high-availability，HA）故障切换（failover）事件发生时Java平台的行为。

表4-2描述了当划分基准环境时，一些关键的考虑因素。

表4-2 划分基准环境时的关键考量因素

考虑因素	描　述
确定垂直可扩展性	该测试会确定VM模板。这个VM会作为横向扩展性测试中可重复使用的VM。应用集群中，横向扩展测试的每一个VM都是基于这个VM模板的： ❑ 确定满足SLA需求的VM所对应的vCPU和内存大小。 ❑ 确定这个VM上可以堆放的JVM数量
确定水平可扩展性	水平可扩展性负载测试会使用垂直可扩展性负载测试中得到的模板VM，并利用它来横向扩展负载测试环境： ❑ 如果在达到所需的SLA之前就出现了饱和的现象，那么调查这是不是网络、应用层、vSphere或者存储层的原因。 ❑ 如果系统能够在生产级别的流量等级中维持所需的SLA，那么你就已经达到了所需的配置。 这个系统配置通常可以作为生产环境的起点，因为往虚拟工程转移时，大多数都是从一个全新的环境开始的。这个环境会在预生产阶段（preproduction phase）校验上述的负载测试
确定合适的线程比例（HTTP线程：Java线程：数据库连接）	❑ 这是HTTP线程、Java线程以及数据库连接之间的比例。 ❑ 初始搭建的时候，假设HTTP线程 : Java线程 : 数据库连接各层之间的比例是1 : 1 : 1，然后基于响应时间和吞吐量调整这些属性，直到达到你的SLA目标。 ❑ 举例来说，如果有100个并发请求，那么最初的比例会是100个HTTP线程、100个Java线程和100个DB连接 例如，如果你最初有100个HTTP请求提交到Web服务器上，假设所有的请求都会与Java线程交互，并且都会使用数据库连接。当你执行基准测试的时候，你会发现，并不是所有的HTTP线程都会提交到Java应用服务器上，同样，并不是所有的Java应用服务器线程都会需要DB连接。因此，对于100个请求的连接的比例可能会转换成100个HTTP线程：25个Java线程：10个DB连接。这取决于企业级Java应用的行为，基准测试有助于确定这个比例。更准确地确定比例的方法包括观察池中活跃数据库的连接数量（使用Java管理扩展[java management extensions，JMX]）或者在高负载的时候，获取应用服务器的线程栈dump，并观察有多少请求线程正在等待数据库连接
确立合适的Web服务器HTTP线程数以及应用服务器请求线程数	❑ HTTP线程（Web服务器）。不管你是使用Apache Web server还是Internet Information Services（IIS）作为你的Web服务器，你必须要配置足够数量的HTTP工作者（worker）线程，以处理应用每秒钟所产生的请求。 ❑ 当使用Apache时，客户端线程的数量是通过MaxClients属性配置的。如果你想在更大范围调优Apache的话，参见其优化指南，但起始的时候，大多数默认值就是合适的。当你设置MaxClients的时候，要考虑横向扩展的Apache实例数量。例如，如果有1000个并发请求和4个Apache Web server VM节点，那么每个节点只需将MaxClients的值设置为250即可。在IIS中，可以按照类似的方式设置MaxConnections。设置时，请参考供应商的文档。 ❑ Web服务器位于前端，服务于HTTP请求，这些请求是由负载均衡器路由进来的，这些请求可能是静态内容也可能是动态内容。有一些应用

（续）

考虑因素	描　述
确立合适的 Web 服务器 HTTP 线程数以及应用服务器请求线程数	会将静态内容，如 HTML 页面和图片，配置为完全由 Web 服务器来处理，这些请求不会发送到 Java 应用服务器上。在这种配置之中，当 Web 服务器探测到一个请求是针对动态内容的，如 JavaServer Pages（JSP）或 Servlet，这些请求会被转发到 Java 应用服务器上，这样会从 Java 应用服务器的池中取出一个 Java 应用服务器线程服务于该请求。基准测试有助于确定事务性总的比例情况，并据此调低或调高线程比例
确立应用服务器线程与数据库连接（通过配置应用服务器的 JDBC 池）的合适比例	❑ 调整应用服务器连接池配置中可用 DB 连接的数量并计算并发 Java 线程中需要的 DB 连接数量。简单起见，你可以假设 1 : 1 的比例，为了减少可能出现的 DB 连接竞争，你可以额外再增加一些连接。 ❑ 如果每个线程需要不止一个并发连接或者数据库连接池相对于线程来讲不够大的话，那么可能会出现死锁的状况。假设每个应用线程需要两个并发数据库连接而且线程数量与连接池的最大值相等，那么如果以下两点都成立的话，就会产生死锁： ❑ 每个线程都获得了第一个数据库连接，并且全部都在使用状态之中。 ❑ 每个线程都在等待第二个数据库连接，但是没有连接是可用的，因为所有的线程都处于阻塞之中。 ❑ 为了避免这种情况下出现的死锁，增加数据库连接池中最大连接的值，至少增加一个。这能够保证至少有一个等待的线程能够获取第 2 个数据库连接，从而避免出现死锁的场景。 ❑ 参考应用服务器的文档以确定是否有额外的 JDBC 池调优选项，如连接池初始时的最大 / 最小值、递增比例（growth rate）、闲置连接（idle connection）、重用（recycle）和超时（timeout）参数等

4.1.3　步骤 3：划分生产环境

在这个步骤中，要确定 vSphere 的规模以支撑应用的 SLA。图 4-4 展现了一个 vSphere

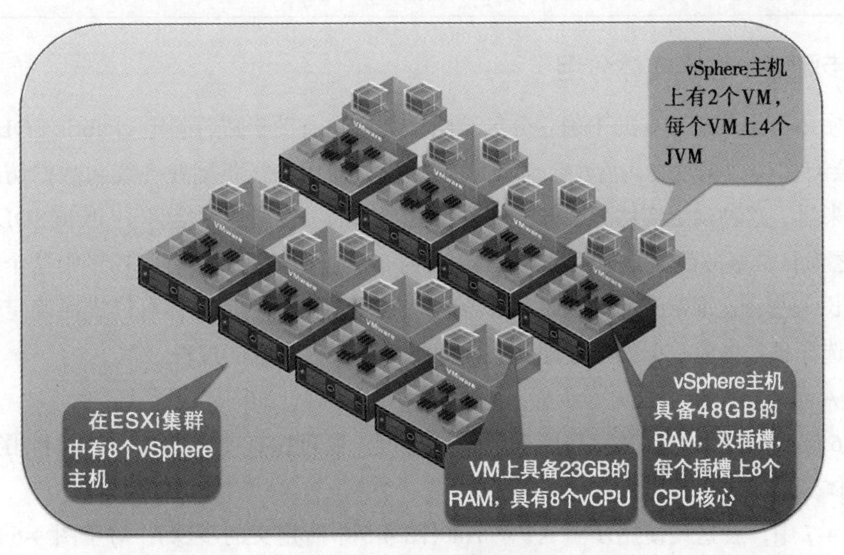

图 4-4　vSphere 集群设计

集群，在这个集群中有 8 个 vSphere 主机，每个主机上部署了 2 个 8 vCPU 的 VM。每个 VM 大约配置了 23GB 的预留内存，每个 VM 上面有 4 个 JVM。从步骤 2 中，我们确定每个 vSphere 主机能够支持 2400 个并发用户事务，因此我们可以安全的假设 8 个 vSphere 主机能够处理 8 * 2400 => 19200 个并发用户事务。当然，线性的推断方式只有在没有出现瓶颈的时候才是准确的。因此，明智的做法是在上线之前，对整个 vSphere 集群进行测试以确认其处理能力。在这个测试中，你还需要将 DRS 启用来观察 VMotion 对应用的影响。

4.2 划分 vFabric SQLFire Java 平台：第二类工作负载

设计和划分的过程可以分为三个步骤：

步骤 A：确定实体分组。

步骤 B：确定数据 fabric 的内存大小。

步骤 C：确定 VM 和 JVM 模板的大小以及所需的 SQLFire 成员数量。

在这些步骤完成之后，需要进行负载测试来校验计算和规模划分的合理性。

注意 实体分组是结构的逻辑设计，它会过滤出应用和模式（schema）中查询的使用方式（pattern）。这是对各种查询的一种分组，将经常访问的一些表关联起来。实体分组的另外一种视角是对应用中访问方式（SQL 查询）的分类，进而确定如何使用数据库模式。借助这些信息，你可以确立合适的索引 / 分区（indexing/partitioning）策略。在这个过程中，一般会确定连接所有查询或查询集合的根主键（root primary key），然后使用这些最高层级的通用主键作为 partition-by 的键。

4.2.1 步骤 A：确定实体分组

确定实体分组的过程有助于确立分区策略，并且也有助于随后确定 vFabric SQLFire 数据 fabric 中会有多少数据放在内存中。对于大型的模式或服务于不同业务线和数据访问方式的多个模式来讲，这种确定实体分组的方法是很有帮助的。客户通常会将 vFabric SQLFire 数据 fabric 称之为日常事务数据，也就是 1 ～ 10 天内有价值的数据，在有些场景中这个时间范围可能会更长一些，这取决于要实现的用户场景。在范围确定之后，你可以进而确定合适的实体分组。选择日常事务数据如何分配和实体分组是一个迭代式的过程。

步骤 A 可以进一步细分为子步骤 A1、A2、A3 和 A4，如图 4-5 所示：

图 4-6 展现了一个产品和订单管理的模式样例。通过探查使用方式，我们利用这个模式来识别实体分组。

在图 4-7 中，会迭代使用步骤 A1 ～ A4（图 4-5 中所定义的步骤），对于图 4-6 所给出的模式最终选择了两个实体分组。

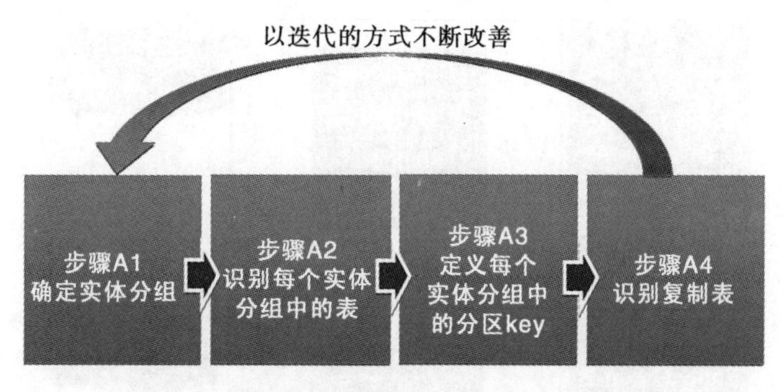

图 4-5　用于设计实体分组的步骤 A 的子步骤

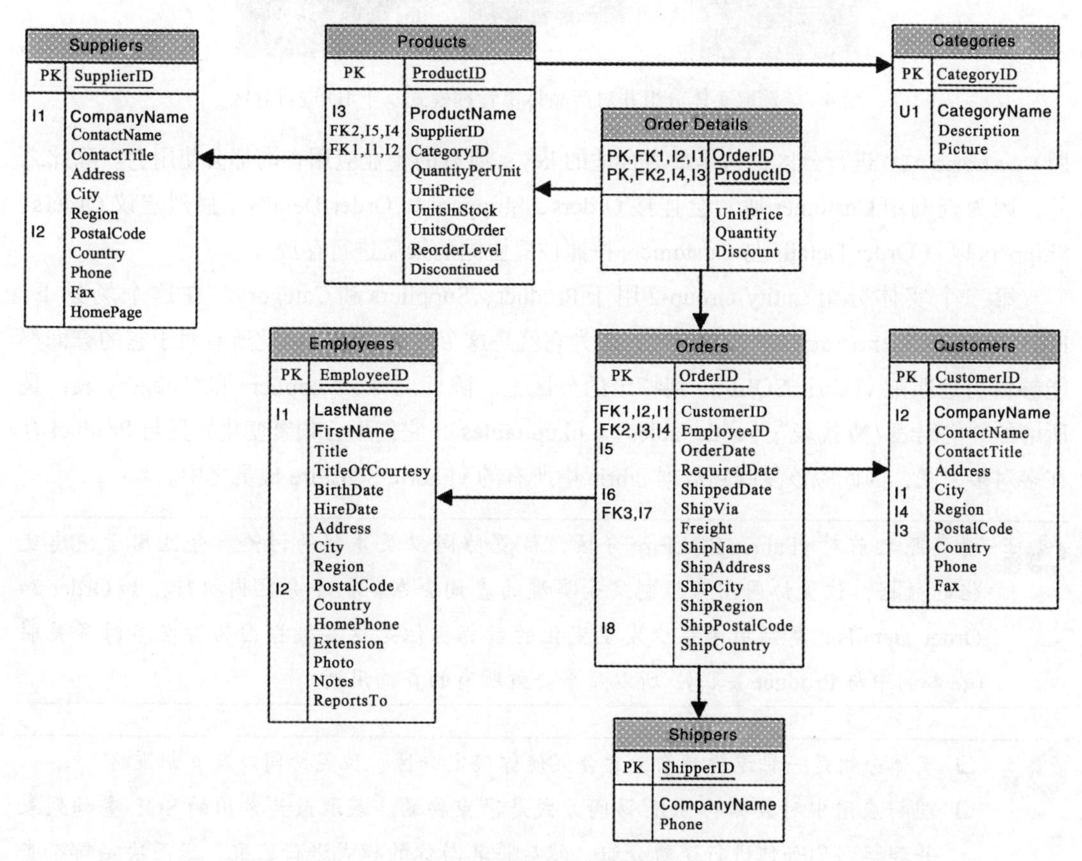

图 4-6　产品订单管理模式

基于模式拥有者以及应用开发人员的经验，选取了两个分组，因为大多数的 SQL 连接（join）都是有关查找客户订单信息或产品信息的。这个系统中相关的查询都会归为这两大类，这就是选取这两个实体分组的原因。

第一个分组 Entity Group-1 用于 Customers、Orders、Shippers 和 Order Details 表，它按

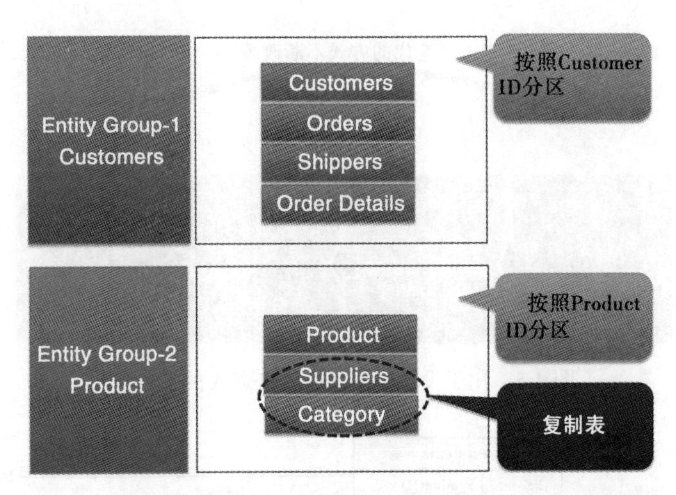

图 4-7　选取实体分组并对产品订单管理模式基于 ID 进行分区

照 CustomerID 进行分区，这是最为合适的 key，所有的企业应用查询都会使用它。除此之外，因为查询中 Customer 通常会连接 Orders、Shippers 和 Order Details，强烈建议 Orders、Shippers 以及 Order Details 与 Customers 按照位置协同的策略进行存放。

第二个实体分组 Entity Group-2 用于 Product、Suppliers 和 Category。在这个场景下，Product 表按照 ProductID 进行分区，因为它就是这个表的主键，因此所有对于它的查询都能够恰当地匹配 vFabric SQLFire 到特定的分区上。除此之外，Suppliers 和 Category 表，是所谓的“代码表 / 查找表”（code tables / lookup tables），它们不会频繁变化并且与 Product 存在多对多关联，因此应该复制到数据 fabric 中所有的 vFabric SQLFire 成员之中。

注意　请参照之前对 vFabric SQLFire 分区、位置协同以及复制的讨论。分区用于快速变化的数据，位置协同用来限制父子类型的查询会在同一个分区内执行，如 Order 和 Order Details。复制用于很少发生变化的数据，但是这些数据因为存在多对多关联（在本例中与 Product 关联），所以几乎会被所有的查询用到。

注意
- 实体分组是一种逻辑抽象，它会促使你确定分区、位置协同以及复制策略。
- 理解应用中对数据的 SQL 访问方式是很重要的。获取最为常用的 SQL 查询列表并理解它们如何进行逻辑分组，然后将其与你的模式进行匹配，进而决定哪个查询要将哪个表包含在一个实体分组中，并据此确定使用哪个分区的 key。
- 理解那些数据会快速变化、具有的更大数据量，这些数据必须要按照特定的 key 进行分区。同时还需要理解表之间的父子关系，并基于此对合适的表进行位置协同。
- 理解那些表不会经常发生变化，如查找 / 静态 / 元数据表等，这些表要进行复制而不是分区。

- 确定存放在vFabric SQLFire数据fabric中事务性数据的范围。弄清楚你希望保存多少以极快速度交付的数据，其他的数据在响应时间上的要求上则没有那么严格。例如，你可能在磁盘上有1TB的RDBMS传统DB数据，但是只有50GB是日常事务性数据或热数据，这些数据会快速变化并且有严格的响应时间需求，这种需求是由使用数据的企业级应用指定的。
- 在负载下测试你的分区模式，这样的话连接会均衡地分布在系统之中，因此在系统中不会产生所谓的“热点”。

4.2.2 步骤B：确定数据Fabric的内存大小

在该步骤中概述了用于大小划分的公式，这些公式全部是与如何确定vFabric SQLFire数据fabric中要使用多少RAM才能存储“原始的日常事务性数据集”（raw daily transactional data set）相关的。

这些公式概括了通用的场景，然后应用到了一个实际大小划分的样例之中，其中包含了vSphere集群中整个数据fabric的设置以及JVM和相关VM的大小比例。

步骤A（确定实体分组）中展现了“原始的日常事务性数据集”的概念以及数据fabric中所持有的数据。接下来的公式关注于数据fabric的实际大小，在数据fabric中存储和管理原始的日常事务性数据集。影响原始日常事务性数据集的因素会在下面进行描述，这些因素大致可以分为如下的几类：

- 原始数据（也就是所有分区和复制表中管理的原始日常事务性数据集）总的规模大小
- 位置协同数据的内存大小
- 所有冗余副本的内存大小
- 访问数据的并发线程数和socket缓存，以及相关的内存分布
- 通用的GC损耗以及使用CMS（并发标记清理）Java垃圾收集器相关的损耗，这种类型的垃圾收集器最适合于延迟敏感型的工作负载，如vFabric SQLFire
- 使用索引或其他vFabric SQLFire构件（construct）所造成的损耗

在公式4-2中，vFabric SQLFire数据fabric总的内存需求量通过*TotalMemoryPerSQLFireSystemWithHeadRoom*得到，而这个值又通过*TotalMemoryPerSQLFireSystem*再加上50%的备用值（headroom）计算得出。这个备用值有时候是必要的，这是由于需要大量内存（memory-hungry）且延迟敏感的系统通常需要CMS的GC策略，CMS是一种多步骤、非压缩的GC策略，它需要大量的备用值从而实现更好的响应时间。同样，*TotalMemoryPerSQLFireSystem*由vFabric SQLFire中整个数据fabric所管理的日常事务性原始数据的大小计算得到，vFabric

SQLFire 的损耗在下面的公式中会进行讨论。

$$TotalMemoryPerSQLFireSystemWithHeadRoom = TotalMemoryPerSQLFireSystem * 1.5$$

公式 4-2 整个 vFabric SQLFire 总的内存使用，其中包含大约 50% 的内存损耗

在公式 4-3 中，*TotalMemoryPerSQLFireSystem* 由 *TotalOfAllMemoryForAllTables*、*TotalOfAllMemoryForIndicesInAllTables* 和 *TotalMemoryForSocketsAndThreads* 计算得到。其中的每个部分都会在接下来的公式中进一步展开描述，如公式 4-4 描述了 TotalOfAllMemoryForAllTables。

$$TotalMemoryPerSQLFireSystem = TotalOfAllMemoryForAllTables + TotalOfAllMemoryForIndicesInAllTables + TotalMemoryForSocketsAndThreads$$

公式 4-3 整个 vFabric SQLFire 系统所需要的内存总量

$$TotalOfAllMemoryForAllTables = \sum_{table1}^{tableN} NumberOfCopies * (NumberOfObjectsInTable * PerTableBytes)$$

公式 4-4 所有表的内存总和

这个公式中的术语描述如下：

- *NumberOfCopies* = 在系统中，所有 vFabric SQLFire 成员所包含的主数据和冗余备份的总数量。
- *NumberOfObjectsInTable* = 每个表分区中的行数
- 公式 4-4 中的 *PerTableBytes* 在表 4-3 中进行了进一步的描述：
- *PerTableBytes* = *TableEntryBytes* + *IfPartitionedTable* * *PartitionedTableBytes* +
- *IfPersist* * *PersistBytes* +
- *IfStatistics* * *StaticticsBytes* + *IfLRU* * *LRUEvictionBytes* +
- *KeyBytes* + *ObjectBytes* + *IfEntryExpiration* * *ExpirationBytes*

$$TotalOfAllMemoryForIndicesInAllTables = \sum_{table1}^{tableN} NumberOfCopies * (IndexSizeInBytes)$$

其中

$IndexSizeInBytes =$

NumberOfIndicesInTable * [{*NumberOfUniqueObjectsInTable* * 80} +
{*FirstNonUniqueIndexOverheadBytes*} +
{(*NumberofNonUniqueIndices*–1) * 8}]

NumberOfUniqueObjectsInTable = 表中唯一（unique）对象的数量

NumberOfCople = 该区域冗余的数量

FirstNonUniqueIndexOverheadBytes = 24

公式 4-5　所有表中索引所需的内存总量

表4-3　vFabric SQLFire损耗中的*PerTableBytes*变量

变　量	值
TableEntryBytes	64
IfPartitionedTables	如果是的话，值为 1，否则为 0
PartitionedTableBytes	4
IfPersist	如果是的话，值为 1，否则为 0
PersistBytes	40
IfStatistics	如果是的话，值为 1，否则为 0
StatisticsBytes	16
IfLRU	如果是的话，值为 1，否则为 0
LRUEvictionBytes	24
KeyBytes	0 字节，除非条目（entry）溢出到了磁盘上，在这种情况中，值为主键域的大小 +8
ObjectBytes	550，这是一个平均的近似值；输入你的系统中 ObjectBytes 的真实值
IfEntryExpiration	如果是的话，值为 1，否则为 0
ExpirationBytes	96

PerTableBytes 变量以及损耗的值在表 4-3 中进行了描述。

在公式 4-5 中的术语描述如下：

- *IndexSizeInBytes* = *NumberOfIndicesInTable* * [{*NumberOfUniqueObjectsInTable* * 80} + {*FirstNonUniqueIndexOverheadBytes*} + {(*NumberofNonUniqueIndices*-1) * 8}].
- *NumberOfUniqueObjectsInTable* = 表中唯一（unique）对象的数量。
- *NumberOfRedundantCopies* = 本表冗余备份的数量。
- *FirstNonUniqueIndexOverheadBytes* = 24。

公式 4-6 描述了在客户端 / 服务器拓扑结构中，各种 socket 和线程所使用的内存总量。

TotalMemoryForSocketsAndThreads =
TotalMemoryForSockets + *TotalMemoryForThreadOverhead*
TotalMemoryForThreadOverhead = *MaxClientThreads* * *ThreadStackSize*

$$
\begin{aligned}
TotalMemoryForSockets &= TotaNumbrOfSockets * SocketBufferSizeBytes \\
TotalNumberOfSockets &= NumberOfServers * NumberOfThreadsOnServer \\
&\quad + AppThreads \\
&\quad + MaxClientThreads \\
&\quad + MaxClientThreads * 2 * NumberofServers * \\
&\qquad \text{IfHostPartitionedTableAndConserveSocketsIsFalse}
\end{aligned}
$$

公式 4-6　Socket 和线程的内存总量

公式 4-6 中的变量如下所示：

- ***MaxClientThreads***：访问数据 fabric 所有客户端的总线程数。所以，如果你有 10 个应用服务器实例，比如 vFabric tc Server 实例，每个实例中都有一个访问数据 fabric 的应用，那么 `MaxClientThreads` 的值应该是 10 * 每个 tc Server 上所配置的最大线程数（*Max Thread*）。
- ***SocketBufferSizeInBytes***：这个值是以 socket-buffer-size 属性配置在 SQLFire 中的，默认值是 32 768
- ***TotalNumberOfSockets*** 由以下的部分组成：
- ***NumberOfServers***：数据 fabric 中 SQLFire 成员的数量（也就是，JVM 的数量）。
- ***AppThreads***：这指的是应用线程的数量，可以与运行 SQLFire 的应用服务器中所配置的 `MaxThreads` 值相等。如果数据 fabric 中有 8 个 SQLFire 成员的 JVM，每个成员都由 tc Server 管理，那么 AppThreads 就是 8 * 每个 tc Server 的 `MaxThreads` 值。如果每个 tc Server 配置的 *MaxThreads* 是 256，那么 *AppThreads* 就是 8 * 256 => 2048。
- ***MaxClientThreads***：如前文所述。
- ***IfHostPartitionedTableAndConserveSocketsIsFalse***：如果主机是分区的并且 conserve socket 属性被设置成了 false，那么等式的这一部分可以将 *MaxClientThreads* 和 *NumberOfServers* 的 socket 值加倍（也就是 *MaxClientThreads* * 2 * *NumberOfServers* * TRUE）；否则的话，如果 conserve sockets 没有设置，那么 *MaxClientThreads* * 2 * *NumberOfServers* * FALSE => 0。

4.2.3　步骤 C：确定模板 VM 和 JVM 的大小以及所需的 vFabric SQLFire 成员数量

在这一部分展示了如何计算多少 vFabric SQLFire 成员才是合理的，以及设计师可能选择的服务器 /vSphere 主机的 RAM 总量。公式 4-7 中假设运行 vFabric SQLFire 成员的 VM 中有 32GB 的内存预留。这是因为在 HotSpot JVM 中，`-XX:+UseCompressedOops` 参数最大只能用于 32GB 的情况之中。你可以选择比这个值更小或更大的堆空间。如果你确实考虑更大的 JVM 堆空间，那么设计师必须要检查服务器机器的非一致内存访问（Non-Uniform Memory Access，NUMA）架构，从而了解每个本地 NUMA 节点有多少内存。在设计师了解了本地 NUMA 节点的大小之后，这有助于避免 JVM 和 VM 超出本地 NUMA 内存的大小，从而预防 NUMA 节点远程的内存交错访问（interleave）。NUMA 节点的内存交错访问会由于内存吞吐而导致性能问题，因此你通常会希望 VM 进程总是在本地 NUMA 节点上获取内存。

NumberOfSQLFireServers = *NumberOfVMslnSystem* =
NumberOfJVMslnSystem = *TotalMemoryPerSQLFireSystemWithHeadRoom* / 32GB

公式 4-7 数据 Fabric 中 vFabric SQLFire 成员的数量（VM 和 JVM 的数量）

注意 公式 4-8 描述了当机器发生故障时，系统能够重新分配多少的数据以及所能承担的特定 SLA。

ApproxServerMachineRAM =
TotalMemoryPerSQLFireSystemWithHeadRoom *
(*DataRedistributionTolerancePercentage* / (*NumberOfRedundantCopies* + 1))

公式 4-8 服务器机器 / vSphere 主机上大致的 RAM 大小

如果你使用 vFabric SQLFire 所提供的 WAN 网关进程的话，要理解这个网关能够传输多少数据，公式 4-9 描述了另外一个进行规模划分时要考量的因素。最好通过一个例子来进行描述。如果 TCP 窗口大小（TCP window size）是 64KB，你正在纽约和日本之间进行通信，那么往返延迟大约是 6500 英里 * 2 / 186 000 英里 / 秒 = 0.069 秒，这表明最大的吞吐量是 64 000 * 8 / 0.069 = 7.4Mbps。因此，不管网络连接情况如何，不要期望它能超过 7.4Mbps。

最大吞吐量可以这样确定：
最大吞吐量（bit/ 秒）= 按照 bit 计算的 TCP 窗口大小 / 按秒计算的往返延迟

公式 4-9 因为地理位置所导致的 WAN 实际吞吐量

注意 将 TCP 窗口大小的值调高可能会有所帮助，但是这会导致内存缓冲使用量的增长。在这方面进行改善的一种方式就是在站点的两端都实现 WAN 加速设备（WAN accelerator device），它有助于提供更大的 TCP 窗口大小并能实现 TCP 选择性应答（selective acknowledgment）。

下面的章节详细描述了 HotSpot JVM 中内部的内存分区以及考虑到 RAM 和 NUMA 影响时，JVM 的大小有什么实际的限制，然后结束关于规模划分的讨论。

4.2.4 理解 HotSpot JVM 内部的内存分区

图 4-8 描述了一个 vFabric SQLFire 成员，它运行在 VM 上的 HotSpot JVM 之中。各种

内存区域如公式 4-10 所示。

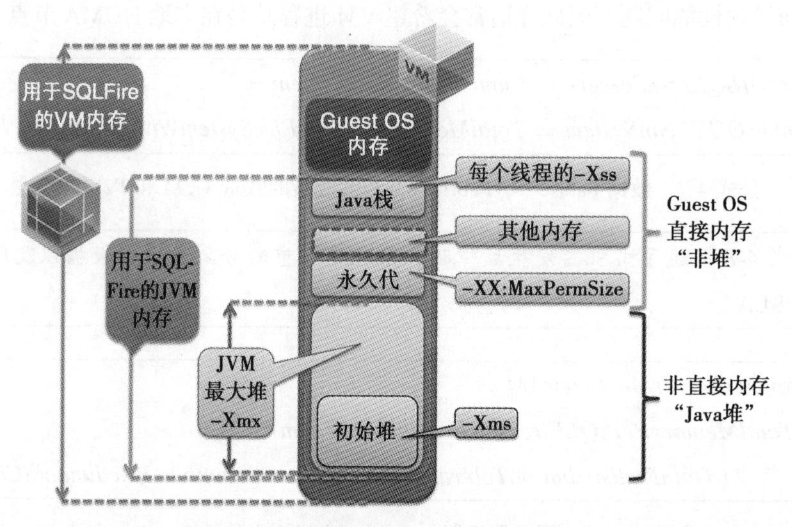

图 4-8 vFabric SQLFire 虚拟机的内存分区，它运行在 VM 上的 HotSpot JVM 中

用于 SQLFire 的 VM 内存＝ *Guest OS* 内存＋用于 SQLFire 的 JVM 内存
用于 SQLFire 的 JVM 内存＝
JVM 堆最大值 (–Xmx 的值) ＋
JVM 永久代大小 (–XX: MaxPermSize) ＋
NumberOfConcurrentThreads ＊ (*–Xss*) ＋其他内存

公式 4-10 vFabric SQLFire 的 VM 内存，它运行在 VM 上的 HotSpot JVM 之中

注意 *JVM* 永久代部分是保存类信息的，其他内存保存了新 I/O（NIO）缓冲、即时编译代码缓存（just-in-time [JIT] code cache)、类加载器、socket 缓冲（发送 / 接收)、Java 本地接口（Java Native Interface，JNI）以及 GC 内部信息。这些堆以外的区域通常称之为“非堆（off-the-heap)”区域。考虑到这些区域是很重要的，因为除了 –Xmx 堆的值以外，这些区域也是 JVM 进程总内存的一部分。

4.2.5 理解划分大型 VM 和 JVM 时 NUMA 的影响

在多处理器插槽的服务器上，非一致内存访问架构是很常见的，在划分内存依赖（memory-bound）和延迟敏感的系统时，理解这种内存访问架构是很重要的。在最简单的场景下，服务器 / vSphere 主机的可用内存总量会除以处理器插槽的数量，也就是公式 4-11 中所述的规则。

NUMA 本地内存＝服务器的 RAM 总量 / 插槽数

公式 4-11　高吞吐量且快速访问的本地 NUMA 内存

图 4-9 展现了具有 2 个插槽的 NUMA 服务器，它有 2 个 NUMA 内存节点。图中描述了 2 个 vFabric SQLFire 分别运行在各自的 NUMA 边界之内，因为它们的大小恰好适应在 NUMA 节点之中。当 VM 的大小划分超出了本地 NUMA 节点中可用的 NUMA 内存时，VM 就必须从远程的 NUMA 节点中获取内存，如图中的红色箭头所示。这种远程的 NUMA 内存访问会有性能的成本，它会降低访问速度和内存吞吐量，这对内存依赖型（延迟敏感）的工作负载会产生影响，如 vFabric SQLFire。

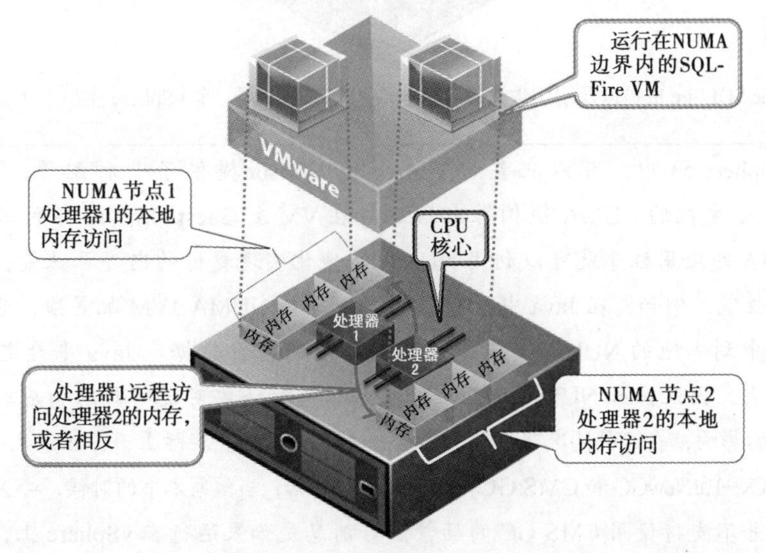

图 4-9　具有 2 个 vFabric SQLFire 的双插槽 NUMA 服务器（可选配置方案 1）

注意 VMware vSphere ESXi 调度器有很多的 NUMA 优化，它会试图在本地执行进程并且在本地 NUMA 节点上获取内存。

在第一个 NUMA 节点用于 vFabric SQLFire 成员 VM 之后，有时候第二个 NUMA 节点上还有足够的内存。在这种情况下，你可以将第二个 vFabric SQLFire 服务器放在第二个 NUMA 节点上，如图 4-9 所示。但是，如果按照严格的冗余规则，你不应该选择将第二个 vFabric SQLFire 服务器放到同一台服务器 /vSphere 主机上。在这种情况下，你可以将其他的企业级应用放在第二个 NUMA 节点上。这些企业级应用很可能会使用 vFabric SQLFire fabric 的数据，因此将其部署到同一个 vSphere 主机上是很有意义的。其理念是利用 vSphere 主机上全部可用的内存容量。图 4-10 展现了这种方式，在这里其中一个 NUMA 节点上部署了客户端层的应用服务器实例，客户端层应用会访问位于另一个 NUMA 节点上的分布式缓存数据成员。

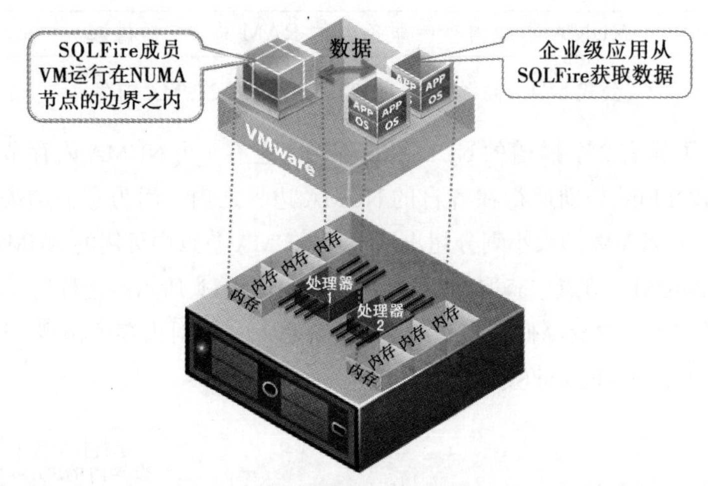

图4-10 vFabric SQLFire成员以及使用数据的企业级应用部署到了同一个vSphere主机上（可选配置方案2）

注意 在vSphere 5+中，可以配置vNUMA。hypervisor提供了一种配置，能够将底层vSphere主机的NUMA架构暴露给运行在VM上Guest OS。这样的话，能够感知NUMA的应用程序就可以利用NUMA本地化实现更好的内存吞吐量，进而实现更高的性能。例如，在Java中，有一个–XX:+UseNUMA JVM配置项，它会将执行过程集中到本地的NUMA节点中。在第二类的内存数据库Java平台之中，JVM会非常大，因此感知NUMA是至关重要的，同时还要实现所需的响应时间并最小化延迟的影响，在这种情况下，你可能会使用CMS GC。实际上，你应该几乎总是联合使用–XX:+ParNewGC和CMS GC。如果是这样的话，当编写本书的时候，–XX:+UseNUMA标记并不支持使用CMS GC的场景。好消息是如果运行在vSphere上，那么你实际上没有必要使用–XX:+UseNUMA标记，如果你使用了本书中的规模划分样例和默认的vSphere NUMA优化，很可能已经保证了NUMA本地化的完整性。如果你怀疑VM在NUMA本地化方面表现不佳，那么通过esxtop探查N%L的值。在较好的NUMA场景中，这个值应该是100%。因此，相对于运行在物理系统上第二类工作负载，运行在VMware虚拟化环境中的第二类工作负载的一个优势就是默认的vSphere NUMA本地化。在物理化系统中，你需要使用numactl强制将Java进程手动放到一个NUMA节点上，这个过程通常并不简单。但是，在虚拟化系统中，并不需要使用numactl了，因为只要大小划分合理，整个VM都会在一个NUMA节点上。

在有些场景下，如果2个VM运行在同一个vSphere主机上，VM之间存在大量的相互通讯，并且这2个VM在大小上有可能被放置到同一个NUMA节点上，那么默认的vSphere算法就会倾向于将这2个VM放到同一个节点之上。我们曾经见到这种类型的偏好设置有可能会导致更差的性能和扩展性问题。现在，在有些条件下要阻止默认规则的行为，阻止这种行为的性能优化方法是将高级设置参数 */Numa/LocalityWeightActionAffinity* 的值设置为0。当分配VM到NUMA节点时，这个设置项控制了CPU调度器给予VM间通信的权重。要了解与这个结论相关的更多性能案例，可以参考vFabric参考架构的第三个话题，该文档可以在http://blogs.vmware.com/vfabric/2013/02/introducing-a-new-reference-architecture-that-will-speed-knowledge-development-of-modern-cloud-applications.html下载。

图4-9（可选配置方案1）与图4-10（可选配置方案2）提供了最佳的NUMA本地化，因此能够为vFabric SQLFire数据fabric和使用数据的企业级应用分配更高吞吐量的内存。但有时候VM上某个特定的vFabric SQLFire成员想要使用服务器上所有插槽的CPU处理能力。因此，考虑图4-11的可选配置方案3。

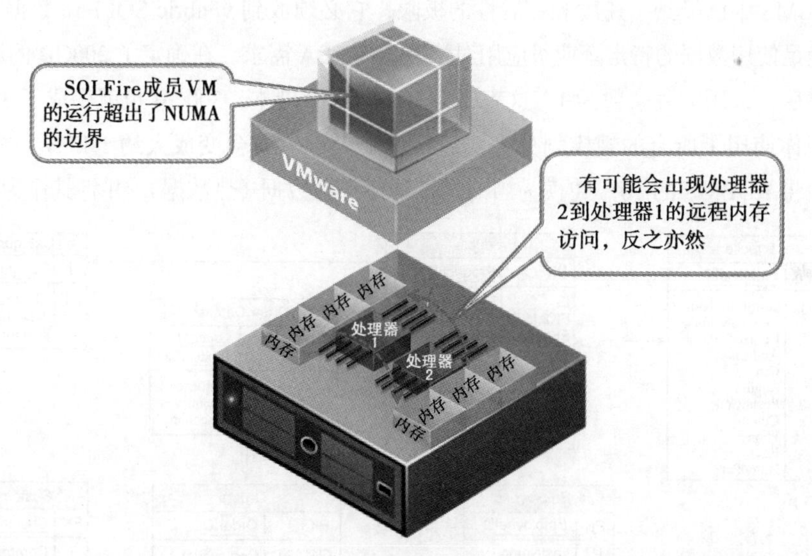

图4-11　一个vFabric SQLFire成员虚拟机跨两个NUMA节点（可选配置方案3）

在这种场景中，vFabric SQLFire成员VM被配置成使用服务器上的大部分可用RAM，它会跨越2个NUMA节点，同时将它配置成使用服务器上2个处理器插槽上的大部分可用CPU。这可能是运行在vFabric SQLFire数据fabric上的CPU密集型应用，它需要足够的CPU，在数据fabric中每个单独的vFabric SQLFire中执行所有的业务。尽管2个NUMA节点间的内存访问时可能会出现交错（interleave），但是基于内存的数据访问很可能就已经满足你的SLA了，偶尔的内存交错不会影响到整体的响应时间。vSphere会尽可能将线程的执行限制到本地NUMA节点之中。这表明有一些线程及其关联的内存会放置到第一个插槽和NUMA节点上，而另一些线程被分配到了第二个插槽和第二个NUMA节点上。这个过程会一直持续，直到有些线程不能被调度了，因此可能会出现节点间的内存交错访问。

4.2.6 vFabric SQLFire 大小划分样例

在前面的小节中讨论了所有关键的规模划分公式，并讨论了划分整个 vFabric SQLFire 数据 fabric 的限制以及在数据 fabric 中如何去确定单个 vFabric SQLFire 成员的大小。在这里考虑一个样例，它来源于图 4-6 的模式，并且对该模式进行了三步骤的设计和划分，在设计实体分组时遵循了图 4-5 中的步骤 A1、A2、A3 和 A4。

步骤 1 与“步骤 A：确定实体分组”遵循了相同的过程，在这里识别了 customer 和 product 两个实体分组以及相关联的表、分区、复制以及位置协同表。

接下来使用步骤 2 的规则确定大约 300GB 的数据是“原始的日常事务性数据”，这些数据必须放置到 vFabric SQLFire 中以满足响应时间 SLA 的需求。这种类型的数据通常也被称之为快数据，因为这是 RDBMS 数据的一部分，它们必须要快速地交付给企业级应用。这些数据如果在传统 RDBMS 中已经到了速度和扩展性的极限，它必须放到 vFabric SQLFire 数据 fabric 之中才能继续满足使用数据的特定企业级应用对快数据的 SLA 需求。在确定了 300GB 的原始日常事务性数据之后，采用的冗余数为 1，这表明会有一份冗余副本，300GB 也就变成了 300GB * 2 = 600GB。当你使用了所有的规模划分公式后，这个大小值将会变成大约 1.1TB。图 4-12 展现了我们如何将 RDBMS 的 10% 建模为当前的日常事务性数据（热数据），并将其作为内存数据。

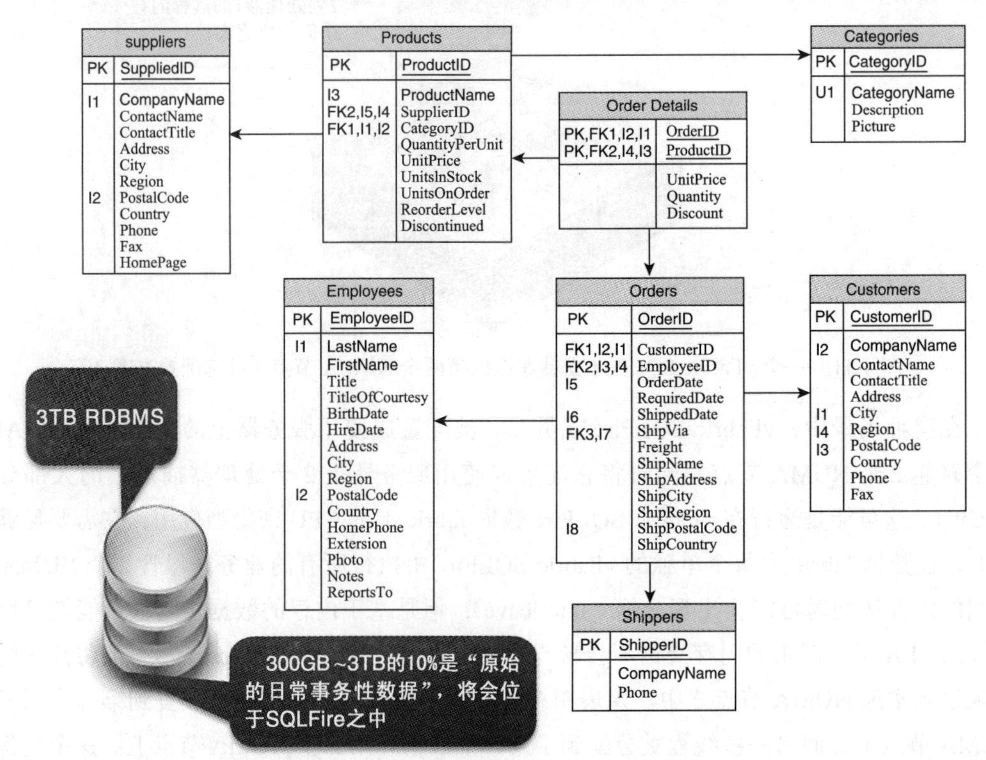

图 4-12　产品订单管理的 RDBMS 是 3TB，原始的日常事务性数据是 300GB

接下来，步骤 3 的设计规则和划分过程会确定如何将这 1.1TB 的数据分布到 vFabric SQLFire 数据成员之中。如果使用 144GB RAM、双处理器插槽且每个插槽上 8 个处理器的 vSphere 主机，那么大约可以将 1.1TB 均等地分到 8 个这样的主机上。

此时，会有 2 个可选配置方案，也就是方案 1 和方案 2，分别如图 4-13 和图 4-14 所示。在方案 1 中，有 32 个 VM，因此会有 32 个 vFabric SQLFire 成员 /JVM 和 8 个 vSphere 主机。在方案 1 中的 VM 配置了 34GB RAM 和 4 个 vCPU。因此，能够遵循更为优化的 JVM 大小，也就是对于 HotSpot JVM 来说，小于优化操作 –XX:+UseCompressedOops 所要求的 32GB。这种方案提供了更优的内存分布，因为当运行在 64 位 JVM 的时候，会将 JVM 堆的指针地址视为 32 位的指针。但是，这种设计的不足之处在于，你需要管理集群中的 32 个 vFabric SQLFire 成员 /VM，这需要花费管理员更多的精力。如果管理大量的 vFabric SQLFire 成员是一个考虑因素的话，那么图 4-14 所展现的方案 2 中有 16 个 VM，这可能会是一个可行的替代方案。

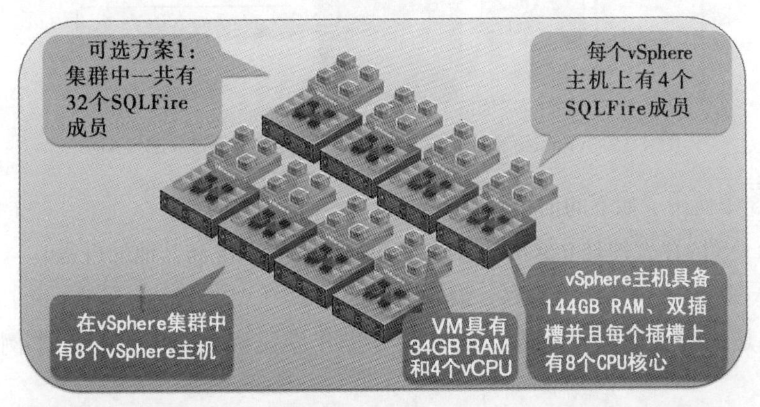

图 4-13　方案 1 的 vFabric SQLFire 数据集群，ESXi 集群中有 32 个 VM

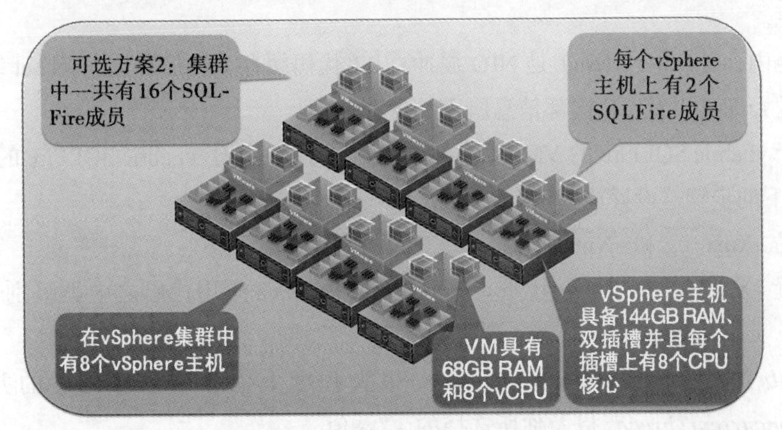

图 4-14　方案 2 的 vFabric SQLFire 数据集群，该集群位于一个 ESXi 集群之中

图 4-14 展现了方案 2，这里的 vSphere 集群有 16 个 VM，因此也就是 16 个 vFabric SQLFire 成员。每个 VM 配置为有 68GB 的 RAM 和 8 个 vCPU。

图 4-15 展现了图 4-13 中的方案 1 所对应的 JVM 和 VM 内存划分情况。

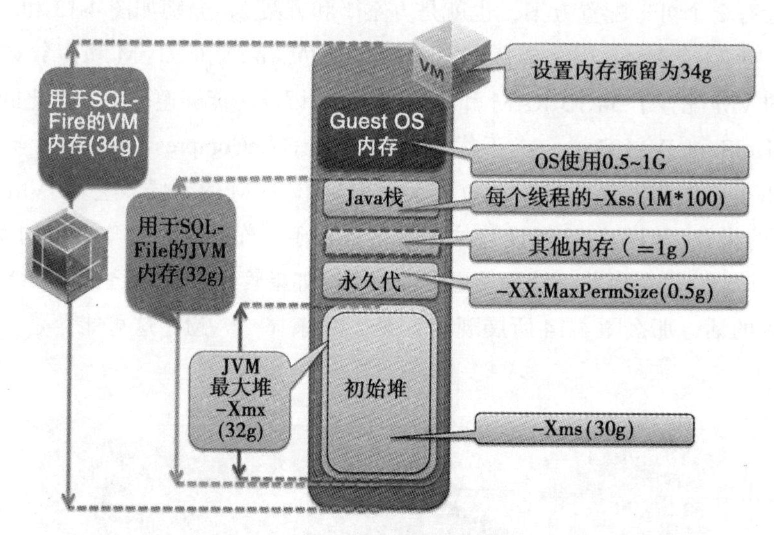

图 4-15　vFabric SQLFire 的成员虚拟机预留了 34GB RAM

在图 4-15 中使用了如下的值：

- Guest OS 内存大约是 0.5GB ～ 1GB（取决于操作系统和其他的进程）。
- –Xmx 是 JVM 最大的堆内存，设置成了 30GB。
- –Xss 是线程栈的大小，默认值依赖于操作系统和 JVM，但是在本例中设置成了 1MB。
- 永久代（Perm Size）是附加到 –Xmx（最大堆）上的区域，这其中包含了类级别的信息。
- 其他内存（Other Mem）是 NIO 缓冲、JIT 代码缓存、类加载器、socket 缓冲（接收 / 发送）、JNI 以及 GC 内部信息所需的内存。
- 用于 vFabric SQLFire 的 VM 内存 = Guest OS 内存 + 用于 vFabric SQLFire 的 JVM 内存。

遵循以下的步骤这设置这些值：

1）设置 –Xmx30g 和 –Xms30g。

2）设置 –XX:MaxPermSize=0.5g。这取决于你的 Java 应用代码之中类级别信息的内存分布。

3）*NumberOfConcurrentThreads* * (*–Xss*) 很大程度上依赖于 JVM 处理的并发线程数 *NumberOfConcurrentThreads* 以及你所选择的 *–Xss* 值。

注意 –Xss 依赖于操作系统和 JVM。在大多数场景下，运行在 Linux OS 下的 HotSpot 所对应的默认值是 256K，在基于 Windows 的 OS 下可以达到 1MB。如果没有正确地设置栈大小，你可能会遇到 StackOverflow 错误。如果你看到这个异常的话，你应该增加栈的大小或探查原因。内存敏感类型的工作负载所消耗的内存会远大于 256K（如在 1 ～ 4MB 之间），如果将 *–Xss* 设置为更大的值，这种类型的工作负载会从中受益。这里的关键在于，这些较大的栈中所分配的对象不会逃逸到其他线程之中。作为示例，我们选择 1MB 的线程栈大小，也就是 500 线程 * 1MB => 500MB => 0.5GB

4）假设操作系统大约需要 1GB。

5）总的 JVM 内存（Java 进程内存）= 30GB（–Xmx）+ 0.5GB（–XX:MaxPermSize）+（500*1MB = *NumberOfConcurrentThreads * –Xss*）+ 其他内存。

因此，JVM 内存大约是 31GB + 其他内存。其他内存通常并不重要，但是如果应用使用了大量的 NIO 缓冲和 socket 缓冲的话，那么它会非常大。如果有足够空间的话，这个值可以大约是堆空间的 5%（例如在本例中，可以设置为 3% * 30GB = 1GB），当然应该进行适当的负载测试来校验。

本例中，JVM 进程的内存就是 30GB + 1GB = 31GB。

6）为了确定 VM 的内存，假设你使用的是 Linux，并且只有这一个 Java 进程，没有其他的重要的进程。那么 VM 所配置的内存就是：

vFabric SQLFire 服务器的内存 = 31GB + 1GB = 32GB。

7）将 VM 的内存设置为内存预留值，这样的话你可以将内存预留设置为 32GB 。

如图 4-16 所示，这里的 GC 配置联合使用了 CMS 和并行 / 吞吐类型的收集器，分别用于老年代和新生代。

```
java –Xms30g –Xmx30g –Xmn9g –Xss1024k –XX:+UseConcMarkSweepGC
–XX:+UseParNewGC –XX:CMSInitiatingOccupancyFraction=75
–XX:+UseCMSInitiatingOccupancyOnly –XX:+ScavengeBeforeFullGC
–XX:TargetSurvivorRatio=80 -XX:SurvivorRatio=8 -XX:+UseBiasedLocking
–XX:MaxTenuringThreshold=15 –XX:ParallelGCThreads=2
–XX:+UseCompressedOops –XX:+OptimizeStringConcat –XX:+UseCompressedStrings
–XX:+UseStringCache -XX:+DisableExplicitGC
```

图 4-16 针对 30GB 堆空间的 vFabric SQLFire 成员的 JVM 配置

在图 4-16 中，因为我们的 VM 有 4 个 vCPU，且配置为 –XX:ParallelGCThreads=2，那么 4 个可用 vCPU 的 50% 用于 minor GC 周期。

图 4-17（vSphere 集群中的方案 2）所示的 vFabric SQLFire 集群有 16 个 VM，也就是会

有 16 个 vFabric SQLFire 成员。每个 VM 配置为具备 68GB RAM 和 8 个 vCPU。在图 4-17 中，vFabric SQLFire 成员 VM 被配置成了 68GB 的内存预留，并安装了 8 个 vCPU。在这个例子中，Java 进程的总内存（也就是 vFabric SQLFire 成员）被设置成了 67GB。大约为操作系统设置了 1GB，因此 VM 的 RAM 大小是 68GB。对于 Java 进程来说，堆空间被设置成了大约 64GB。

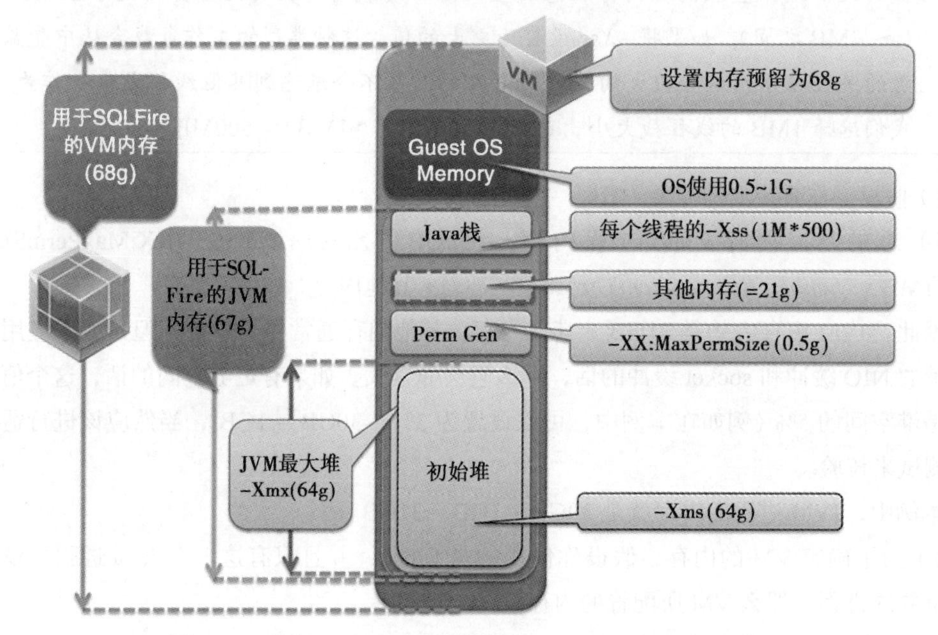

图 4-17　具有 68GB RAM 预留的 vFabric SQLFire 成员 VM

在图 4-17 中使用了如下的值：

- Guest OS 内存大约是 0.5GB ～ 1GB（取决于操作系统和其他的进程）。
- –Xmx 是 JVM 最大的堆内存，设置成了 64GB。
- –Xss 是线程栈的大小，默认值依赖于操作系统和 JVM，但是在本例中设置成了 1MB。
- 永久代（Perm Size）是附加到 –Xmx（最大堆）上的区域，这其中包含了类级别的信息。
- 其他内存（Other Mem）是 NIO 缓冲、JIT 代码缓存、类加载器、socket 缓冲（接收 / 发送）、JNI 以及 GC 内部信息所需的内存。
- 用于 vFabric SQLFire 的 VM 内存 = Guest OS 内存 + 用于 vFabric SQLFire 的 JVM 内存。

遵循以下的步骤这设置这些值：

1）设置 –Xmx64g 和 –Xms64g。

2）设置 –XX:MaxPermSize=0.5g。这取决于你的 Java 应用代码之中类级别信息的内存分布。

3）NumberOfConcurrentThreads *（–Xss）很大程度上依赖于 JVM 处理的并发线程数 NumberOfConcurrentThreads 以及你所选择的 –Xss 值。

注意　–Xss 依赖于操作系统和 JVM。在大多数场景下，运行在 Linux OS 下的 HotSpot 所对应的默认值是 256K，在基于 Windows 的 OS 下可以达到 1MB。如果没有正确地设置栈大小，你可能会遇到 StackOverflow 错误。如果你看到这个异常的话，你应该增加栈的大小或探查原因。内存敏感类型的工作负载所消耗的内存会远大于 256K（如在 1 ～ 4MB 之间），如果将 –Xss 设置为更大的值，这种类型的工作负载会从中受益。这里的关键在于，这些较大的栈中所分配的对象不会逃逸到其他线程之中。作为示例，我们选择 1MB 的线程栈大小，也就是 500 线程 * 1MB => 500MB => 0.5GB

4）假设操作系统大约需要 1GB。

5）总的 JVM 内存（Java 进程内存）= 64GB（–Xmx）+ 0.5GB（–XX:MaxPermSize）+（500*1MB = NumberOfConcurrentThreads * –Xss）+ 其他内存。

因此，JVM 内存大约是 65GB + 其他内存。其他内存通常并不重要，但是如果应用使用了大量的 NIO 缓冲和 socket 缓冲的话，那么它会非常大。如果有足够空间的话，这个值可以大约是堆空间的 5%（例如在本例中，可以设置为 3% * 64GB = 2GB），当然应该进行适当的负载测试来校验。本例中，JVM 进程的内存就是 65GB + 2GB = 67GB。

6）为了确定 VM 的内存，假设你使用的是 Linux，并且只有这一个 Java 进程，没有其他的重要的进程。那么 VM 所配置的内存就是：

vFabric SQLFire 服务器的内存 = 67GB + 1GB = 68GB。

7）将 VM 的内存设置为内存预留，这样的话你可以将内存预留设置为 68GB 。

如图 4-18 所示，这里的 GC 配置联合使用了 CMS 和并行 / 吞吐类型的收集器，分别用于老年代和新生代。

```
java -Xms64g -Xmx64g -Xmn21g -Xss1024k -XX:+UseConcMarkSweepGC
-XX:+UseParNewGC -XX:CMSInitiatingOccupancyFraction=75
-XX:+UseCMSInitiatingOccupancyOnly -XX:+ScavengeBeforeFullGC
-XX:TargetSurvivorRatio=80 -XX:SurvivorRatio=8
-XX:+UseBiasedLocking -XX:MaxTenuringThreshold=15
-XX:ParallelGCThreads=4 -XX:+OptimizeStringConcat
-XX:+UseCompressedStrings -XX:+UseStringCache -XX:+DisableExplicitGC
```

图 4-18　针对 64GB 堆空间的 vFabric SQLFire 成员的 JVM 配置

在图 4-18 中，因为我们的 VM 有 8 个 vCPU，且配置为 -XX:ParallelGCThreads=4，那么 8 个可用 vCPU 的 50% 用于 minor GC 周期。

4.3 本章小结

在本章中，阐述了如何确定最佳的 Java 平台规模，这是借助纵向和横向测试决定 VM 和 JVM 模板来实现的。然后，这个模板 VM 和 JVM 又用来确定最佳的 vSphere 主机大小。一旦 vSphere 主机的大小确定了，对集群进行规模划分以适应应用的访问流量，这个过程是相对简单的线性扩展。当然，随着线性扩展会遇到难以预料的瓶颈，这会打破这种线性规律和系统的可扩展性，这也是为什么要对整个 vSphere 集群进行负载测试的原因。本章最后通过一个例子阐述了如何对于像 vFabric SQLFire 这样的内存数据库进行大小划分，这是一个第二类和第三类结合的工作负载。

第5章 Chapter 5

性能研究

本章将着重介绍展示 Java 平台性能的几个研究案例。

5.1 SQLFire 和 RDBMS 性能研究

一些客户会问 vFabric SQLFire 可以为他们的自定义 Java 应用程序做些什么，以及他们该如何修改相应的应用程序体系结构。这些客户所运行的自定义的 Java 应用程序是基于传统的关系型数据库（RDBMS）的，并且已经达到了当前架构的扩展性和响应时间的极限。如果没有太多侵入性的话，他们想进行一些变化。

为了公正地回答这些问题，假设我们模拟一个没有经过专门调优的客户场景。实际上，这是一个软件工程师对 vFabric SQLFire 和其他 RDBMS 进行评估时，可能会进行的一项测试。首先，针对使用 RDBMS 的 Spring Travel 运行负载测试，然后 Spring Travel 模式被转换为基于 vFabric SQLFire 运行，也没有调优，并得到直接的对比结果，如图 5-1 所示。

为了证明在没有任何代码入侵或变化的情况下，这种变更能够多么迅速地完成，这里模拟一个开发者下载 Spring Travel 应用，运行 DDLUtils 转换工具来生成 vFabric SQLFire 模式和数据加载文件，然后快速测试查看性能提升。

转换过程花费时间不超过一天，而全部过程需要花费 3 天时间，包括下载 Spring Travel 应用、安装 vFabric SQLFire、运行模式和数据转换工具，并且运行负载测试。对结果进行迭代式的验证额外还需要一周的时间。

注意 你可以在 http://www.springsource.org/download 地址下载 Spring Travel 应用，它位于 booking-mvc 项目下，在 Spring Web Flow 项目的子目录中，标示为 spring-webflow-2.3.0.RELEASE/projects/spring-webflow-samples/booking-mvc。对于 VMware vFabric SQLFire，你可以访问 http://www.vmware.com/products/application-platform/vfabric-sqlfire/overview.html。

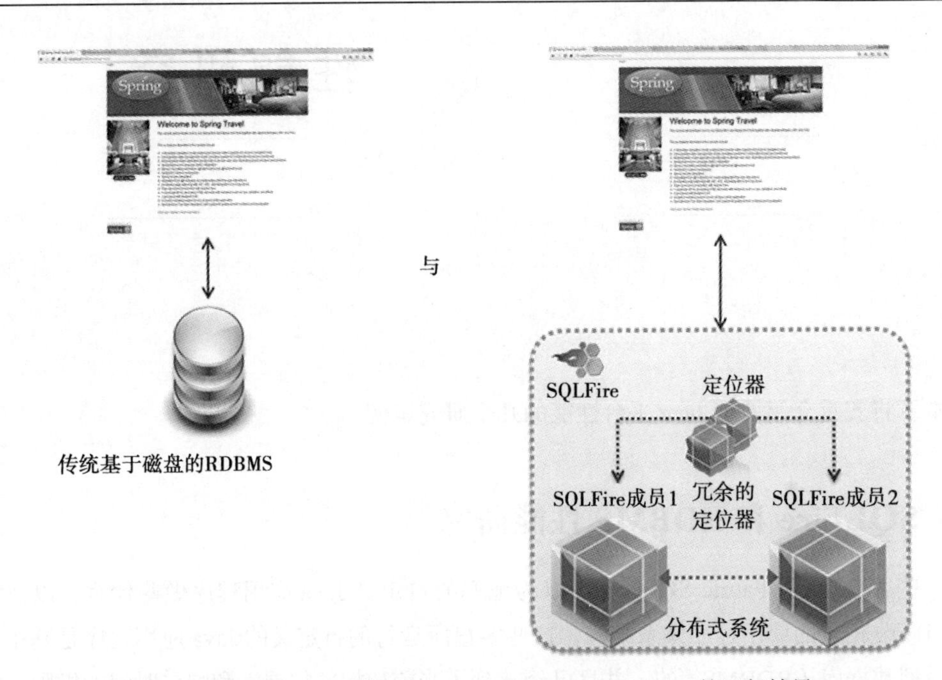

图 5-1 Spring Travel 基于 RDBMS 和 vFabric SQLFire 的运行结果

为了使这个研究案例更加公平，另外一个假设是两种场景的计算资源完全一样。传统 RDBMS 分配的虚拟机（VM）共有 4GB 的 RAM 和 8 个 vCPU，vFabric SQLFire 所分配的计算资源是相同的。虽然在 vFabric SQLFire 场景下使用了 2 个 vFabric SQLFire VM，但是每个 VM 分配了 4 个 vCPU 和 2GB 的 RAM，总共是 4GB 的 RAM 和 8 个 vCPU。这些计算资源是 RDBMS 默认所需要的。因此，为了满足没有任何系统经过调优这个一致的目标，默认的计算资源需求也没有改变。在此基础上，vFabric SQLFire 得到平等的计算机资源。虽然分布在 2 个 VM 上，但是净计算资源在比较的过程中是相同的。这类似于模拟客户开发人员在开发环境中检查和评估 vFabric SQLFire 和传统 RDBMS 时，第一天所做的事情。

5.1.1 性能结果

表 5-1 展示了性能结果，列的说明如下所示：

- "线程"列：在两个负载测试过程中，Spring Travel 应用程序所执行的并发线程数量
- "SQLF R/T (ms)"列：Spring Travel 应用程序的响应时间，以毫秒为单位
- "SQLF CPU %"列：在峰值时，vFabric SQLFire VM 的 CPU 利用率百分比
- "RDBMS R/T (ms)"列：当 Spring Travel 应用程序使用传统基于磁盘的 RDBMS 运行时的响应时间，以毫秒为单位
- "RDBMS CPU %"列：在峰值时，RDBMS VM 的 CPU 利用率百分比

表 5-1 Spring Travel 针对 RDBMS 和 vFabric SQLFire 执行结果

线　程	SQLF R/T(ms)	SQLF CPU%	RDBMS R/T(ms)	RDBMS CPU%
18	14	9	25	1
200	8	32	23	19
1800	5	61	172	76
3600	6	77	失败	失败
7200	984	98	失败	失败

这是并发线程的数量从 18 ～ 7200 的结果。"失败"表示 Spring Travel 使用传统基于磁盘的 RDBMS 运行时响应失败，这实际上是冻结（frozen），因此没有收集到数据。

Spring Travel 响应时间和并发线程测试结果

图 5-2 展现的结果中纵轴表示响应时间，横轴表示并发线程数量。红线是 Spring Travel 应用程序使用传统基于磁盘 RDBMS 的运行结果，蓝线是 Spring Travel 应用程序使用 vFabric SQLFire 的运行结果。这个图表显示随着 Spring Travel 应用程序并发用户线程数量增加，响应时间的行为。我们可以看到沿着横轴并发线程数增加，使用 RDBMS 的 Spring Travel 应用程序响应时间呈线性增长（如图中红线所示）。相反，配置 vFabric SQLFire 的 Spring Travel

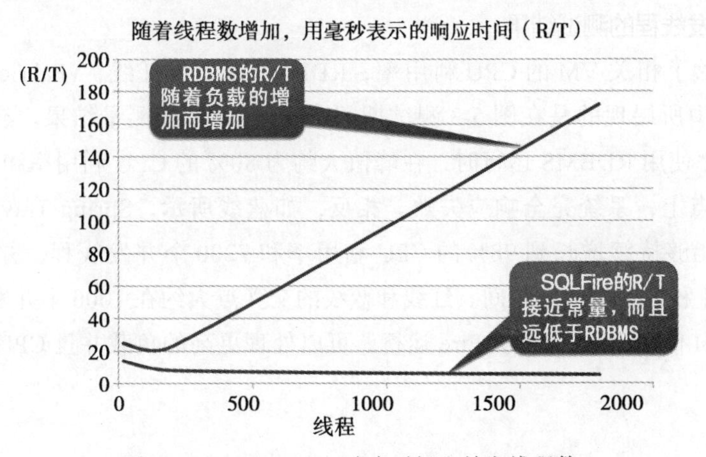

图 5-2 Spring Travel 响应时间和并发线程数

应用程序保持相当低且平稳的响应时间（如图中蓝线所示）。

可扩展性测试结果

如图 5-3 所示，这个测试的目的是为了演示两种配置可扩展性的程度。在 Spring Travel 应用程序服务器上，当并发线程数达到 1850，响应时间接近 172 毫秒后，系统停止响应，这展示了可伸缩性的极限，如图 5-3 中红线所示。Spring Travel 使用 vFabric SQLFire 的时候，如图 5-3 所示，极限为 7200 个并发线程和 984 毫秒的响应时间。

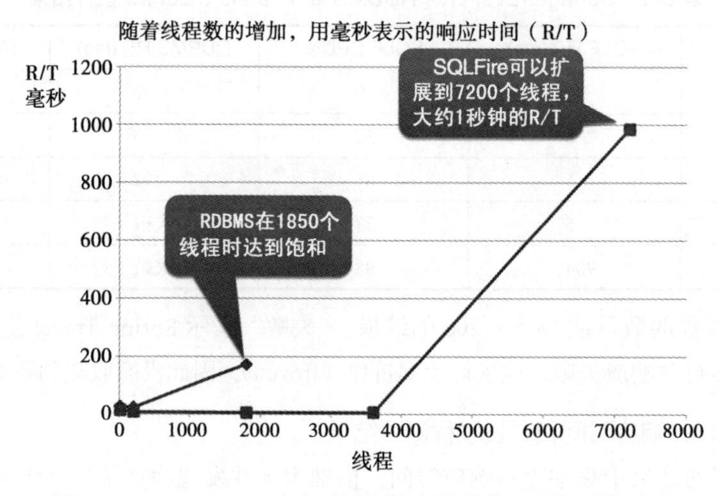

图 5-3　Spring Travel 响应时间和并发线程数：可扩展性测试

注意　在接近 3600 个并发线程数时，vFabric SQLFire 开始溢出到磁盘，并且响应时间增加。这是正常的，通过适当调整可用的 RAM，这部分溢出可以包含在内存之中。

CPU 和并发线程的测试结果

图 5-4 展示了相关 VM 的 CPU 利用率，RDBMS VM 为红线，vFabric SQLFire 虚拟机为蓝线。图中所展现的是在图 5-3 测试期间 CPU 利用率的测量结果。红线表明 Spring Travel 应用程序使用 RDBMS 运行时，在峰值大约为 80% 的 CPU 利用率和 1850 个并发线程。在这一顶点上，系统完全响应失败。相反，如蓝线所示，Spring Travel 使用 vFabric SQLFire 时，能够持续增长到 98% 的 CPU 利用率和 7200 个并发线程，并且仍然还有响应，大约不到 1 秒的应用响应时间。红线和蓝线的交叉点大约在 1000 个并发线程上，这表示 Spring Travel 使用 vFabric SQLFire 运行，可以处理更高的负载并且 CPU 利用率增长更平稳。

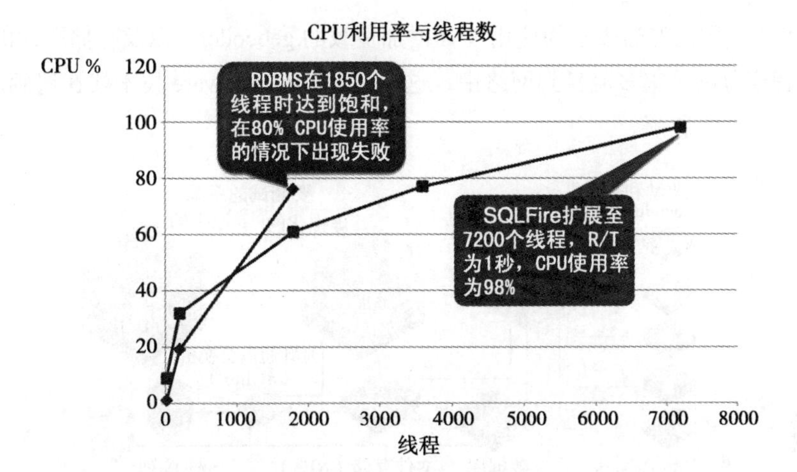

图 5-4 Spring Travel 应用程序的 CPU 和并发线程数

5.1.2 结果总结

本研究的发现如下：

- 使用 DDLUtils 工具转换 Spring Travel 应用程序相关的 RDBMS 模式和数据相对比较简单。
- vFabric SQLFire 的安装也非常简单。
- 测试结果显示，与 Spring Travel 应用程序使用 RDBMS 相比，使用 vFabric SQLFire 能够大约扩展 4 倍。
- 使用 vFabric SQLFire 的响应时间快 5 ～ 30 倍。此外，随着负载的增加，使用 vFabric SQLFire 的响应时间更加稳定一致。
- Spring Travel 配置使用 RDBMS，响应时间随着负载增加呈线性增长。
- 当 Spring Travel 应用程序停止响应时，使用 RDBMS 能够达到 80% 的 CPU 利用率和大约 1850 个并发线程。相反，Spring Travel 使用 vFabric SQLFire 运行可以持续达到 98% 的 CPU 利用率并达到 7200 个并发线程。

5.2 Olio 工作负载运行在 tc Server 和 vSphere 上的性能研究

在一些 vSphere 上的 Java 性能研究是公开的。这是我特别喜欢的一个案例，是由我在 VMware 的同事 Harold Rosenberg 指导的，他是一位高级性能工程师。

Harold Rosenberg 的完整性能文档是公开的，可以访问该站点获取：http://www.vmware.com/resources/techresources/10158。

在图 5-5 中，图的左边表示为应用 VM 增加负载的 geocoder，以及存储图片的 NFS 文件存储。应用程序分配了很多流量到网络中，这也证明了在 VMware 技术栈在遇到瓶颈前，网络首先可能成为一个瓶颈。

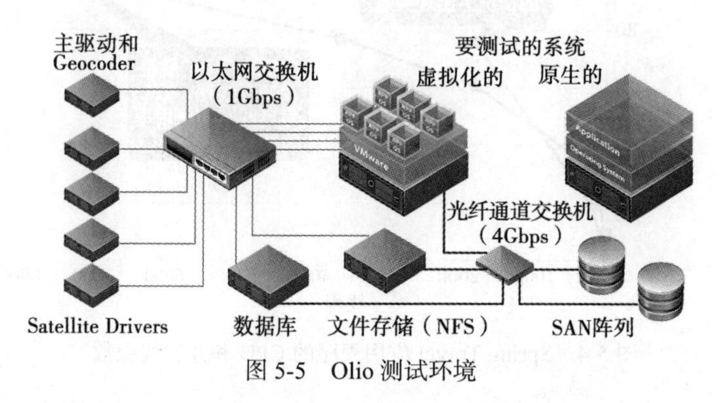

图 5-5 Olio 测试环境

研究结果

在第 90 个百分位数的情况下（90th percentile）[⊖]，2 个原生 CPU 和 2 个虚拟化 CPU 的响应时间曲线和 CPU 利用率如图所示。对低于 80% 的 CPU 利用率场景，原生和虚拟化的配置具有基本相同的性能，只有在响应时间上存在极小差别。

2 个原生 CPU 与 2 个虚拟化 vCPU

本节展示了具有 2 个 CPU 的原生 / 物理化服务器和具有 2 个 vCPU 的 VM 之间的结果。图 5-6 展示了响应时间（R/T）和 CPU 利用率。图中很清楚地看出在 CPU 利用率达到 80% 时，达到了阈值。在达到 80% 以前，虚拟化场景中的响应时间与物理化的响应时间基本相等，

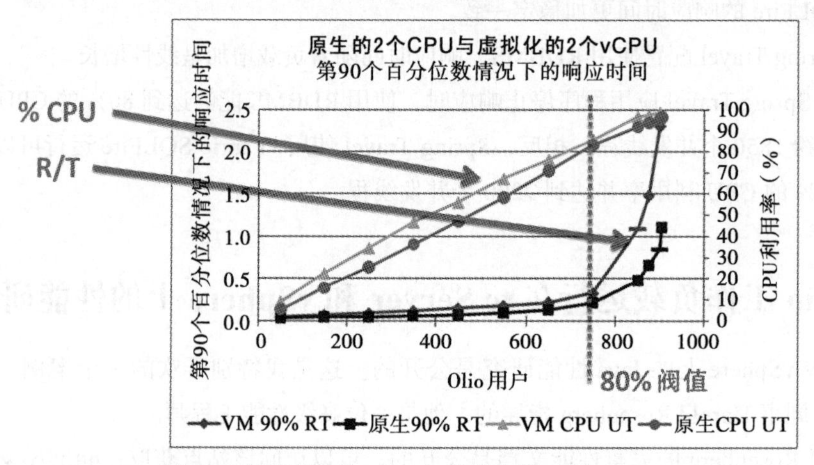

图 5-6 原生的 2 个 CPU 与虚拟化的 2 个 vCPU

⊖ 即 90% 以上的场景。——译者注

超过 80% 阈值后，会有微小的差异，但仍在合理的差异范围内。至于 CPU 利用率，可以看到相互间的数据对比是一致的。

4 个原生 CPU 与 4 个虚拟化 vCPU

本节展示了具有 4 个 CPU 的原生 / 物理化服务器和具有 4 个 vCPU 的 VM 之间的结果。图 5-7 展示了响应时间（R/T）和 CPU 利用率。图中很清楚地看出在 80% 时，CPU 利用率达到阈值。在达到 80% 以前，虚拟化场景中的响应时间与物理化的响应时间基本相等，超过 80% 阈值后，会有微小的差异，但仍在合理的差异范围内。至于 CPU 利用率，可以看到相互间的数据是比较接近的。

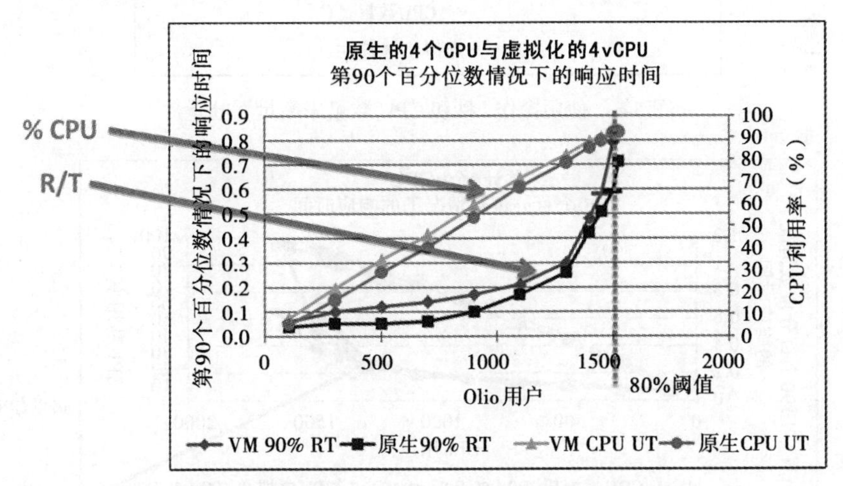

图 5-7　原生的 4 个 CPU 与虚拟化的 4 个 vCPU

不同 CPU 数量的吞吐量峰值

在图 5-8 中，展示了在 1 个 CPU 情况下，原生条件下能够实现 95 操作 / 秒（ops/sec），而虚拟化条件下能实现 85 操作 / 秒 (10.5% 的差异)。在 2 个 CPU 的情况下，原生条件下是 179 操作 / 秒，而虚拟化条件下为 169 操作 / 秒（5.5% 的差异）。在 4 个 CPU 的情况下，原生条件下是 298 操作 / 秒，而虚拟化条件下为 293 操作 / 秒（1.67% 的差异）。这表明，随着 CPU 增加，虚拟机的吞吐量轨迹越来越接近原生情况。

比较 1 个 vCPU 到 4 个 vCPU 的配置

图 5-9 展示了 3 种配置方式，分别是 4 个 VM 且每个 VM 具有一个 vCPU、2 个 VM 且每个 VM 有 2 个 vCPU 以及 1 个虚拟机且每个 VM 有 4 个 vCPU。图的左边纵轴表示第 90 个百分位响应时间，右边的纵轴为 CPU 利用率，横轴为用户数量。在图中，你可以看到 2 个 vCPU 的配置可以实现最优的用户吞吐量，同时实现堆内存的用量较少，2 个 VM 的用量是 5GB，或者说每个 2-vCPU 的 VM 上是 2.5GB。

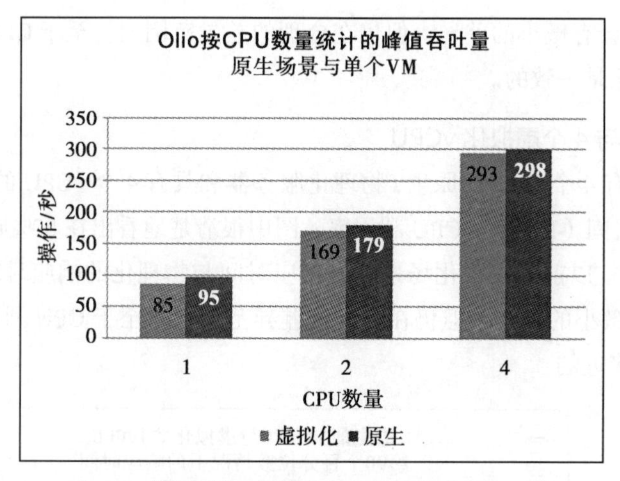

图 5-8 使用操作 / 秒和 CPU 数量来衡量吞吐量

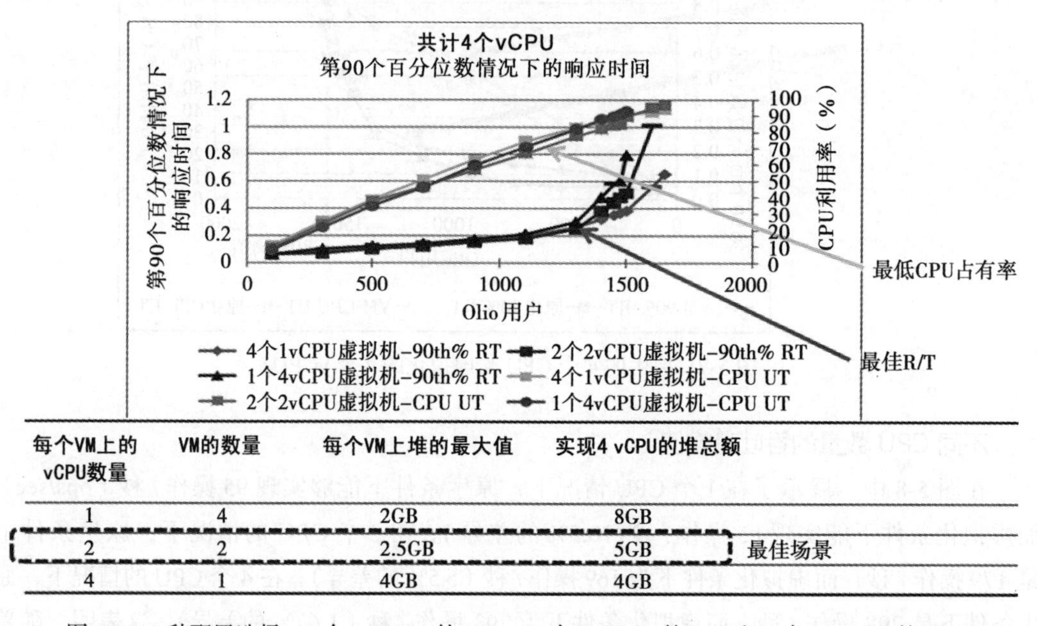

每个VM上的vCPU数量	VM的数量	每个VM上堆的最大值	实现4 vCPU的堆总额	
1	4	2GB	8GB	
2	2	2.5GB	5GB	最佳场景
4	1	4GB	4GB	

图 5-9 3 种配置选择：4 个 1-vCPU 的 VM、2 个 2-vCPU 的 VM 和 1 个 4-vCPU 的 VM

图 5-10 显示了 4 个 1-vCPU 的 VM、2 个 2-vCPU 的 VM 和一个 4-vCPU 的 VM 的吞吐量峰值。再次证明了 2 个 2-vCPU 的 VM 是吞吐量的最佳方案。我将其选为最优结果而不是 1-vCPU VM 的方案是因为在任何严格的生产环境应用程序中，2-vCPU 的 VM 配置是最常用的。如果你有一个相当忙碌的 Java 应用程序，你可以让垃圾收集（GC）占用一个 vCPU，普通的用户事务使用另一个 vCPU。然而，如果你使用 1-vCPU 的 VM，那么 GC 和普通的用户事务将会争夺 CPU 周期。

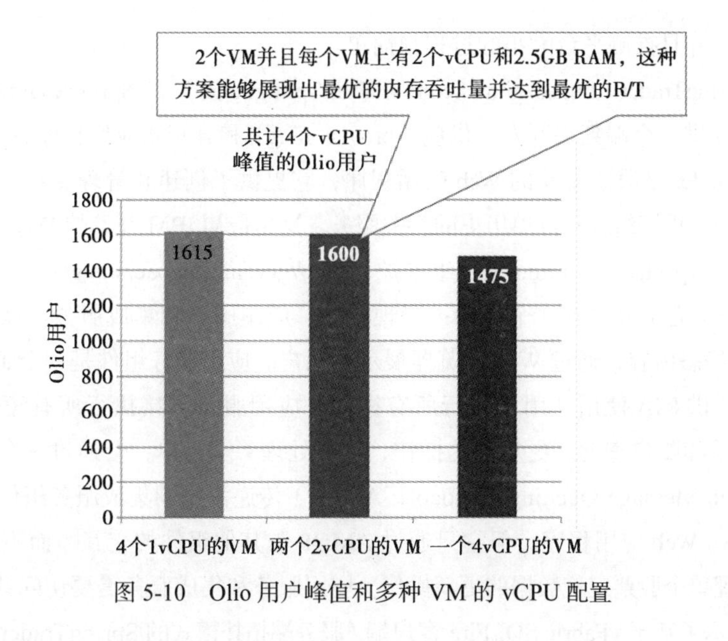

图 5-10 Olio 用户峰值和多种 VM 的 vCPU 配置

5.3 SpringTrader 性能研究

在这个性能研究中，vFabric SpringTrader 通过大量的负载测试来确立其可扩展性，然后容量（capacity）的规划者可以使用它来指导规划 SpringTrader 目标 Java 平台的大小。这个工作负载的目标是为了模拟放在服务器端的应用，用户会通过基于浏览器的富 Internet 应用（RIA）与应用程序交互。这意味着对服务端 REST 应用编程接口（API）的调用顺序会限制成为序列，这个序列可以通过与 RIA 交互来实现。工作负载会使用分配给当前操作 / 下一步操作如何转移的转换概率（transition probability），从而确定用户可以通过 RIA 操作的工作流程规范。这种方法允许通过修改各种转换概率实现不同的用户 profile 和应用负载。所使用的工作负载可以借助为 SpringTrader 开发的 Rain workload-driver 非常容易地实现，它支持异步行为，这样的话能够基于之前的操作从服务器中获取状态信息，然后做出状态转移的决策。在 SpringTrader 的场景中，这些功能能够实现以异步 GET 请求方式获取市场概况数据，并且工作负载 driver 能够基于之前检索到的数据实现销售业务。

大量的性能测试结果可以用于指导如何设计和划分各种 vFabric 参考架构平台，你可以查阅性能研究相关文档 (http://www.vmware.com/go/vFabric-ref-arch)。

例如，如果设计师正在考虑规划的 vFabric 参考架构平台规模为小型（100 个并发用户会话）、中等（1000 个并发用户会话）或大规模（10 000 并发会话）的，他们应该能够使用性能图表规划相应的平台。VMware 希望架构师扩展 vFabric 参考架构来适应自身的业务领域，因此规模划分的大小将会有所改变，以适应架构的变更。vFabric 参考架构的组件都具有很大的水平可扩展性，并且推测平台大小的过程很简单。

vFabric SpringTrader（https://github.com/vFabric/springtrader）是 SpringSource 开发的参考应用，为客户提供一个端到端开发、供应（provisioning）和分布式应用程序管理的参考方案。vFabric SpringTrader 是股票交易的 Web 应用程序，它提供了创建和管理账户、购买和出售股票、获取用户当前投资组合和订单历史的相关服务。这是最初 IBM 开发的 DayTrader 应用的重新实现，目前由 Apache Geronimo 项目组维护（http://geronimo.apache.org/）

SpringTrader 应用程序有 3 个组件：展现服务、应用服务和集成服务。展现服务组件包含组成 RIA 的静态内容，通过 Web 浏览器展示给用户。应用服务组件是一个 Java Web 应用，暴露 REST API 供 RIA 使用，用于执行所有操作。应用服务直接执行所有短时间运行的操作，如用户登录和账户查询。更复杂的操作，比如处理买卖订单，会通过一个高级消息队列协议（Advanced Message Queuing Protocol，AMQP）传递消息到集成服务组件。集成服务组件也是一个 Java Web 应用程序，但它只通过 AMQP 与其他组件的交互，而不是使用 HTTP。集成服务也处理单个股票定价数据的更新操作。应用服务和集成服务需要访问共享的数据库。

图 5-11 显示了基于 vFabric SQLFire 客户端 / 服务端拓扑模式的 SpringTrader 拓扑结构，这种结构曾经在第 2 章中介绍过。在 SpringTrader 中，传统的 vFabric SQLFire 客户端 / 服务器拓扑做了轻微的修改，从而能够执行通过 RabbitMQ 传递的购买和出售股票的交易订单，这些订单是以异步消息的方式传送的。在这个性能研究案例中，组成 SpringTrader 的应用层，部署了 4 个 SpringTrader 应用服务以及 2 个通过 RabbitMQ 服务器通信的 SpringTrader 集成服务。此外，还有一个分布式内存数据管理系统 vFabric SQLFire，在这个性能案例中，它包含 2 个节点，图 5-11 展示了 SpringTrader 数据层。

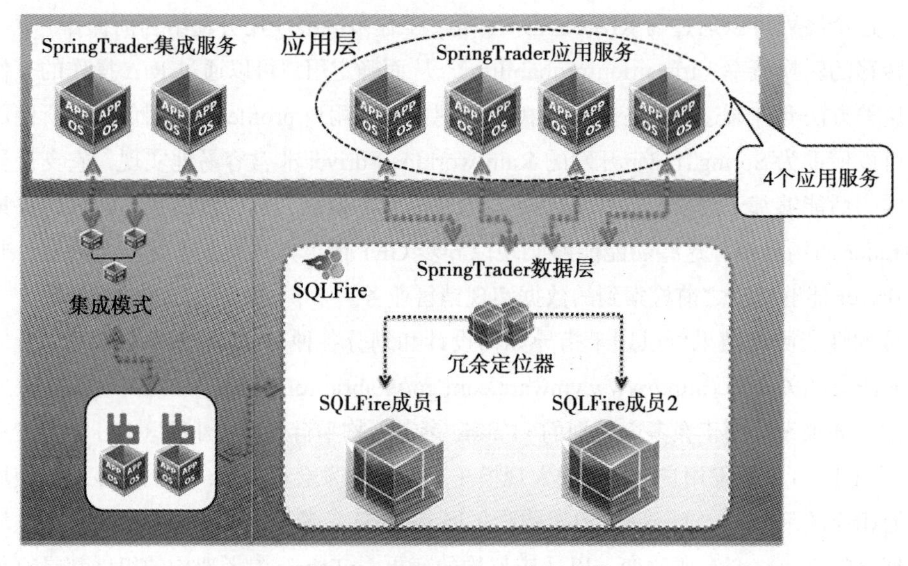

图 5-11　SpringTrader 多层拓扑

5.3.1 vSphere 应用层和数据层配置

图 5-12 展示了该性能研究的基础拓扑结构，详细信息见表 5-2。

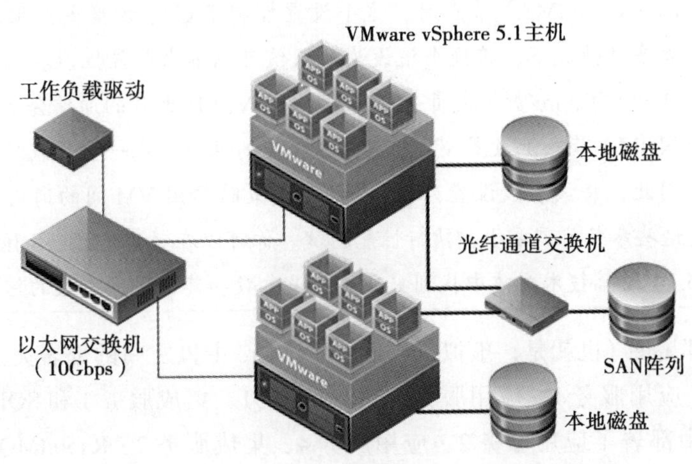

图 5-12 SpringTrader 性能研究的平台拓扑结构

表 5-2 SpringTrader 性能测试 vSphere 配置

组 件	详 情
工作负载驱动	
操作系统	Red Hat Enterprise Linux 6 Update 3, x86_64
系统模型	Dell PowerEdge R710
处理器	Two Intel Xeon CPU@ 3.33GHz（共 12 个核心，24 个线程）
总内存	144GB
部署服务器	
虚拟化平台	VMware vSphere 5.1 build 914609
VMware vSphere 配置	在 Advanced Settings 中做了该设置的更改：/Numa/LocalityWeightActionAffinity=0
系统模型	Dell PowerEdge R720
处理器	Two Intel Xeon CPU E5-2680 @ 2.7GHz（总共 16 核，32 个线程）
BIOS 配置	在 BIOS 系统中启用性能 profile
总内存	192GB
网络控制器	Dell PERC H710 Mini QLogic ISP2532 Fibre Channel HBA
存储配置	SQLFire 数据存储在本地磁盘上的 VMFS5.58 数据库中 Five-disk RAID 5 LUN VM 存储在 EMC CX310 Fibre Channel 存储阵列的 VMFS5.58 数据仓储中
以太网交换机	
系统模型	Arista 7124SX 24-port 10GbE 交换机

注意 唯一应用于VMware vSphere 5.1性能调优方法是将高级设置参数/Numa/LocalityWeightActionAffinity设为0。当分配VM给非一致内存访问（Non-Uniform Memory Access，NUMA）节点时，这个设置控制了CPU调度器分配给VM间通信的权重。在大多数情况下，将这个值设为默认值可以带来最佳性能。在这个部署中，应用服务VM和SQLFire数据成员（内存数据库）VM间大量的通信会使得调度器倾向于在同一个NUMA节点上放置VM。这并不会提高性能，在一些负载级别甚至会产生负面影响。因此，将该参数设置为0，在调度决策时禁用VM间的通信。在不同部署场景中改变这些参数前需要小心执行性能测试。你可以在《The CPU Scheduler in VMware vSphere 5.1》这篇技术文章中找到更多关于该参数和其他调度参数的信息。

图5-13为部署图（也就是，虚拟机与底层vSphere主机之间的部署关系）。在vSphere主机1中部署了应用服务1、应用服务3、RabbitMQ1、集成服务1和SQLFire 1 VM。在vSphere主机2中部署了应用服务2、应用服务4、集成服务2、RabbitMQ 2和SQLFire 2 VM。表5-3展现了这些VM的实际配置和存储大小。

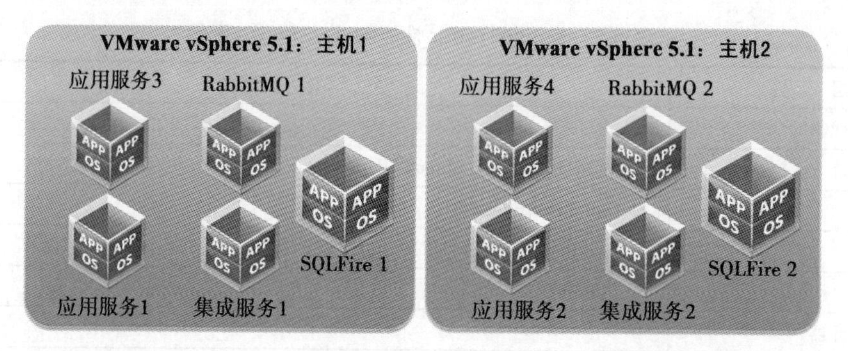

图5-13 用于性能测试的SpringTrader拓扑结构中，反映了VM及其底层vSphere主机的分布

表5-3展示了图5-13中每台VM的配置。

表5-3 虚拟机配置

组件	详情
所有虚拟机	
操作系统	Red Hat Enterprise Linux 6 Update 3, x86_64
虚拟NIC	VMXNET 3
SCSI控制器	Paravirtual
应用服务（图5-13中应用服务1、2、3和4）	
Servlet容器	VMware vFabric tc Server，Version 2.8.1

（续）

组　件	详　情
vFabric tc Server 配置	使用 Tomcat JDBC 连接池，最大连接数为 111 使用 tomcatThreadPool，maxThreads 为 100 使用 NIO HTTP 连接器
JVM	Oracle HotSpot JDK 1.6.0_37 64 位
JVM 选项	–Xmx640m -Xms640m –XX:+UseLargePages –XX:+AlwaysPreTouch
vCPU	2
内存	1GB
集成服务 VM（图 5-13 所示集成服务 1 和 2）	
Servlet 容器	VMware vFabric tc Server，Version 2.8.1
vFabric tc Server 配置	使用 Tomcat JDBC 连接池，最大连接数为 111 使用 tomcatThreadPool，maxThreads 为 100 使用 NIO HTTP 连接器
JVM	Oracle HotSpot JDK 1.6.0_37 64 位
JVM 选项	–Xmx256m -Xms256m –XX:+UseLargePages –XX:+AlwaysPreTouch
应用级别调优	增加 Spring Integration AMQP 入站通道适配器中的消费者并发数量，从 10 增加到 50
vCPUs	2
内存	768MB
AMQP 消息服务器 VM（图 5-13 所示 RabbitMQ 1 和 RabbitMQ 2）	
消息服务器	VMware vFabric RabbitMQ,Version 3.0.1
vCPUs	2
内存	2GB
RabbitMQ 配置	vm_memory_high_watermark 设置为 0.7
其他配置详情	SpringTrader AMQP 队列做了镜像，以保证高可用性。 SpringTrader AMQP 队列是持久化的
SQLFire VM（图 5-13 所示的 SQLFire 1 和 2）	
数据库服务器	VMware vFabric SQLFire,Version 1.0.3
JVM	Oracle HotSpot JDK 1.6.0_37 64 位
JVM 选项	按照 VMware vFabric SQLFire 的最佳实践指导，需做出以下变化：–Xmx90g –Xms90g –XX:+AlwaysPreTouch
vCPUs	8
内存	94GB
其他配置详情	为了实现高可用性，SpringTrader 数据库模式中的所有表都是复制或分区的，并进行了冗余

5.3.2 SpringTrader 性能研究结果

图 5-14 左侧纵轴为用户数量，横轴为应用服务的 VM 数量，右侧纵轴为一个应用服务 VM 的扩展比例。通过这个配置，能够实现大约每秒 3000 个事务，用户会话为 10 400。更值得一提的是 SpringTrader 能够实现每秒 3000 个事务，同时仍然维持 0.25 秒的响应时间，如图 5-15 所示。

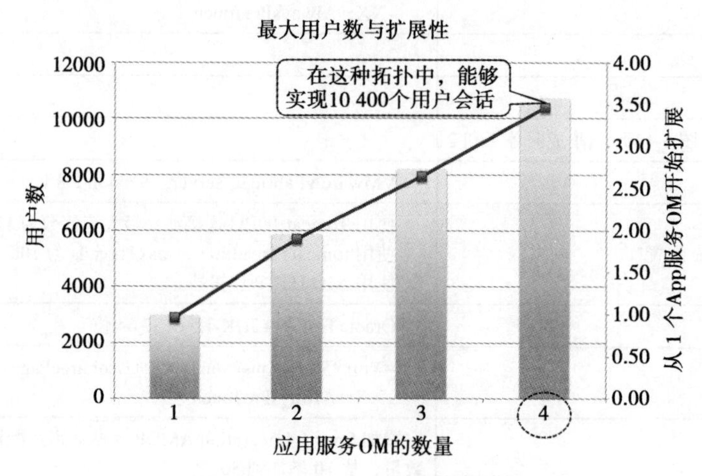

图 5-14 SpringTrader 性能结果

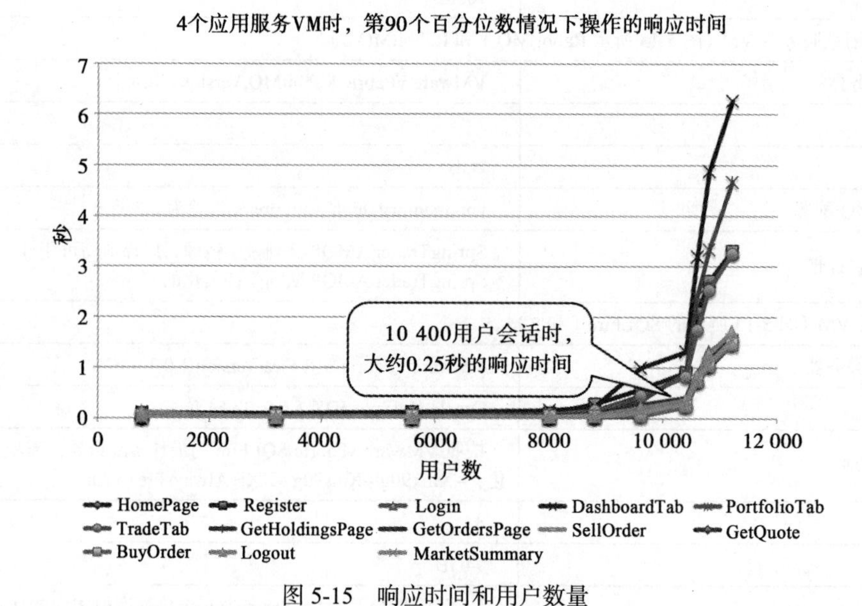

图 5-15 响应时间和用户数量

5.4 ESXi 3、ESXi 4.1 和 ESXi 5 的性能差异

当考虑虚拟化大规模的 Java 平台时，很重要的一点就是使用最新的 hypervisor。Java 平台能够在早期版本上执行，事实上，它们在 ESXi 4.1 上运行得很好，在 ESXi 3.5 上也有不错的性能。但是新版本会有很多的改进，设计师应该充分利用这些改进。

了解这些改进很重要，但是在检查底层硬件时也要注意到它们的实际限制。在大多数情况下，这些配置有最大值，尤其是 vSphere 5.1，它们直接运行在底层硬件之上。

例如，如表 5-4 所示，对于 vSphere 5.1，一个 VM 可以设置为 64 个 vCPU，但大多数底层硬件不会有这么多的核心，最常购买的 ϕ 主机其核心在 16 ～ 40 个 ϕ 之间 。

表 5-4 VI3、vSphere4 和 vShpere 5.1 的配置最大值

特　性	VI3	vSphere 4	vSphere 5.1
虚拟机 CPU 数量	4 vCPU	8 vCPU	64 vCPU
虚拟机内存最大值	64GB	255GB	1TB
主机 CPU 核心最大值	32 核心	64 核心	160 核心
主机内存最大值	256GB	1TB	2TB
每个 ESX/ESXi 能够启动的 VM 的最大值	128	256	512

你有时候可能会规划一个很大的 VM，基本上占满了整台主机。只有在对物理主机性能进行比较，试图确定虚拟化开销时，这种做法才有意义。在大多数情况下，VM 的 vCPU 数量最高应该配置成和 NUMA 节点上的物理核心数一样多。当然这里假设每个 vCPU 将占据整个物理核心，因为你可能会有依赖于 CPU 的工作负载。然而，如果工作负载不是那么依赖于 CPU 的话，你可以分配更多 vCPU，可以大于底层物理核心数或 NUMA 节点，因为工作负载不是那么紧凑（aggressive），因此 vCPU 可能依然会转换为 NUMA 节点内同等数量的物理核心。CPU 的过量使用（overcommitment）完全依赖于工作负载的特性。若启用了超线程（hyperthreading，HT），应该假设 vCPU=1.25 pCPU，其中 pCPU 是底层 vSphere 主机的物理核心。

类似的情况也适用于存储。VM 所能配置的最大内存应该在 NUMA 节点之内，并且要减去之前所讨论的开销。

VI3 和 vSphere4 间的关键差异在于 CPU 调度和存储增强，将在以下的章节中介绍。

5.4.1 CPU 调度改进

对于 CPU 调度，改进重点如下所示：

- 宽松的 vCPU 协同调度，这是在 ESX 早期版本中引入的，对其进行了进一步优化，尤其是针对 SMP VM。

- ESX 4.0 调度器采用新的粒度更细的锁，这样在需要频繁调度决策时，减少了调度开销。
- 新的任务调度器能够感知处理器的缓存拓扑结构，并且会考虑处理器缓存架构来优化 CPU 的使用。

- 对于 I/O 密集型的工作负载，中断传送（interrupt delivery）以及相关的处理成本占据了虚拟化开销的很大一部分。之前的调度器增强在很大程度上提升了中断传送和相关的处理效率。

5.4.2 内存增强

VM 中硬件辅助内存虚拟化管理（hardware-assisted memory virtualization management）与物理化机器的差异是一个关键点：

- 虚拟内存地址转换。Guest 的虚拟内存地址首先通过 Guest 操作系统的页表（page table）转换为 Guest 的物理地址，最后再转换为机器物理内存地址。后一步操作由 ESX 使用每个 VM 的一组影子页表（shadow page tables）来完成。
- 创建和维护影子页表会增加 CPU 和内存开销。

现在的增强使用一个基于硬件的内存管理单元（hardware-based memory management unit，MMU），大大提高了内存吞吐量，如图 5-16 所示。Apache Compile 大约提高了 55%，Citrix XenApp 提高了 30%，SQL Server 提高了 12%。

在 vSphere 4 中也有很重要的网络驱动优化，如图 5-17 所示。根据 VM 数量的不同，网络传输吞吐量的提升从 18% ~ 85% 不等。

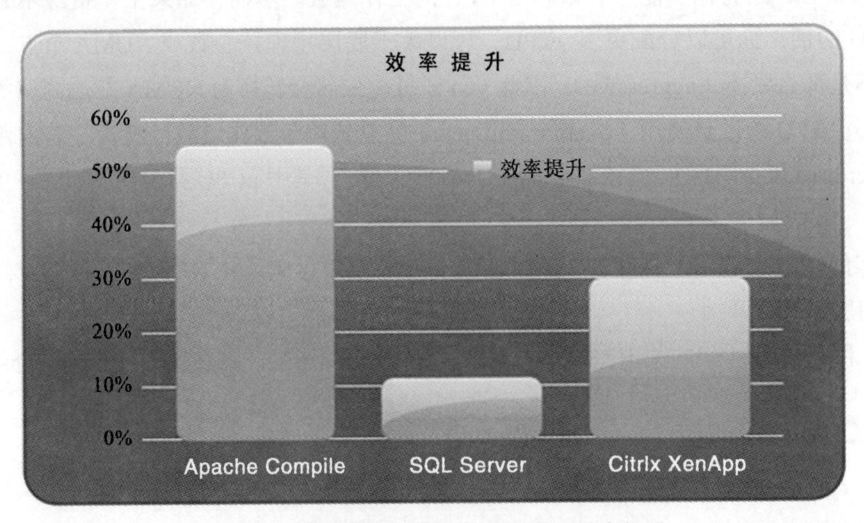

图 5-16 使用硬件辅助内存所带来的效率提升

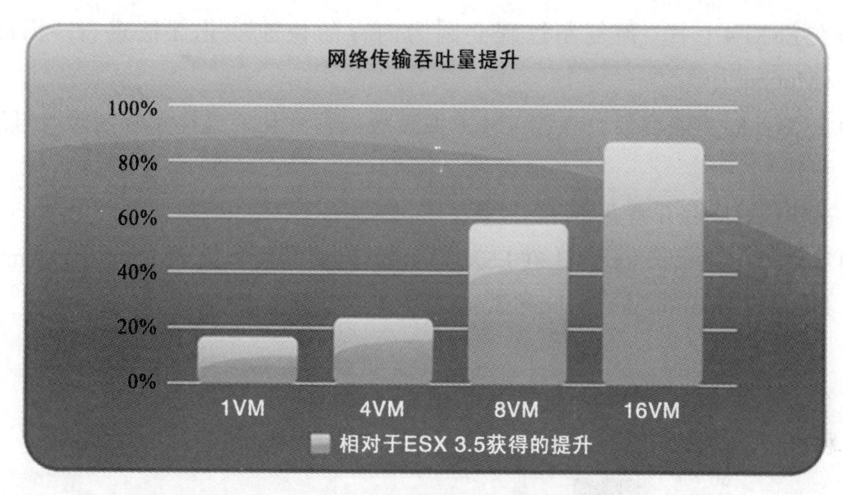

图 5-17 vSphere 4 所带来的网络传输吞吐量提升

5.5 vSphere 5 性能提升

在 vSphere 5 中，主要的改进在于提高 VMotion 的吞吐量。在查看提升的性能图表前，很重要的是要理解 VMotion 的三个阶段，如下所示：

- **阶段 1（Guest 跟踪阶段）**：轨迹放置在 Guest 内存分页中，跟踪在迁移过程 Guest 所做的任何修改。
- **阶段 2（预复制阶段）**：
  - 在准备阶段，初始化所有从源地址到目的地的复制。
  - 迭代式地将改变的内存从源地址复制到目的地。
- **阶段 3（替换阶段）**
  - 源端的 VM 暂时停顿，最后一组内存更改被复制到目的地，并且 VM 在目的地恢复。
  - 在这个阶段，Guest 会暂停功能处理。
  - 通常持续时间不到一秒，然而这可能会导致延迟的突然增加。

功能提升如下所示：

- vMotion 使用多个网络适配器的能力
- 能够感知延迟的 Metro vMotion，它提高了长延迟行为的性能，并增加了往返操作（round-trip）所能承担的时间极限，从 5 毫秒增加到 10 毫秒。
- Stun During Page Send (SDPS) 确保 vMotion 不会因为内存收敛性（convergence）的原因失败：

    ○ 在 ESXi 4.1 中，预复制过程会因为内存的快速变化无法进行，因此会导致 vMotion 失败。
    ○ ESXi 5 的功能增强会在源 VM 方面减缓内存变化，这样预复制阶段可以收敛得更快。
- 在减少内存跟踪开销方面得到显著改善：
    ○ 在 ESXi 5 中，vMotion 比在 ESX 4.1 中快得多。可以查阅 http://www.vmware.com/files/pdf/ vmotion-perf-vsphere5.pdf 性能论文，并参考图 5-18。

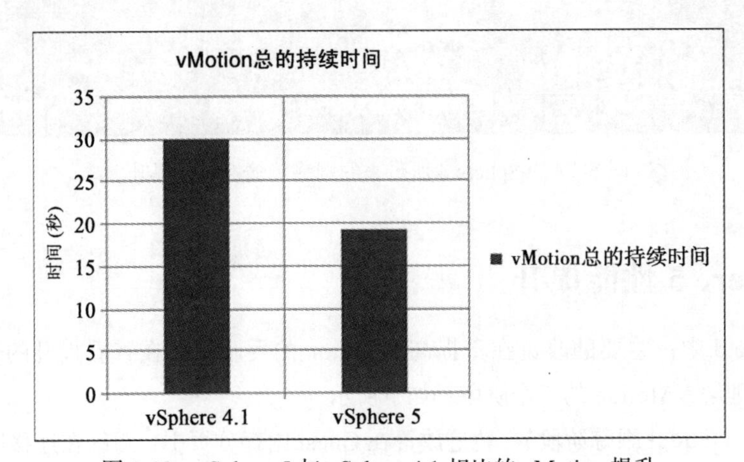

图 5-18 vSphere 5 与 vSphere 4.1 相比的 vMotion 提升

- SPECWeb2005，12L 用户（产生 6Gbps 流量），12GB RAM 的 4-vCPU VM。
- vMotion 持续时间方面增强了 37%。

注意 存储 I/O 和网络 I/O 增强了 5 倍，另外调度器也提升到能处理 32 个 vCPU，特别是减少了空闲 CPU 的影响。最后在 vSphere 5.1 中，每个虚拟机能够实现每秒 100 万个 I/O 操作（IOPS），并且实现了 40Gbps 以上的网络吞吐量。

5.6 本章小结

本章涵盖了各种性能研究案例，表明虚拟化 Java 平台可以在很大的规模上运行。事实上，一些虚拟的 Java 平台每秒钟能够执行成千上万的事务，运行一些高负荷的交易平台。

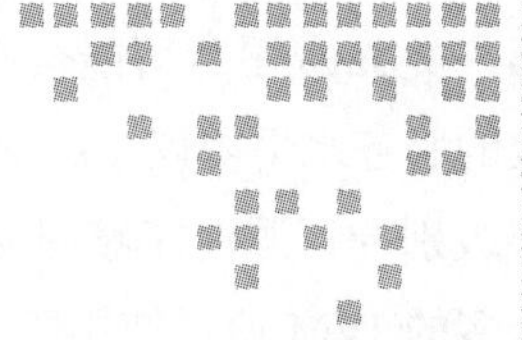

第6章 Chapter 6

最佳实践

本章介绍了针对第一类、第二类以及第三类 Java 平台的最佳实践：

- **第一类（大量的 JVM）**：在这一类中，成百上千个 Java 虚拟机（Java Virtual Machine，JVM）会被部署到 Java 平台上，这些 JVM 通常会作为系统的一部分，服务于百万级的用户。我曾经见过有些客户有多达 15 000 个 JVM。当处理几千个 JVM 实例时，你必须要考虑管理成本以及是否有机会合并 JVM 实例。
- **第二类（具有大规模堆空间的 JVM）**：这一类通常会有数量更少的 JVM（1 ～ 20），但是单个 JVM 的堆空间很大，范围在 8 ～ 256GB 甚至更大。通常这样的 JVM 中有内存数据库部署在上面。在这种类型中，垃圾回收（garbage collection，GC）调优会变得极其重要。
- **第三类**：这是前面所述两种类型的组合，可能会有几千个 JVM 运行企业级应用，它们所使用的数据来源于后端第二类的大型 JVM。

图 6-1 展现了第一类工作负载 vSphere 集群的样例，它的特点如下：

- 通常由更小的 JVM 组成，典型情况下堆空间不超过 4GB，因此总的 Java 进程内存是 4.5GB，0.5GB 空间留给 OS，所以虚拟机总共将需要预留 5GB 的内存。
- 通常部署在少于 96GB 物理 RAM 的 vSphere 主机上，因为随着你不断堆积 JVM 实例，在充分利用所有的物理 RAM 之前，可能就已经达到了 CPU 的功能边界。例如，如果你选择使用 256GB RAM 的 vSphere 主机（256/4.5GB=>57 JVM），这显然会达到 CPU 的功能边界，因为有太多的 GC 周期了，可能在某个时间点有 57 个 GC 线程竞争 CPU 资源。

- 通用的实践是每个 VM 上有多个 JVM，有时称之为在 VM 上垂直叠加 JVM。
- 因为第一类 Java 平台可能会有上千的 JVM 来管理计算资源的分配，资源池有助于维护一致的服务水平协议（service level agreement，SLA）。例如，如图 6-1 所示，黄金和白银级别的资源池能够服务于具有不同优先级的业务线（line of business，LOB）。数量众多的 JVM 使得使用资源池成为很必要的事情。

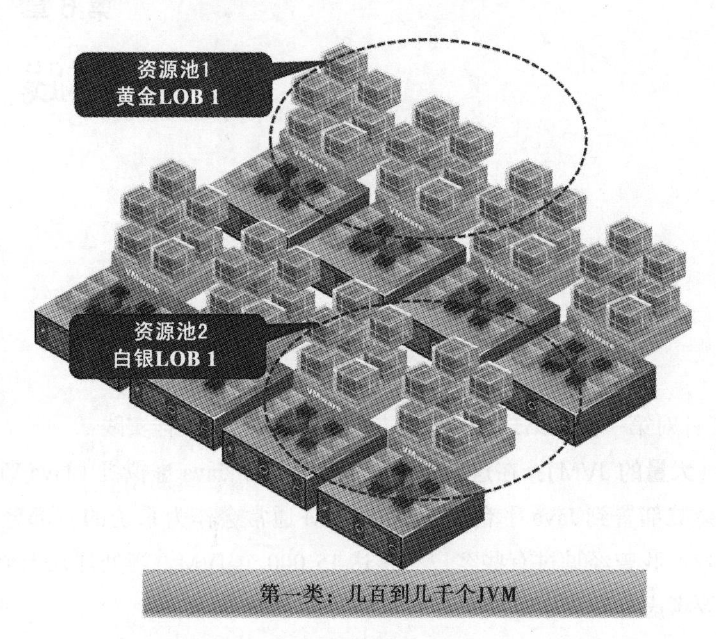

图 6-1　第一类 Java 平台的 vSphere 集群样例

图 6-2 展现了第二类负载的样例，它的特性如下：

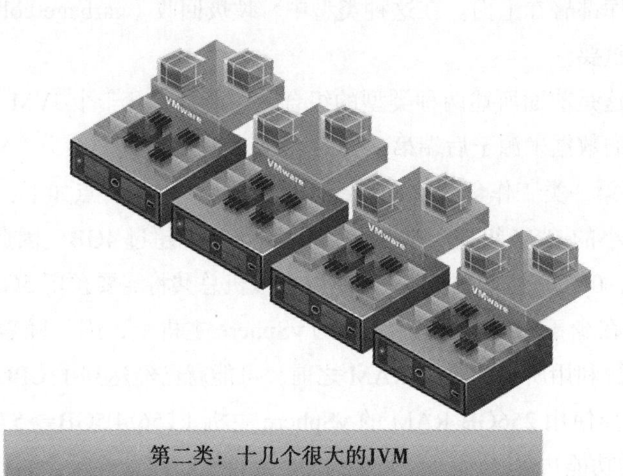

图 6-2　第二类 Java 工作负载的 vSphere 集群

- 第二类的 vSphere 集群通常会少于 20 个 JVM。
- JVM 通常会比较大（32 ～ 128GB）。
- 通常在每个非一致内存架构（Non-Uniform Memory Architecture，NUMA）节点上部署一个 VM，并且规模大小要调整得恰到好处。
- 每个 VM 上只有一个 JVM，避免在 VM 上堆积 JVM。
- 选择双插槽的 vSphere 主机并为其安装足够的内存（128 ～ 512GB）。这样相对于花费同等成本的 RAM，能够最大化 NUMA 存储。
- 第二类工作负载的样例是内存数据库，如 SQLFire 和 GemFire。
- 使用延迟敏感性的最佳实践，即在物理网络接口卡（pNIC）和虚拟接口卡（vNIC）上禁用中断合并（interrupt coalescing）。
- 应该使用专用的 vSphere 集群，因为每个 vSphere 集群都需要禁用中断合并，共享相同集群的其他工作负载并不一定能够从这个配置中受益。因此，建议的做法是使用专用的 vSphere 集群。

在第三类中，因为是第一类的 vSphere 集群访问第二类的 Java 平台（如图 6-3 所示），要将各自的最佳实践恰当地应用到对应类型的 vSphere 集群中。

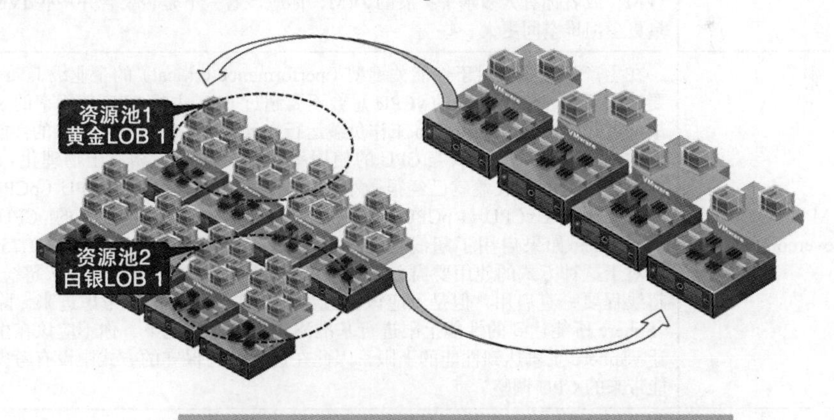

图 6-3　第三类 Java 负载的 vSphere 集群

6.1　vSphere 上企业级 Java 应用的最佳实践（第一类）

本节列出了适合第一类虚拟化 Java 平台的最佳实践（BP）。

6.1.1　VM 规模大小以及配置的最佳实践

企业级 Java 应用是高度个性化的，因此必须要进行性能测试以确定最佳的规模。

根据全面的性能测试来模拟生产环境下的工作负载，进而确定 VM 所需的 vCPU、内存以及需要多少个 JVM。根据垂直扩展（纵向扩展）性能测试所形成的 VM 也被称为基础 VM（building block VM）。基础 VM 很一种很好的候选模板，可以基于它横向扩展（水平扩展）VM。

6.1.2 VM vCPU 的最佳实践

表 6-1 VM vCPU 的最佳实践

最佳实践	描　述
BP16：通过性能测试确定 VM 的大小以及 VM 与 JVM 的比率	建立工作负载的概要文件并执行负载测试以测量特定大小的 VM 上能够放置多少个 JVM。在这个测试中，建立最佳的案例场景以确定在特定配置中可以完成多少个并发事务，确定之后该配置就可以安全地作为应用集群水平扩展的候选模板。如果有疑问的话，这可能是要因为时间压力也可能因为应用信息的匮乏，那就假定采用 1-JVM 与 2-vCPU 的比率。你可以通过 1 个 VM 部署一个 JVM 的方式实现，也可以将 2 个 JVM 部署在具有 4 个 vCPU 的 VM 上。不管是哪种方式，都遵循了 1-JVM 与 2-vCPU 的比率。如果你所部署的 JVM 完成工作的数量确实比较多的话，你会发现 GC 周期会全部占有一个 vCPU，正常的用户事务会需要一个额外的 vCPU。在部署之后，如果你发现按照 1-JVM 与 2-vCPU 的比率，CPU 的利用率很低，你可以调节这个比例，要么增加 JVM 实例，要么减少 vCPU，还可以增加 JVM 的堆空间大小。如果 CPU 的使用率确实非常低，那么这意味着你并没有充分利用你所部署的 JVM，或者你有太多水平扩展的 JVM，你应该看一下是否要合并一些 JVM，使其数量更少但堆空间更大一些
BP17：VM vCPU CPU 的过量使用（overcommit）	在生产环境中，对于性能关键型（performance-critical）的企业级 Java 应用来说，要确保所有 VM 所分配的 vCPU 总数不要超过 ESX 主机 CPU 使用率的 80%。这个最佳实践由第 5 章的“Olio 工作负载运行在 tc Server 和 vSphere 上的性能研究”小节中的内容作为支撑，当 CPU 的使用率达到 80% 时，相对于物理化 / 原生场景，虚拟化所带来的收益就已经很微小了。当计算 vCPU 与物理 CPU（pCPU）的比例时，要假设 1 vCPU=1 pCPU，但是要根据实际观察到 / 已使用的 pCPU 使用率调整 vCPU。如果启用了超线程（hyperthreading），要假定 1 vCPU<=1.25pCPU，但是对于这种方式的使用要当心，因为并不是所有的工作负载都会从超线程中获益。超线程要一直启用，但是不应该将过量使用作为计算因素考虑进来，除非你要对 vSphere 所能达到的性能上限进行基准测试。一般情况下，你不应该在生产环境下让 vSphere 主机达到性能的上限，因此在这种较为保守的方式中没有考虑超线程所能带来的 CPU 调整
BP 18：对于 VM vCPU，不要超量使用不必要的 CPU	比如说，你的性能负载测试确定对于 70% 的 CPU 使用率来说，2 个 vCPU 就已经足够了，如果你为 VM 分配了 4 个 vCPU，那么有 2 个可能会是闲置的，这并不是理想的做法。如果无法获知精确的工作负载，初始为 VM 设置一个较小数量的 vCPU，稍后按照需要再进行添加。VM 中最优的 vCPU 数量是取决于工作负载的，但是最初时一个较好的方案是 VM 的大小与底层 NUMA 节点 / 插槽核心的大小一致。或者，让 VM 的大小小于 NUMA 节点并按照均等可重分的方式来进行划分。例如，如果你的 vSphere 服务器有 2 个插槽，每个插槽有 8 个核心，你的配置可选方案可以是 2 个 VM，每个 VM 有 8 个 vCPU，或者 4 个 VM，每个 VM 有 4 个 vCPU 或者 8 个 VM，每个 VM 有 2 个 vCPU 或者 16 个具有 1 个 vCPU 的 VM。在生产环境中，如果 VM 具有 1 个 vCPU，并且部署了 4GB 堆大小的 JVM，那么它的扩展性可能不会很好，我们通常（如前所述）会为 Java 应用至少分配 2 个 vCPU。如果按照这些配置你发现物理核心的 CPU 利用率比较低，那么意味着你可以增加 vCPU 的数量，使其超过底层核心的数量，但是这样的做法要格外小心，并且要关注工作负载在高峰时期的行为

6.1.3　VM 内存划分的最佳实践

为了理解如何为 VM 划分内存大小，你必须要理解 Java 的内存需求以及内存中的各个部分。图 6-4 和公式 6-1 阐述了这些不同的内存区域。

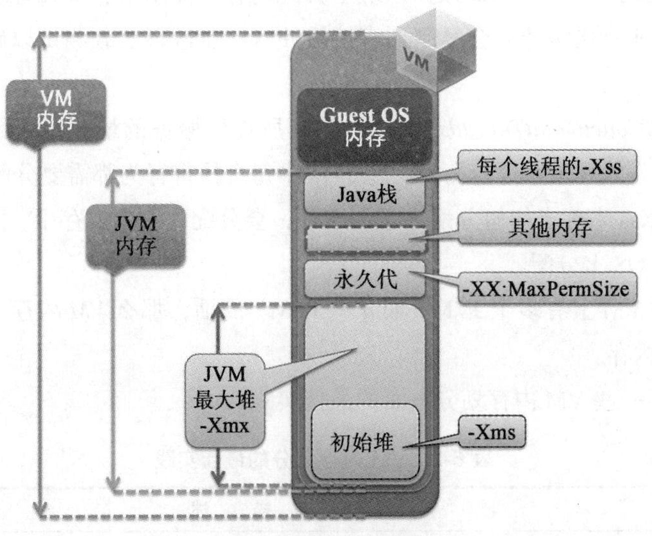

图 6-4　一个 VM 上部署单个 JVM

> *VM* 内存 = *Guest OS* 内存 + *JVM* 内存
>
> *JVM* 内存 =
>
> *JVM* 最大值 (–Xmx 的值) +
>
> *JVM* 永久代大小 (–XX: MaxPermSize) +
>
> *NumberOfConcurrentThreads* * (–Xss) +“其他内存”

公式 6-1　VM 和 JVM 的内存需求

在这里：

- *Guest OS* 内存指的是操作系统内存 0.5 ～ 1GB（取决于操作系统以及其他的进程）。
- *-Xms* 初始堆内存。
- *-Xmx* 是 JVM 最大堆内存。
- *-Xss* 指的是 Java 线程栈的大小。默认值取决于操作系统和 JVM（在 Linux OS 上通常是 256K，在 Windows 中可以达到 1MB）。
- *永久代*（Perm Gen）通过 `-XX:MaxPermSize` 设置，是附加于 *–Xmx*（最大堆内存）值的一块区域，它包含了类级别的信息。注意的是，IBM JVM 并不包含永久代区域。在 IBM WebSphere 中，类信息会像其他堆对象那样通过堆来管理。

- 其他内存指的是新 I/O（NIO）缓冲区、即时编译（just-in-time，JIT）代码缓存、类加载器、套接字缓冲区（接收 / 发送）、Java 原生接口（Java Native Interface，JNI）以及垃圾回收（garbage collection，GC）内部信息所需的内存。注意，直接缓冲区（direct buffer）的内容会在 Guest 操作系统上分配内存，而不是在 Java 堆上，对于原生的 I/O 操作，非直接缓冲区会复制到直接缓冲区。要进行负载测试以确定这些缓冲区的影响。
- *NumberOfConcurrentThreads* 指的是 JVM 所提供服务的最大线程数量，通常会通过峰值时并发线程数来进行衡量。在 Java 中每个执行行为都需要分配 Java 线程。通过配置的 –Xss 来确定如何分配，它在堆外，会分配到原生内存中。它是原生内存，所以直接在 OS 上分配。
- 如果你的 VM 上有多个 JVM（如 *n* 个 JVM）的话，那么 *VM 内存 = Guest OS 内存 + N×JVM* 内存。

表 6-2 提供了一些 VM 内存划分方面的最佳实践。

表 6-2　VM 内存划分的最佳实践

最佳实践	描　述
BP19：VM 内存大小	不管你是使用 Windows 还是使用 Linux 作为 Guest OS，参考各个供应商的技术规范来了解其内存需求。通常情况下，Guest OS 会分配 0.5 ～ 1GB 内存，然后再加上 JVM 的内存大小。但是，每个安装的 OS 可能还会有其他的进程运行在上面（如监控代理），所以你还要适应它们的内存需求。 图 6-4 展现了 JVM 和 VM 内存的各个部分，公式 6-1 总结了 VM 划分如下： *VM 内存*（所需的）=*Guest OS 内存* +*JVM 内存*，在这里 *JVM 内存* =*JVM 最大堆*（*–Xmx* 的值）+ *永久代*（–XX: MaxPermSize）+*NumberOfConcurrentThreads**（*–Xss*）+ 其他内存。 *–Xmx* 的值就是在物理服务器上对你的应用进行负载测试所得到的值。在迁移到虚拟化环境时，尤其是如果这个值是通过负载测试和广泛的产品化应用所得到的，那么这个值不需要进行变更。在部署到 vSphere 时，进行负载测试有助于确定最佳的 *–Xmx* 值。如果你按照我们的一些建议对 JVM 实例的数量进行合理化时，你可能会规划合并额外的 JVM，那么需要增加堆空间（–Xmx）来适应被合并的 JVM。 例如，如果 –Xmx 被设置为 4GB，也就是 –Xmx4g，那么 Java 进程可能会需要 4.5GB（这个数值包含了堆和非堆区域）。然后，OS 至少需要 0.5GB，所以对于具有单个 JVM 的这个 VM 所要预留的内存是 5GB。 如果你在 VM 上有多个 JVM（*n* 个 JVM），那么 *VM 内存* =*Guest OS 内存* +*N*JVM 内存*。 不建议过量使用内存，因为 JVM 是个活跃的区域，对象会不断地被创建和垃圾回收。这样一个活跃的内存区域，需要其内存随时可用。如果过量使用内存的话，会发生内存膨胀（ballooning）和交换（swapping），从而会影响到性能。 EXS 主机提供了两种不同的技术来扩展和收缩分配给 VM 的内存数量。第一个方法被称为内存 *balloon driver*（vmmemctl）。它会从 VMware Tools 包加载到运行于 VM 的 Guest OS 之中。第二种方法涉及将 VM 分页到服务器的交换文件中，完全不涉及 Guest OS。 在页面交换方法中，当你启动 VM 时，会创建对应的交换文件并将其与 VM 配置文件（VMX 文件）放在相同的位置下。只有当交换文件可用的时候，VM 才能启动。当 balloon driver 不可用时，ESX 会使用交换的方式强制回收 VM 内存。balloon driver 可能会不可用，原因可能

（续）

最佳实践	描　述
BP19：VM 内存大小	是 VMware Tools 没有安装或者因为 balloon driver 被禁用或没有运行。处于性能优化的考虑，只要可能，ESX 就会使用 balloon 的方式。但是，如果 balloon driver 临时不能快速地回收内存以满足当前系统需要时，也会使用交换的方式。因为内存被交换到磁盘上，因此当使用交换技术时会有明显的性能损耗。所以，推荐使用 balloon 的方式，但是需要监控以保证当内存过量使用时，它不会被触发。 对于 Java 应用来说，balloon 和交换的方式都应该避免。关于怎样避免 balloon 和交换，参考 BP20：为 VM 所需的内存设置内存预留量
BP20：为 VM 所需的内存设置内存预留量	运行在 VM 上的了 VM 有活跃的堆空间需求，这些内存必须是可用的物理内存。使用 VMware vSphere Client 将内存预留量设置为与 VM 所需的内存相等： *预留（reservation）内存 =VM 内存 =Guest OS 内存 + JVM 内存* 将预留值设置为 VM 所配置的内存总量。 如果你在 VM 上有多个 JVM（*n* 个 JVM），那么 *VM 内存 =Guest OS 内存 + N*JVM 内存*

BP21：使用大内存分页	使用大内存分页（large page）会产生不同的结果，这完全取决于工作负载的特性。有时大内存分页所带来的性能影响范围是 –10% 的降低到 20% 提升。
	大内存分页通过优化对 Translation Look-aside Buffer（TLB）的使用帮助提升性能，在这里会进行物理地址的转换。如果你的 JVM 和 Guest OS 支持的话，可以使用大内存分页。像在物理系统上使用大内存分页一样，你必须通知操作系统和 JVM 你想要使用大内存分页。
	大内存分页需要同时在 Guest OS 和 JVM 级别启用。
	要在 JVM 级别启用大内存分页，对于 Sun HotSpot 来说，要在 JVM 上设置 -XX: UseLargePages 参数。
	在 IBM JVM 上，参数为 -Xlp，在 JRockit 上，参数为 -XXlargepage。
	你还需要在 Guest OS 级别上启用配置。当在 OS 级别启用大内存分页时，要关闭所有可能因为内存重新划分大小而产生不良影响的进程。一个比较简洁的方法就是关闭所有消耗大量内存的主要进程。
	要检查大内存分页的分配情况，使用如下的命令：
	`#cat /proc/meminfo | grep Huge`
	HugePages_Total:0
	HugePages_Fres:0
	HugePages_Rsvd:0
	Hugepagesize:4096kB
	这表明你还没有分配大内存分页，大内存分页的大小被设置成了 4MB。
	例如，想要将 4GB 划分为大内存分页，那么你需要设置 1000 个大内存分页，因为每个分页的大小是 4MB。要分配 1000 个大内存分页，使用如下的命令：
	`#echo 1000 > /proc/sys/vm/nr_hugepages`
	你应该再次使用`#cat /proc/meminfo | grep Huge`来查看这 1000 个分页是否已经真正分配了。有时因为 OS 没有足够的内存，有可能无法分配所有的分页。这意味着正在运行的进程消耗了内存空间，OS 无法锁定这些分页。这时候正确的做法是继续杀掉进程，直到有足够的分页来分配内存为止。
	设置大内存分页要格外小心，因为并不是所有的进程都能使用大内存分页。因此，最好将 Guest OS 可用内存的 60% 设置为大内存分页，而 40% 设置为小内存分页。
	如果在你当前的物理化 Java 部署中没有使用大内存分页的话，那么在虚拟化时，你很可能没有必要开启大内存分页，但是如果大内存分页正确设置的话，能够带来性能的提升。
	大内存分页有时候会带来一定的管理成本（新的 Java 或非 Java 进程可能会部署到 VM 上，也就是 Guest OS 上），你必须要不断地调节大内存分页以适应新的进程。有时候这会带来很高的管理成本并且容易出错，进行过良好优化的系统通常不必启用大内存分页。
	对于 Windows 操作系统，查看一下用户指南，不同版本的步骤会有所差异

6.1.4 VM 时间同步最佳实践

如果 Java 程序需要精确的时间范围或者精确的时间戳（如共享文档以及数据条目的时间戳），那么时间同步就会对 Java 程序带来影响。VMware Tools 包含了可以安装到 Guest OS 中启用时间同步的特性，推荐使用这些工具。表 6-3 提供了时间同步的最佳实践。

表 6-3 VM 时间同步的最佳实践

最佳实践	描述
BP22：使用 NTP 源	使用通用的网络时间协议（Network Time Protocol）源来同步所有的系统。 对于 Linux Guest OS，以下的知识库文章包含了设置的列表： http://kb.vmware.com/kb/1006427。 对于 Windows Guest OS，以下的知识库文章包含了设置的列表： http://kb.vmware.com/kb/1318。 进一步的参考资料，参见：http://www.vmware.com/files/pdf/techpaper/Timekeeping-In-VirtualMachines.pdf

6.1.5 垂直扩展性的最佳实践

如果部署在 vSphere 上的企业级 Java 应用 CPU 使用率过高，并且你准备增加 vCPU 来解决这种负载饱和的状态，那么你可以使用 vSphere 的热添加（hot add）功能增加额外的 vCPU。表 6-4 描述了垂直扩展性的最佳实践。

表 6-4 垂直扩展性的最佳实践

最佳实践	描述
BP23：热添加或移除 CPU/ 内存	确认你所使用的 Guest OS 版本是否支持热添加和移除 CPU 与内存。 因为 Java 进程不能立即使用所有可用的 CPU，所以最好避免使用热添加 CPU。在 Java 进程中，老年代和非堆区域的 GC 周期可能会使用热添加的 CPU，但是这并不是可预期的，在生产环境的系统中这并不是最佳实践。如果 VM 在 Java 进程外需要额外的 CPU（例如，其他进程使用），那么或许可以使用 CPU 热添加功能。 因为在 Java 平台中，尤其是第一类应用负载中，会有数量很多横向扩展的应用副本，位于众多的 JVM 之中，因此最好的办法是使用负载均衡层将需要重新配置的 JVM 从分布式系统中移出，然后调整它的配置，最后再将其放回负载均衡池中。 在 Java 堆的新生代区域，–XX: ParallelGCThreads=<nThread> 控制着并行回收已死的 Java 对象的工作者线程数量。如果你决定在这里要额外分配线程的话，也就是需要额外的 vCPU，热添加的方式是不可行的。这是因为，任何对 Java 命令行的变更（例如，修改 –XX: ParallelGCThreads）都需要重启 JVM。 修改 Java 的内存分配需要修改 -Xmx，也就是最大的堆空间，也需要重启 Java 进程。因此，热添加内存的方案并不推荐使用，而更为健壮的方案是将出现问题的 JVM 在负载均衡池中移出，重新配置，然后重新添加到池中。 VM 的 Guest OS 如果支持热添加 CPU 和内存的话，那么可以利用这一能力在运行时，不打断 VM 操作的情况下修改 VM 配置。如果你想增加 VM 处理访问流量的能力，这种方式特别有用。需要注意的就是前面所提到的，如果需要重新配置 JVM 命令行选项，重启 JVM 是不可避免的。 事先规划并启用这一特性。VM 必须关闭以启用热插拔功能，但是一旦启用之后，你可以在运行时热添加 CPU 和内存，而不用关闭 VM（当然需要 Guest OS 的支持）

6.2　水平可扩展性、集群以及池的最佳实践

部署在VMware vSphere上的企业级Java应用能够从vSphere的水平可扩展性中受益，包括使用vSphere主机集群、资源池、主机关联性（host affinity）、分布式资源调度（Distributed Resource Scheduler，DRS）。尤其是对于第一类的JVM工作负载，可能会有成百上千个JVM，能够灵活转移VM是一项关键的特性，它能够帮助你更为健壮地管理这样的系统。表6-5描述了水平可扩展性、集群以及池的最佳实践。

表6-5　水平可扩展性、集群以及池的最佳实际

最佳实践	描　述
BP24：使用vSphere主机集群	为了启用更好的可扩展性，使用vSphere主机集群。 在第一类的JVM工作负载中，如果JVM的规模非常小（比如，少于100个JVM），那么这可能会是一个与其他类型的工作负载共享的集群。如果客户只有几百个VM，那么共享集群通常是标准的做法。但是，正如你所看见的那样，更为典型的第一类工作负载会有上千的JVM和VM，此时就会出现使用专用vSphere主机集群的需求。 对于更大的第一类工作负载，考虑使用专用的vSphere集群就是很重要的事情了。在这些专用的vSphere集群中，你可以有统一的VM规模大小以及各种服务等级以满足特定的SLA需求。这也被称之为基于技术栈的专用vSphere集群（在本例中，也就是Java集群）。这些Java vSphere集群会有专门的管理团队，他们非常熟悉Java应用。 理解这种专用vSphere集群的一种方式就是将其匹配到技术栈。例如，如果你有专用的Java vSphere集群，这些集群中所管理的多个资源池可以视为匹配到每个LOB的子集群。 当创建集群时，启用VMware高可用性（high availability，HA）以及VMware DRS： VMware HA：对于运行在集群中的VM，能够探测到失败并且会提供快速恢复功能。核心功能包括主机监控和VM监控，从而最小化停机时间。 VMware DRS：启用vCenter Server来管理主机，使其成为聚集的资源池。集群资源可以为用户、群组以及VM划分为更小的池。它启用vCenter自动管理VM如何分配在主机上、VM启动时所在的位置并且会迁移正在运行的VM以实现负载均衡且遵循分配策略。 启用EVC（针对Intel和AMD）。EVC指的是Enhanceed vMotion Compatibility。它会配置一个集群及其主机来最大化vMotion的能力。当EVC启用时，只有能够与集群兼容的主机才会添加到集群中。 如果可行的话，最好要使用专用的vSphere主机
BP25：使用资源池	在集群中可以使用多个资源池来管理所消耗的计算资源，这是通过在资源池中为VM储存所需的内存或者限制/约束其到一个特定的等级实现的。这个特性也能帮助你满足服务质量以及其他的一些需求。 例如，你可以为业务不算特别重要的应用创建Tier 2资源池，并为业务非常关键的应用创建Tier 1资源池
BP26：使用关联性规则	除了已有的非关联性（anti-affinity）规则，在vSphere 4.1中引入了VM-HOST关联性规则（affinity rule）。VM-HOST关联性规则提供了一种功能可以将VM放到集群中主机的一个子集里面。这对于独立软件供应商（Independent Software Vendor，ISV）许可证的需求非常有用。可以制定规则让vSphere主机上的VM位于不同的刀片（blade）上，以实现更高的可用性。相反的，如果VM之间的网络传输需要优化，那么可以将vSphere主机限制到一个刀片上，这样它们会在同一个支架（chassis）上。

（续）

最佳实践	描　述
BP26：使用关联性规则	鉴于特定应用服务器供应商的许可证结构，你可能需要创建更小的vSphere主机集群来控制许可证成本。这样的vSphere集群最后通常都会形成特定技术专用的集群（也就是，基于Java的专用集群，将众多的Java工作负载合并到少量的一组vSphere集群中）
BP27：使用能够与vSphere集成的负载均衡器	vSphere能够很容易在运行时添加资源如主机和VM。我们可以预先准备好这些资源。但是，更为简单的办法是使用可以与vSphere应用编程接口（API）集成的负载均衡器，它能够探测到新增的VM并将其添加到负载均衡池中，而且这个过程无须停机

6.2.1 分层之间配置的最佳实践

到目前为止，很多的讨论都是以Java进程为中心的，但是还有一些其他的考量因素，还有其他的分层。实际上，存在4个分层：负载均衡层、Web服务器层、Java应用服务器层以及DB服务器层。每层对于计算资源的配置必须能够平衡地传递到下一个分层。例如，如果Web服务器层的配置是每秒钟处理100个HTTP请求，对于这些请求你必须要确定使用多少Java应用服务器线程，对应着又需要多少JDBC池配置中的DB连接。表6-6描述了分层之间配置的最佳实践。

表6-6　分层之间配置的最佳实践

最佳实践	描　述
BP28：建立线程之间的比率以防止出现瓶颈（HTTP线程：Java线程：DB连接的比率）	这是HTTP线程、Java线程和DB连接之间的比率。 初始构建时，假设各层之间HTTP线程：Java线程：DB连接之间的比例为1:1:1，然后根据响应时间以及吞吐量调整相应的属性，直到满足SLA目标为止。 例如，假设你最初有100个HTTP请求要提交到Web服务器上，假定所有的请求都会与Java线程交互，并且依次会与DB连接交互。当然，在你实际的基准测试中，你会发现并不是所有的HTTP线程都会提交到Java应用服务器上，而且并不是所有的Java应用服务器线程都需要DB连接。也就是说，你会发现100个请求的比率可能会变为100个HTTP线程：25个Java线程：10个DB连接，这取决于你企业级Java应用行为的特征。基准测试会帮助你建立起这种比率。 配置独立的Web服务器池，这个池中包含了足够数量Web服务器实例，它会与第二个池交互，第二个池中会包含Java应用服务器的成员VM。这能保证在Web服务器和Java应用服务器上都有最佳的水平可扩展性
BP29：Apache Web服务器的规模	在httpd.conf中，你可以设置各种指令，如StartServers、MinSpareThreads、MaxSpareThreads、ServerLimit、MaxClients以及MaxRequestsPerChild。当设置Apache进程的数量时，要确定预留多少内存，要理解上述的每一条指令。 MaxClients：这是Apache实例所能够服务的并发请求数量。超过这个限制的请求将会放到队列中排队，队列的长度由Listendbacklog指令确定。 MaxRequestsPerChild：该指令设置了单个子服务器进程能够处理的请求数量。当达到MaxRequestsPerChild设置的值后，子进程会消亡。如果MaxRequestsPerChild设置为0，那么这个进程将不会过期。 StartServers：该指令设置了启动时所创建的子服务器进程的数量。因为进程的数量是通过负载动态控制的，因此基本上没有必要设置这个参数

（续）

最佳实践	描述
BP29：Apache Web 服务器的规模	MinSpareThreads：用来处理请求的最小空闲线程数。不同的 MPM（Multi-Processing Modules，多处理模块）对这个指令的处理方式有所不同。 MaxSpareThreads：最大的空闲进程数，不同的 MPM 对这个指令的处理方式有所不同。 ServerLimit：对于 prefork MPM，这个指令设置了在整个 Apache 进程的生命周期内，所允许 MaxClients 配置的最大数值。对于 worker MPM，这个指令和 ThreadLimit 结合使用设置了在整个 Apache 进程的生命周期内，所允许 MaxClients 配置的最大数值。任何在重启期间对这个指令的改变都将被忽略，但对 MaxClients 的修改却会生效。 理想情况下，不应该将 Apache VM 与 Java VM 混合在一起，尽管在足够的计算资源时，这样做可能也有一定的道理。 当确定用于 Apache 进程的 VM 大小时，你面临两种选择，一种是最大的可扩展性，也就是遵循横向扩展模式的非常多的 VM，另外一种选择就是适量的 VM。如果采用适量 VM 的方案，最好让 VM 尽可能比较大，不管是在内存还是在 vCPU 维度，都要使其接近 NUMA 节点的规模。因此，遵循每个 NUMA 节点 1 个 VM 的最佳实践。这样也能节省分配给 Guest OS 用于内存复制的数量，从而为 Apache 进程留下更多的内存来处理更多的请求。 为了计算运行 Apache 的 VM 需要多少内存，使用如下的方法： *MaxClients =（可用的 RAM －非 Apache 进程的数量）/ Apache 进程的数量* 例如，如果你的 vSphere 主机有 48GB 的 RAM，并且有 2 个插槽，每个插槽上有 8 个核心，那么使用第 1 章中的公式 1.2：每个 VM 可用的内存也就是（48GB * 0.99）－ 1GB）/ 2 => 23.26GB，你还可以为 Guest OS 分配 0.5GB。这表明有 (23.26 － 0.5) => 22.76GB 可用的内存预留给 VM。我们假设部署在这个主机上的 VM 恰好适配 NUMA。在本例中，也就是主机会有 2 个 VM，每个预留 23.26GB 内存和 8 个 vCPU。 在本例中使用 Apache MaxClients 公式就是（23.26 －*非 Apache 进程的数量*）/ *Apache 进程的数量*。将 OS 使用的内存考虑进来的话，那么就是（23.26 － 0.5 －*非 Apache 进程的数量*）/*Apache 进程的数量*。 为了查找 Apache 进程的数量，使用如下的方式： ps –y|C httpd –sort:rss，以获得进程的数量，除以 1024 以获得以兆为单位的数值。 为了探查 Guest OS 整体的内存和 CPU 状况，使用如下的方式： free -m 来获取整体的缓冲 / 缓存情况 Vmstat 2 5 来获取正在运行的、阻塞的、等待的以及交换进程的数量。 根据上面 MaxClients 计算所得到的值（通过使用 Apache MaxClients 公式），因为它依赖于 Apache 进程所使用的内存，所以你可以确定一个更好的 StartServers 值。假设 StartServers 为 50，并假设有 50K 并发用户。每个用户会使用一个线程，这意味着会有 50K 个线程（在这里假设的是最坏的情况，否则的话数量会少一些）：50K / 16VM => 每个 VM 接受 3125 个请求，这意味着每个 Apache 实例要接受 3125 个请求并且要有相等数量的线程等待服务于这些调用。这将转换为 64 个线程，因此 ThreadsPerChild=64，MaxClients 为 3125，并且 MinSpareThreads 和 MaxSpareThreads 均为 3125。毫无疑问，这些数值可以通过增加 / 减少 StartServers 的值来进行调节。可以有众多的进程，每个进程中有少量的线程，也可以有更少的进程，每个进程中有更多的线程。 将 MinSpareThreads 和 MaxSpareThreads 设置为相等。 使用 mod deflate 可能会有助于提升性能。 基于计算，你可以规划需要多少 VM，一般情况下，使用前面讨论的方式划分一组 VM 并进行负载测试来检验 VM 的数量，检查每个进程的内存使用以及在峰值时最大的内存耗用量。这能够帮助你检验在一个 vSphere 主机上划分 2 个 VM 能够达到什么样的

（续）

最佳实践	描　述
BP29：Apache Web 服务器的规模	效果，并据此线性推算出要满足应用的全部访问流量需要以横向扩展的方式使用多少VM。 对于MaxRequestsPerChild，有两种不同的观点。很多人建议将其设置为0，这样Apache就不会产生关闭进程并重新创建新进程的成本了。但是，如果在进程中有线程从来不进行清理（这就是将其设置为0的效果），将会对性能产生影响。所以，将其设置为一个最大的可能值，也就是每个进程所得到的请求数，这会有助于减少内存泄露等问题。在本例中，峰值假设为50K/16VM，并且每个Apache进程最多的StartServers为50。（这会由50 StartServers * 64 ThreadsPerChild=3200，近似到最接近的整百）。但是，需要集合24小时的情况来确定每个子进程（已搭建的50个Apache服务器中的某一个）中所获得进程总数。 ServerLimit的值必须要大于或等于（MaxClient/ThreadsPerChild）。ServerLimit是活跃子线程数量的硬性限制。 ThreadLimit必须大约或等于ThreadsPerChild。它是所允许的线程数量的硬性限制
BP30：负载均衡算法的选择与VM对称性	为Web服务器VM使用一个负载均衡池，为Java应用服务器VM使用第二个池。 当搭建新的应用节点时，建议最少有3个VM，至少分布在3个vSphere主机上以确保更好的可用性。这样做的原因是，如果一个VM或vSphere主机出现故障时，至少还有2个VM或vSphere主机提供健壮的高可用性。毫无疑问，这种构建方式是针对正式的生产环境系统，并且是一个较小版本的active-active架构方式，如第2章中所讨论的那样。为了实现完整的容错性以及全球可用的系统，参考第2章所讨论的Active-Active架构方式。 遵循本书之前所讨论的设计与规模划分指南，在一个池中划分出合适数量的JVM，然后划分第二个针对Web服务器的池。将Web服务器池成员中的访问流量转移到JVM负载均衡器池成员中（也就是Java应用服务器负载均衡池）。 当在Web服务器池成员与JVM池成员之间转发流量时，可能会需要保持session黏性（session stickiness）。大多数Java应用都需要session黏性以满足认证和单点登录的需求，有时AJAX请求也需要黏性。 要考虑到负载均衡器可用的算法。确保当使用横向扩展方式时，所有的VM能够接收到相等数量的访问流量。有些工业级标准的算法包括轮询式（round-robin）、加权轮询式、最少连接、最少响应时间。你最初可能会默认设置为最少连接的方式，然后在负载测试的迭代中进行调整。 让你的VM在计算资源方面保持对称性。例如，如果你使用2个vCPU的VM作为可重复的、水平可扩展的构建模板，那么这会对负载均衡算法有利，相对于池中存在的针对特定应用的非对称的VM，这种对称的方式工作起来更为高效。也就是说，在一个面向负载均衡的池中，如果2个vCPU与4个vCPU混合在一起的话就是非对称的，负载均衡器并不知道其权重，除非你在负载均衡器层进行配置，而这是很消耗时间的事情

6.2.2 vSphere的最佳实践

很重要的一点就是要遵循vSphere的最佳实践，http://www.vmware.com/pdf/Perf_Best_Practices_vSphere5.1.pdf。表6-7提供了一些通用的需要遵循的最佳实践，涵盖了网络、存储以及硬件。

表6-7 vSphere的最佳实践

最佳实践	描述
BP31：vSphere 5.1	通用的vSphere最佳实践记录在http://www.vmware.com/pdf/Perf_Best_Practice_vSphere5.1.pdf
BP32：vSphere网络	将基础设施的访问流量与VM的流量进行分离。要做到这一点可以使用单独物理网络适配器，也可以分离VLAN，这样的话会共享相同的底层物理交换机和网络。确保将所有的VLAN用在所有的pNIC端口上。 使用NIC分组来实现可用性和负载均衡。连接虚拟交换机到2个或更多的pNIC上。 NetIOC提出了资源池的概念，这非常类似于CPU和内存的资源池。NetIOC将访问流量分为6种预定义的类型：vMotion、iSCSI、FT日志、管理（management）、NFS以及虚拟机流量（virtual machine traffic）。 当使用带宽分配时，选择“shares”而不是“limits”，因为在重新分配空闲容量时，shares会有更好的灵活性。如果你担心某种特定类型的流量会产生瓶颈并影响到各种流量类型的话，那么在这种场景下使用limits方式。比如考虑vMotion，你可以在多个vMotion设置一个限制（limit），因为它有可能会占满整个物理网络。 如果在物理层面配置了EtherChannel，那么只能使用静态的方式，不应该使用链路汇聚控制协议（Link Aggregation Control Protocol，LACP）。 如果在物理层面配置了EtherChannel，那么在虚拟层面上必须要在虚拟交换机或虚拟分布式交换机上配置IP hash。 如果可以的话，在物理交换机上启用链接状态跟踪。如果上述做法不可行的话，考虑在虚拟交换机上启用信标探测（beacon probing）
BP33：vSphere存储	**注意**：一般情况下，第一类的Java工作负载更多的是依赖CPU和内存限制，很少受到存储的限制，这一点与数据库有所不同。第二类的工作负载，比如内存数据库，其行为既像Java工作负载又像数据库负载，因此CPU、内存以及存储的最佳实践都很关键。 VMware建议最少有4条从ESX主机到存储阵列的路径（path），也就意味着主机至少需要2个HBA端口。 遵循vSphere存储的最佳实践，参考http://www.vmware.com/files/pdf/techpaper/SAN_Design_and_Deployment_Guide.pdf
BP34：vSphere主机	在BIOS中禁用节能模式。 NUMA的考虑因素：vSphere支持IBM（X架构）、AMD（基于Opteron）以及Intel（Nehalem）的非一致内存访问（Non-Uniform Memory Access，NUMA）系统。在基于Opteron的系统中，如HP ProLiant DL585服务器，BIOS中的节点内存交错（node interleaving）设置确定了系统的行为是按照NUMA系统，还是一致内存访问（Uniform Memory Access，UMA）系统的模式。 默认情况下，vSphere NUMA的调度和相关优化只有在系统中一共至少有4个CPU核心，且每个NUMA节点至少有2个CPU的情况下才会启用。 VM中vCPU的数量等于或少于每个NUMA节点上核心的数量时，VM会由NUMA调度器来管理，并且具有最佳的性能。 硬件BIOS：确认BIOS已经启用了所有安装的插槽以及每个插槽上的所有核心。 如果处理器支持的话，启用turbo模式。 确认在BIOS上启用了超线程功能

6.3 SQLFire 最佳实践以及 vSphere 上 SQLFire 的最佳实践（第二类 JVM 工作负载的最佳实践）

理解第二类工作负载最佳实践的最好方式就是考虑一个具体的例子。在这个场景中，我们将 vFabric SQLFire 假设为第二类工作负载。典型的 SQLFire 工作负载会有十几个 JVM 组成集群，但是它们会有相当大的堆空间（例如，在 8 ～ 12 个 JVM 所组成的集群中，每个 JVM 会达到 32 ～ 128GB）。

前面所讨论的第一类工作负载的最佳实践同样适用于第二类的工作负载，但会有一些值得注意的区别。第一类的工作负载通常会有一个或更多的 vSphere 集群组成，可能是专用的也可能是与其他工作负载共享的。显然，如果 JVM 的密度比较大（500+)，那么肯定会使用专用的集群，这样的话，第一类工作负载会运行在一个专用的 vSphere 集群中，并且不会与其他的工作负载共享。这个第一类工作负载的规则也能适用于第二类的情况，也就是 SQLFire 数据 fabric（数据表格 / 集群）中要放到一个专用的 vSphere 集群中。专用集群的原因在于应用于第二类工作负载的延迟敏感调优在某些情况下，可能会对第一类工作负载产生负面影响。其他要这样做的原因包括第二类工作负载的管理与分类。考虑一下你是如何保护虚拟化 RDBMS（通常会是一个专用的且高度保护的管理区域）的，在 vFabric SQLFire 以及第二类工作负载中，这个规则依然适用。你只希望你的 Java DevOps（Java DBA）来管理和照料这个集群，其他的工作负载可能会有不同的访问模式，因此工作负载的生命周期行为也会有所不同。

其他一个重要的区别因素就是第一类的工作负载会有数量众多的 JVM，因此也就会有更多的 VM，有些场景下在一个 VM 中可能会有多个 JVM。与之相反，第二类的工作负载都是每个 VM 配置一个 JVM。第二类的工作负载通常对延迟敏感并且依赖内存，这就是为什么我们要配置最大的 JVM 和 VM 组合使其适应 NUMA 节点。但是第一类的工作负载更容易依赖 CPU，这是因为高密度的 JVM 造成的（也就是上千的 JVM，每个有自己的 GC 周期，这会在峰值时需要大量的 CPU）。这就是为什么通常我们会看到第一类的工作负载部署在 4 插槽的 vSphere 主机上，而第二类的工作负载通常配置在 2 插槽的主机上。4 插槽的 vSphere 主机可能会有更多的 CPU 核心（相对于 2 插槽的主机），这会对第一类工作负载有所帮助，因为可以为上千个 GC 周期提供足够的 CPU，而第二类工作负载可以从 2 插槽的服务器中受益，因为它会具有大量的 NUMA 内存。第二类工作负载可以充分消耗 NUMA 的内存。

最后一点，第一类工作负载通常会比第二类的工作负载 JVM 更小，但这并不是一定要遵循的规则。不过要说的一点是，相对于第一类工作负载，在第二类工作负载上要花费更大的气力进行 JVM 调优。尤其是如果你让大多数的第一类工作负载都组织为可扩展的 4GB 堆 JVM 实例（4GB 是个特定的值，即便是运行在 64 位的 JVM 上也会自动使用 32 位的压缩空间，因而要想获得最佳 SLA 只需要做很少的调优工作）时更是如此。但是，在第二类的工作负载中，我们让JVM足够大以适应NUMA节点，以减少SQL数据集群中JVM实例的数量。集群中JVM的数量越少，可能就会有越少的网络中继以及越少的网络交流。如果只有少量JVM的话，集群的管理也会更加容易，尽管这些JVM可能会比较大。这是依赖内存的工作负载，对于最少数量的JVM实例来说，能够从快速访问尽可能多的本地内存中受益。

6.3.1 SQLFire最佳实践

本节包含了SQLFire的最佳实践，关注于JVM调优和大小设置以提供最优的性能。表6-8描述了更多的细节。

表6-8 SQLFire最佳实践

最佳实践	描述
BP35：JVM版本	使用JDK 1.6.0_29或最新版本的JDK。当编写本书时，JDK 1.6.0_43已经可用了，也可以使用这个版本。如果你使用JDK 7的话，使用JDK 1.7.0_25也是可以的
BP36：组合使用并行和CMS GC策略	java -Xms64g -Xmx64g -Xmn21g -Xss1024k -XX:+UseConcMarkSweepGC -XX:+UseParNewGC -XX:CMSInitiatingOccupancyFraction=75 -XX:+UseCMSInitiatingOccupancyOnly -XX:+ScavengeBeforeFullGC -XX:TargetSurvivorRatio=80 -XX:SurvivorRatio=8 -XX:+UseBiasedLocking -XX:MaxTenuringThreshold=15 -XX:ParallelGCThreads=4 -XX:+OptimizeStringConcat -XX:+UseStringCache -XX:+DisableExplicitGC 设置-XX:+UseConcMarkSweepGC以在老年代使用并发的短暂停GC策略，而在新生代使用并行的收集器（-XX:+UseParNewGC）。对于老年代，短暂停的收集器会牺牲一些吞吐量来最小化GC暂停所造成的stop-the-world。它需要在堆上有更多的空闲空间，因此需要增加堆的大小作为补偿。在这里的配置中，-XX:ParallelGCThreads=4，这表明JVM所在的VM中至少要有8个vCPU。 当设置-XX:ParallelGCThreads时，初始将其设置为底层可用vCPU或CPU数量的50%，然后如果需要的话，逐渐调高它的值或者当你寻求更好的性能时，恰好还有足够的CPU。在第4章图4-18的样例中，具有一个JVM的VM位于具备8个底层CPU核心的插槽上，因此50%的CPU计算资源分配给-XX:ParallelGCThreads所使用。插槽中其余的50%依然留给正常的应用事务。也就是说，4个vCPU由ParallelGCThreads所使用，其余的4个服务于应用程序线程、并发的老年代活动、非堆活动以及运行在VM上的其他工作负载，如监控代理。 在这里有一个小的注意事项，初始标记时短暂的暂停阶段是单线程的但会很快结束(与其他并发阶段不同)，然后接下来的重新标记是多线程的。初始的标记是单线程的，并且不会使用所分配的-XX:ParallelGCThreads中的线程，但多线程的重新标记阶段会使用一些所分配的并行线程。因为重新标记是一个很短的阶段，它使用的并行线程周期是很微小的。你可以将分配给-XX:ParallelGCThreads的线程调节到低于50%，从而将更多的线程留给应用程序。如果这样做并没有影响到整体的响应时间，那么可以谨慎地减少

（续）

最佳实践	描述
BP36：组合使用并行和 CMS GC 策略	–XX:ParallelGCThreads。相反，如果你已经对新生代的大小通过 –Xmn 进行了充分的调优，而且还有充足的 CPU 周期的话，那么考虑以 1 个线程的增加幅度逐渐超过 50%。对应用进行负载测试并测量响应时间来确定增加线程调节所带来的收益。 当考虑减少 –XX:ParallelGCThreads 时，最小值应该是 2。低于这个值都会对并行收集器的行为产生负面影响。当确定 vFabric SQLFire 类型的大规模 JVM 工作负载时（例如，8GB 或更多），它需要至少 4 个 vCPU 的 VM 配置，因为 2 个 vCPU 被 –XX:ParallelGCThreads 占用，其余的 2 个 vCPU 被应用程序线程所使用。这种配置规则在第 2 章图 2-16（4 个 vCPU 的 VM 具 有 两 个 ParallelGCThreads） 和 图 2-18（8 个 vCPU 的 V 分 配 了 4 个 ParallelGCThreads）中的 JVM 配置中都进行了展现。这两种场景下都是可用 vCPU 的 50%。当使用 CMS 类型的配置时，你所使用的 VM 要有 4 个或更多的 vCPU。50% 规则是配置的起点，如果你还有剩余的 CPU 并且想提升 GC 的话，那么考虑提高 –XX:ParallelGCThreads 的值。这个值不应该超过 VM 所能使用的底层核心的数量。将其设置为 50% 是因为我们想将 CPU 周期留给其他的活动，如老年代 GC、非堆活动以及运行在 VM 上除 Java 进程外的其他进程。为高吞吐量延迟敏感的应用设置 –XX:CMSInitiatingOccupancyFraction=75，这类应用会在老年代产生大量的垃圾，它会有高频率的更新、删除以及回收。这个设置告诉并发收集器当老年代的使用率达到给定百分比的时候就启用垃圾回收。默认设置的情况下，老年代的垃圾创建比例比较高的时候会超过收集器能够收集的范围，进而导致 OutOfMemory 错误的出现。将这个值设置的太低会产生不必要的垃圾回收进而影响到吞吐量。与之相反，如果收集动作来得太迟的话，将会导致并发模式的失败，这可以降低百分比来避免。要通过测试来确定最佳的设置。 对于每个 JVM 选项的定义和进一步的指导，参考第 3 章的表 3-1。如果想进一步优化的话，遵循 3.1 节所给出的步骤进行 GC 的调优
BP37：将初始堆的值设置为与最大堆的值相同	将 –Xms（初始堆）的值设置为 –Xmx（最大堆）。 **注意**：如果不进行这个设置的话，初始堆设置的空间不足时，JVM 将会增加所分配的内存，这会导致运行时的开销，进而影响到性能
BP38：禁用对 System.gc() 的调用	设置 –XX:DisableExplicitGC 来禁用 GC。这会使对 System.gc() 的调用被忽略掉，因此避免与之相关的长时间延迟
BP39：新生代的大小设置	将 –Xmn 设置得足够大以避免新生代被填满。使新生代足够大能够避免将对象复制到老年代，这会影响到性能。 一个通用的方式是将 –Xmn 的大小设置为堆最大总量的 33%（也就是对于 8GB 以下堆空间的场景，将其设置为 –Xmx 的 33%）。对于堆大小在 8GB ～ 100GB 的场景，33% 规则的值可能会太高了，通常对于这样的情况，将其设置为 10% ～ 15% 的堆空间就足够了。要给你的应用确立最合适的值，你必须要进行负载测试并测算新生代被填满的频率。基于这些测试，来确定是否要调节 –Xmn 的值。首先将其设置为 33%，如果你注意到 Minor GC 会持续很长的时间或导致长时间暂停的话，它会对应用事务的响应时间产生负面的影响，只有在这样的情况下你才应该调低这个比率。如果比率在 –Xmx 的 33% 时并没有产生什么负面影响的话，那么就保持 –Xmn 的值为 -Xmx 的 33%。 对于更小的堆空间，如果堆的大小小于 8GB，那么将 –Xmn 的值设置为小于 –Xmx 的 33%。对于更大的堆空间，如果堆远远大于 8GB 的话，那么将 –Xmn 的值设置为小于 –Xmx 的 10% ～ 15%。但是，很难将这个规则统一应用到各种不同类型的工作负载行为上。 当设置 –Xmn 时，另外一个需要进一步考虑的规则是分区表可能会有更多短时间存活的对象，因此 –Xmn 的值可能需要更大。与之相比，复制表变化的频率更低，不会创建大量短时间存活的对象，因此一个较低数量的 –Xmn 就足够了。 **注意**：这个指导有一点需要注意，那就是它依赖于应用的行为。比如，如果应用需要很多的查询调用，将 –Xmn 设置为所介绍范围的上限。对于大多数是插入和更新的操作，将这个值设置为所介绍范围的中间值即可

（续）

最佳实践	描述
BP40:在64位JVM中使用32位寻址	当内存比较有限时，设置 –XX:UseCompressedOops JVM 参数。在堆空间不超过 32GB 的情况下，它会在 64 位 JVM 中，使用 32 位的指针地址空间。这能够大量节省内存空间（最多能达到 50%），当然这种节省根据应用中所使用的 Java 类型会有所区别
BP41：栈大小设置	在大多数场景下，默认的 –Xss 栈就足够了，根据 JVM 和操作系统的不同，它的大小在 256KB ～ 1MB 之间。但是，如果线程中的对象不逃逸（escape）到其他线程中话，延迟敏感型的工作负载能够从更大的 Java 栈中受益。如果将 Java 栈设置为一个较大的值，那么将会减少在可用的 RAM 中能够添加的并发线程的数量。这能够提高事务的响应时间，可能是你更为关心的（与之相对的做法是在相同的内存空间中，放置更多、更小的栈线程）。对于延迟敏感型且容易受到内存限制的应用来说，通用的实践是将 –Xss 设置为 1 ～ 4MB
BP42：永久代大小设置	通用的最佳实践是将 –XX:MaxPermSize 设置为 128 ～ 512MB，根据应用的不同其实际大小会有所差异，要进行恰当的测试。PermSize 是类级别的信息所存储的地方。在 HotSpot JVM 中，它位于堆外面（也就是，在 –Xmx 之外的区域）
BP43：在 JVM 中表该如何放置	将复制表和分区表放到同一个 JVM 实例中（也就是在一个数据管理节点之中）。这提供了最佳的可扩展性和性能。默认情况下，vFabric SQLFire 将数据按照基于 key 的 hash 策略将数据分区到桶中。键值对的物理位置从应用本身中抽象了出来。另外，存储在不同分区表的数据默认并没有什么关联。在分区表上运行事务时，你必须要在同一个数据主机上协调事务中所有的数据访问。除此之外，在很多场景中如果将表中或表间类似的数据协同存放的话，你能够达到更好的性能。 例如： 查询病人及其关联的健康记录和保险、账单信息时，如果所有的数据都分组在同一个 JVM 之中，那么查询会更为高效。 对于金融风险分析的应用，如果所有的交易、风险敏感数据和票据相关的参考数据都放在一起的话，那么应用运行起来会更快。 数据的位置协同能够提升数据密集型操作的性能。对相关数据集的反复操作，这样做能够减少网络跳转。在具有大量计算且数据密集型的应用中，能够明显提升整体的吞吐量。在表定义的时候，你要使用专用的 vFabric SQLFire DDL 关键字来指定位置协同

6.3.2 在 vSphere 上 vFabric SQLFire 的最佳实践

vFabric SQLFire 和 vSphere 提供了健壮的互补机制，从而实现在廉价的 x86 商用机器和 vSphere 上更为快速和稳定地交付数据。表 6-9 描述了在虚拟化 vFabric SQLFire 时一些推荐的最佳实践。这些可能也适用于任何延迟敏感性的内存工作负载（内存数据库），这样的工作负载会有大量的网络传输并容易受到内存的限制。

表 6-9 在 vSphere 上使用 vFabric SQLFire 的最佳实践

最佳实践	描述
BP44：启用超线程（hyperthreading），不要过量使用（over-commit）CPU	要一直启用超线程。 不要过量使用 CPU。vFabric SQLFire 应用通常是延迟敏感类型的，并且容易受到 CPU 的限制。基于可用的物理核心划分它们的规模。 对于大多数产品级的 vFabric SQLFire 服务器，最少使用 2 个 vCPU 的 VM。但是，在有些场景下，为了达到你的 SLA，会需要超过 8 个 vCPU。

（续）

<table>
<tr><th>最佳实践</th><th>描　述</th></tr>
<tr><td>BP44：启用超线程（hyperthreading），不要过量使用（over-commit）CPU</td><td>在划分VM大小时，应用NUMA本地化使其适应于所在的NUMA节点。如果你发现VM在NUMA方面表现很差的话，通过esxtop来查看N%L的值。在好的NUMA本地化场景下，这个值应该是100%。
注意：NUMA节点这个术语等同于一个CPU插槽。对于具有2个插槽的服务器来说会有2个NUMA节点。因此，可用的物理CPU核心和RAM的数量会均等地分布到NUMA节点上。在确定VM的规模以使其位于一个NUMA节点之中时，这是非常关键的。参考第4章的图4.9中对NUMA本地化的讨论。
例如，具备2个插槽16个核心（每个插槽8个核心）且192GB内存的服务器会有2个NUMA节点，每个节点具备8个物理核心（CPU）以及96GB RAM。当确定VM的规模时，很重要的一点是不要超过8个vCPU以及96GB RAM的限制。在每个NUMA节点上，如果超过了这个CPU和RAM的最大值，都会导致VM从远程的位置上获取内存，从而影响到性能。有很多的vSphere CPU调度器增强能够避免这一点，但是遵循这个样例的规则会有所助益。
如果在有些情况下，VM的大小并不能总是那么恰好地适应每个NUMA节点上只有一个VM，由vSphere确定在同一个节点上如何调度额外VM的功能会提供一些帮助，但是对vSphere来说这通常并不是一个很好的前提假设。在同一个vSphere主机上，有时候较小规模的JVM和VM会与大型的JVM和VM部署在一起。例如，在第2章中图2.4所示的拓扑结构中，客户端层的VM，如企业应用1，可能最终会与SQLFire成员1位于同一个NUMA节点上，这仅仅是因为vSphere调度器探测到这2个VM之间会有大量的交互（chatter）。理想情况下，你应该避免这一点，可以将/NUMA/LocalityWeightActionAffinity设置为0，也可以不要将较小的JVM和VM混合在同一个vSphere主机上。在理想的场景中，vSphere主机上只有SQLFire成员VM，它们恰好适应NUMA节点，这样的话就不允许其他的VM调度进来，整个VM适配NUMA节点的话，就能避免其他的VM调度进来。企业级应用服务/客户端层类型的JVM可以放到单独的vSphere主机上。
注意：在Vmware vSphere 5.1中，有一个高级设置参数，也就是/NUMA/LocalityWeight-ActionAffinity，你可以将其设置为0。当确定将VM如何分配到NUMA节点上的时候，这个设置会控制CPU调度器给予VM间通信的权重。在大多数场景中，将这个设置保持默认值会得到最佳的性能。但是，如果你恰好将客户端应用与服务端应用放到同一个vSphere主机之中的时候，将其设置为0有可能会提升可扩展性。在SQLFire的客户端/服务器拓扑结构中，客户端VM和服务器VM之间存在很多的通信。这会误导调度器按照默认的算法将这些VM放到同一个NUMA节点上。这种做法会产生性能影响，在一定的负载等级下将会对性能产生负面影响。所以，将这个设置为0，这样在按照默认算法做出调度决策时就禁用跨VM通信了。
关于NUMA还有一点要注意，虚拟化工作负载相对于物理化场景的一个优势就是vSphere所提供的优化。在内存密集型的Java工作负载中，尤其是对于第二类的工作负载，如果没有进行虚拟化而是直接部署到物理环境中，必须要使用numactl命令来进行NUMA定位，这是一项静态的任务，也就是说随着时间变化，如果工作负载的行为发生变化时，那就需要不断地进行更新——这样的日常工作对管理员来说并不是一件令人愉悦的事情，而且管理员的操作也不一定会像vSphere所提供的NUMA算法那样先进</td></tr>
<tr><td>BP45：CPU缓存共享</td><td>你可以设置sched.cpu.vsmpConsolidate = "true"，如文章“为SMP虚拟机合并vCPU，能够提升一些工作负载的性能”（http://kb.vmware.com/kb/1017936）所描述的那样。对于目前的vSphere 5.1，这个配置默认是打开的，对于早期的vSphere，请查阅上述的知识库（KB）文章。
这样的话ESXi调度器会将一个SMP VM的vCPU尽可能放到最少的Last-Level Cache（LLC）中。这种策略能够形成更好的缓存共享</td></tr>
</table>

（续）

最佳实践	描　述
BP46：vFabric SQLFire成员服务器、JVM以及VM的比例	每个VM上有一个JVM。通常这并不是什么需求，但因为vFabric SQLFire JVM可能会非常大（高达128GB），因此建议遵循这一规则。 建议通过增加堆空间的方法来服务于更多的数据需求，而不是通过在一个VM上再增加第二个JVM实例的方式。如果增加JVM不是可选的方案，那么考虑将第二个JVM放到一个单独新创建的VM上，这会更加有效地提升水平可扩展性。在增加vFabric SQLFire服务器数量的时候，也会增加VM的数量，以维持vFabric SQLFire服务器、JVM以及VM之间1:1:1的比例。 VM的JVM实例会中运行vFabric SQLFire服务器，在确定VM大小时，很重要的一点就是最少要有4个vCPU。这样才会有足够的CPU用于垃圾回收以及用户事务
BP47：VM的位置	因为vFabric SQLFire可能会将缓存数据的冗余副本放到任意的VM上，因此有可能会将2份冗余数据的副本不小心放到同一个vSphere主机上。如果主机出现故障的话，这并不是理想的状况。为了创建更为健壮的配置，使用VM1-to-VM2非关联性规则来告知vSphere，永远不要将VM1和VM2放到同一个主机上（因为它们持有着冗余的数据副本）
BP48：设置VM预留的内存	在VM级别设置预留的内存，这样vSphere会在VM启动的时候就提供并锁定所需的物理内存。一旦分配之后，vSphere就不再允许将内存收回了。 遵循第4章图4-17中规模划分的样例。如果你选择这样的规模划分方式，预留的内存应该是68GB，如图所示。如果你选择更大或更小的JVM，要相应地调整样例所述所有相关的大小配置，但要保持相对的比率。如果你选择与示例不同的大小配置，那么要在VM整个内存层面设置合适的预留水平。 对于vFabric SQLFire主机，不要过量使用内存。 为了实现最佳的性能，vFabric SQLFire位于在VM上运行的单个JVM实例中，VM预留的所有内存不应该超过其所在的NUMA节点的可用内存。参考BP44来了解更多关于NUMA讨论和考量因素的内容
BP49：vMotion、DRS集群以及vFabric SQLFire服务器	当你第一次组织数据管理系统时，将VMware vSphere分布式资源调度器（Distributed Resource Scheduler，DRS）设置为手动模式，从而避免自动化的VMware vSphere vMotion操作，因为这会影响到响应时间。 在调度维护的时候，vMotion能够补充vFabric SQLFire的特性，帮助最小化由于硬件和软件升级所导致的停机时间。一个最佳实践是在10 Gigabit的以太网络接口上触发vMotion迁移操作，因为这能加速vMotion迁移的过程。 不要允许对vFabric SQLFire定位器进程使用vMotion迁移；由于这个过程所导致的延迟会让vFabric SQLFire服务器的其他成员误认为其他的成员已经发生故障不可用了。 使用专用的vFabric SQLFire vSphere DRS集群。尤其是当你考虑在集群中EXSi主机上的每个NIC上都禁用物理NIC和虚拟NIC中断合并（interrupt coalescing）时，这一点更为重要。这种类型的调优会使得vFabric SQLFire工作负载从中受益，但它也可能会对其他非vFabric SQLFire的工作负载产生负面影响，这些负载会受到内存吞吐量的限制，而不像vFabric SQLFire工作负载那样对延迟敏感。 如果无法使用专用的vFabric SQLFire DRS集群，vFabric SQLFire必须运行在共享的DRS集群中，那么要确保建立DRS规则不要在vFabric SQLFire VM上执行vMotion迁移。 如果无法限制vFabric SQLFire成员被排除在vMotion迁移之外的话，那么最好所有vFabric SQLFire成员的vMotion迁移都要在10GbE的网络上，并且要在低活跃度期间和维护的窗口期调度执行。 **注意：**在一些场景中，vMotion迁移可能并不会成功，而是由于快速变更消耗了内存空间从而导致失败，这可能会发生在分区表上，有些场景中也会发生在复制表上。对于源VM来说，这种自动恢复是失败安全的机制，它并不会影响到源VM。vMotion基于完成迭代复制进程的时间，来做出失败恢复的决策，这个复制进程能够捕获源VM与目标VM

（续）

最佳实践	描　述
BP49：vMotion、DRS 集群以及 vFabric SQLFire 服务器	的变更。如果变更太快并且 vMotion 无法在默认的 100 秒内完成迭代式的复制进程，它会检查是否能够在不中断的情况下安全运行源 VM。因此，vMotion 只有在确保能够完成内存复制的情况下，才会将源 VM 转换为目标 VM
BP50：VMware HA 与 vFabric SQLFire	vFabric SQLFire VM 应该将 vSphere HA 禁用。如果这是专用的 vFabric SQLFire DRS 集群的话，你可以在整个集群上禁用 HA。如果这是一个共享集群的话，很重要的一点就是要将 vFabric SQLFire VM 排除在 vSphere HA 之外。 **注意**：在 vFabric SQLFire VM 之间建立非关联性规则，这样的话在 DRS 集群中，任意 2 个 vFabric SQLFire VM 都不会运行在相同的 ESXi 主机中
BP51：Guest OS	Red Hat 企业级 Linux 5 及其更早版本会产生更高的虚拟化开销，这是因为高频率的定时器 (timer) 中断、为了处理中断频繁访问虚拟 PCI 设备以及低效的 Linux 时间同步（timekeeping）机制。选择更为现代的 Linux 版本，如 SUSE 企业级 Linux 服务器 11 SP1 或者基于 2.6.32 版本 Linux 内核的 Red Hat 企业级 Linux 6，或者是 Windows Server 2008，能够尽可能减少虚拟化所带来的开销。尤其是 Red Hat 企业级 Linux 6 有一个 tickless 内核，它不依赖于基于高频率间断的定时器，因此对于虚拟化延迟敏感型的工作负载更为友好。参考"Linux Guest 时间同步的最佳实践"（http://kb.vmware.com/kb/1006427）以及"在 VMware 虚拟机中时间同步的最佳实践"(http://kb.vmware.com/files/pdf/Timekeeping-In-VirtualMachines.pdf)

BP52：物理 NIC	大多数 1 Gigbit 和 10 Gigbit 的以太网络接口卡（NIC）都支持一种被称之为中断调节（interrupt moderation）或中断合并（interrupt coalescing）的特性，这种特性会将 NIC 对主机的中断进行合并，这样的话，主机就不用花费其所有的 CPU 来处理中断了。但是，在延迟敏感类型的工作负载中，NIC 为已经接受到的包或已经发送到线路上的包发送中断会造成延时，这种延时都会计算为工作负载的延迟。
	大多数 NIC 同时也提供了禁用中断合并的机制，一般是通过 ethtool 命令。VMware 推荐在 vSphere ESXi 主机上禁用物理 NIC 中断协调机制，如下：
	`# ethtool -C vmnicX rx-usecs 0 rx-frames 1`
	`rx-usecs-irq 0 rx-frames-irq 0`
	在这里 vmnicX 是如下的 ESXi 命令所报告的物理 NIC：
	`# esxcli network nic list`
	可以通过如下的命令来确认你的配置是否生效：
	`# ethtool -c vmnicX`
	注意，尽管对于延迟敏感型的工作负载来说，禁用中断协调机制能够非常有助于减少延迟，但是它会对 ESXi 主机上的其他 VM 产生性能损耗，此外还会产生更高的 CPU 利用率，因为要处理更高频率的来自于物理 NIC 的中断。
	禁用物理化 NIC 中断协调机制也会使 large receive offload（LRO）所带来的收益失效，因为支持 LRO 的一些物理 NIC（如 intel 10 Gigbit 以太网 NIC）会在中断协调机制禁用时在硬件层面自动禁用 LRO，软件 LRO 的 ESXi 实现在每个中断时会有更少的包要合并为较大的包。在具有大量信息交换的场景中，LRO 是实现缩减 CPU 成本且保证较高吞吐量的重要机制。所以，要仔细考虑这种折衷。参考"在 Linux 虚拟机中，启用 LRO 有可能会导致较差的 TCP 性能"(http://kb.vmware.com/kb/1027511)。
	如果 vSphere 主机重启的话，上面的设置需要进行重新配置

（续）

<table>
<tr><th>最佳实践</th><th>描 述</th></tr>
<tr><td>BP53：虚拟 NIC</td><td>遵循“在 vSphere 虚拟机中优化延迟敏感型工作负载性能的最佳实践”（http://www.vmware.com/resources/techresources/10220）。
ESXi 可以配置成具备如下所示虚拟 NIC 之中的某一种：Vlance、VMXNET、Flexible、E1000、VMXNET2（增强版）或 VMXNET3。关于这些内容在“为你的虚拟机选择网络适配器”（http://kb.vmware.com/kb/1001805）中进行了描述。
对延迟敏感型或者称之为性能关键型的 VM 使用 VMXNET3 虚拟 NIC。这是最新一代半虚拟化（paravirtualized）NIC，设计的目的就是为了提高性能，它与 VMXNET 和 VMXNET2 没有任何关系。它提供了一些高级特性包括多队列（multiqueue）的支持、接收端的扩展、IPv4/IPv6 卸载（offload）以及 MSI/MSI-X 中断提交（interrupt delivery）。基于 2.6.32 或更新版本内核的 Linux 分发版本，如 Red Hat 企业级 Linux 6 或 SUSE Linux 企业级 Server 11 SP1，都内置了对 VMXNET3 NIC 的支持。所以对于这些 Guest 操作系统，没有必要再安装 VMware Tools 来获取 VMXNET3 驱动。
VMXNET3 默认支持具有适应性的中断合并算法，其目的与物理 NIC 的中断合并一样。虚拟中断合并有助于在多个 vCPU 的 VM 上，为并行的工作负载（如多线程）提供较高的吞吐量，同时也会尽可能最小化虚拟中断提交的延迟。
但是，如果工作负载对延迟特别敏感，VMware 建议采用如下所介绍的方法禁用 VMXNET3 虚拟 NIC 的中断合并功能。
使用 VMware 编程 API 以添加特定的 VM 配置选项，这些选项定义在“VMware vSphere Web 服务 SDK 文档”（http://www.vmware.com/support/developer/vc-sdk/）中。参考 vSphere API 文档，在 VirtualMachine Managed Object Type 下，VirtualMachineConfig 配置项有一个 OptionValue[] extraConfig 属性。
要手动实现这一点的话，首先要关闭 VM。编辑 VM 的 .vmx 配置文件，找到 VMXNET3 的配置项，如下：
<pre>ethernetX.virtualDev = "vmxnet3"
ethernetX.coalescingScheme = "disabled"</pre>启动 VM 使虚拟中断合并配置生效。
这个新的配置只有在 ESXi 5.0 上才有效</td></tr>
<tr><td>BP54：解决 SYN cookie 的问题</td><td>当解决性能问题时，请确认没有受到 SYN cookie 的影响。SYN cookie 是防止 SYN flood 攻击的关键技术。Daniel J.Bernstein 是这项技术的主要发明者，他将 SYN cookie 定义为“TCP 服务器对初始 TCP Sequence Number 的特定选择”。具体来讲，使用 SYN cookie 能够让服务器在 SYN 队列占满的情况下，不会丢弃连接。相反，服务器展现出的行为就好像 SYN 队列被放大了。服务器会发送合适的 SYN+ACK 响应给客户端，但是会丢弃 SYN 队列中的条目。如果服务器收到了来自客户端后续的 ACK 响应，服务器能够使用编码在 TCP Sequence Number 中的信息重新构建 SYN 队列中的条目。
要检查是否存在 SYN cookie，使用如下的命令：
<pre>grep SYN /var/log/messages Aug 2 12:19:06
w1-vFabric-g1 kernel: possible SYN flooding on port
53340.

Sending cookies.

Aug 2 12:54:38 w1-vFabric-g1 kernel: possible SYN
flooding on port 54157.

Sending cookies.

Aug 3 10:46:38 w1-vFabric-g1 kernel: possible SYN
flooding on port 34327.

Sending cookies.</pre></td></tr>
</table>

（续）

最佳实践	描　述

BP54：解决 SYN cookie 的问题	为了确定 SYN cookies 是否启用（1 代表启用，0 代表关闭），使用如下的命令：
	`$ cat /proc/sys/net/ipv4/tcp_syncookies`
	`1`
	要暂时禁用 SYN cookies（在重启时修改），使用如下的命令：
	`# echo 0 > /proc/sys/net/ipv4/tcp_syncookies`
	要永久禁用 SYN cookies 的话，在 /etc/sysctl.conf 文件中添加或修改如下的内容：
	`# Controls the use of TCP syncookies`
	`net.ipv4.tcp_syncookies = 0`

BP55：存储	对于 I/O 密集的 vFabric SQLFire 工作负载，使用 PVSCSI 驱动器。 在 VMFS 和 Guest OS 级别安排磁盘的分区。 将 VMDK 文件设置为 eagerzeroedthick 来避免 vFabric SQLFire 成员的延迟归零（lazy zeroing）。 对 vFabric SQLFire 的持久化文件、二进制和日志使用单独的 VMDK。 为每个 VMDK 匹配一个专用的 LUN。 在 Linux 2.6 内核中，默认的 I/O 调度器基于完全公平队列（completely fair queuing，CFQ）。几乎对于所有的工作负载，这种调度器都是一种高效的解决方案。默认的调度器会影响到 VMDK 的所有磁盘 I/O 以及基于 RDM 的虚拟存储解决方案。在虚拟化环境中，在主机和 Guest 层面同时调度 I/O 通常并不会带来收益。如果多个 Guest 使用的存储位于一个文件系统中或主机操作系统所管理的块设备上，那么主机能够更为高效地调度 I/O，因为它能够感知到所有 Guest 的请求并且能够了解所有的存储布局，这些布局可能与 Guest 的虚拟存储并不是线性匹配的。测试显示对虚拟 Linux Guest 来说 NOOP 会执行得更好。ESX/ESXi 使用异步的智能 I/O 调度器，鉴于此，让 ESX/ESXi 处理 I/O 调度的话，我们能够看到虚拟 Guest 会带来能提升。要了解更多的信息，参考“基于 Linux 2.6 内核的虚拟机会降低磁盘的 I/O 性能”（http://kb.vmware.com/kb/2011861）

6.4 第三类工作负载的最佳实践

正如前面的定义，在第三类的 Java 工作负载中，会有第一类的 JVM 访问第二类的 JVM，第三类的工作负载是前两种的组合。因此，第三类工作负载的最佳实践就是本章到目前为止所讨论的第一类和第二类最佳实践的集合。

IBM JVM 与 Oracle jRockit JVM

到目前为止，所有的调优指导都是针对 Oracle HotSpot JVM 的（也就是以前的 Sun JVM），但有一些不同之处需要我们着重注意。了解这些差异能够帮助我们选择正确的 GC 策略。

在图 6-5 中，展现了部署在 VM 上的 IBM JVM 所具备的各个内存区域。这个 JVM 与之前所讨论的 Oracle HotSpot JVM 类似，但有一点需要注意，那就是永久代（PermGen）

区域会像堆中的其他对象那样来进行管理。这也是在公式 6-2 中，永久代被移除掉的原因，在 IBM JVM 中它是 –Xmx 的一部分，因为它位于堆之中。如前面所述，永久代并不是堆中独立的区域，它只是一个链表（linked list），像堆中其他的对象那样来进行管理。这是 Oracle HotSpot JVM 和 IBM JVM 在进行大小设置时的一个关键不同。这同时表明在 IBM JVM 中，永久代是被动态管理的，因此不必像 Oracle HotSpot JVM 那样必须进行静态设置。这里的关键优势在于每次发布新代码时，你没有必要再去静态地猜测最佳的永久代值是多少了。

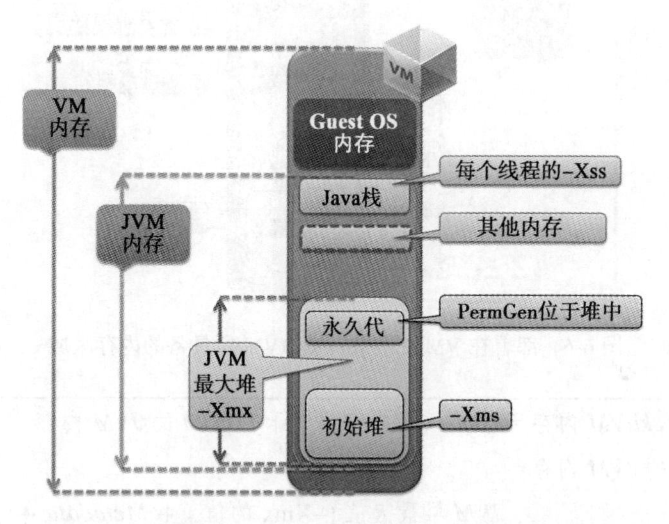

图 6-5 部署在 VM 上的 IBM JVM 所具备的内存区域

用于 *Websphere* 的 *VM* 内存 = *Guest OS* 内存＋用于 *IBM JVM* 的 *JVM* 内存

用于 *IBM JVM* 的 *JVM* 内存 =

JVM 堆最大值 (–Xmx 的值) ＋

NumberOfConcurrentThreads * (*–Xss*) ＋“其他内存”

公式 6-2 针对 WebSphere 的 VM 内存设置

图 6-6 展现了部署在 VM 上的 jRockit JVM 所具备的内存区域。如你所见，关键的区别是在 Oracle HotSpot JVM 称之为永久代的区域在这里被称之为 Metadata，它在堆外进行管理，位于 Java 进程的非堆（off-the-heap）区域。同样，它也不像 Oracle HotSpot JVM 那样需要静态地设置大小，所以不用持续维护它，这样就能带来很多的好处。但是，在公式 6-3 中，Metadata 区域是需要被计算进去的，因为这个区域必须要算到 Java 进程所需的总内存之中。很重要的一点在于，因为 jRockit 采用了 JIT 所有代码的方式，这意味着它假设所有的代码都是热点（hot）代码，因此所有的代码都是预编译的，与 Oracle HotSpot 进行横向对比的话，

jRockit 可能会需要更多的内存。如果你通过负载测试来确定 –Xmx 是否配置得当的话，这一点可以为你的计算提供很好的指导，如公式 6-3 所示。

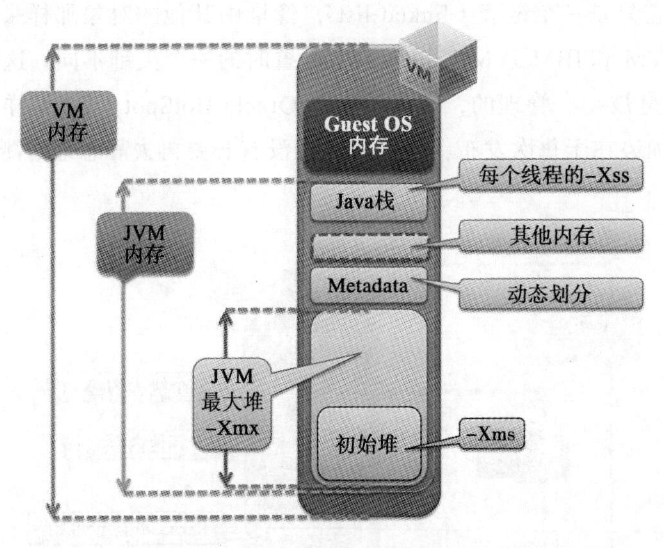

图 6-6 部署在 VM 上的 jRockit JVM 所具备的内存区域

用于 *jRockitVM* 内存 = *Guest OS* 内存 + 用于 *jRockit* 的 *JVM* 内存

用于 *jRockit* 的 *JVM* 内存 =

JVM 堆最大值 (–Xmx 的值) + *Metadata* +

NumberOfConcurrentThreads * (–*Xss*) + “其他内存”

公式 6-3 jRockit 的 VM 内存区域

6.5 GC 策略选择

见过了众多 GC 调优指南和各种内存划分时的考虑因素后，我们需要暂停几分钟并进行一下总结。有众多来自不同供应商的 GC 策略，这些供应商包括 Oracle（HotSpot JVM 和 jRockit）和 IBM（J9 JVM），它们都提供了类似的 GC 策略，只不过稍微有所区别。几乎所有的策略都要进行一种权衡，那就是减少延迟时间以达到更好的响应时间，但同时降低内存吞吐量，或者是增加延迟和响应时间但实现更好的内存吞吐量。图 6-7 展现了这种折衷，并列出了一些优势和不足。

在 Oracle HotSpot JVM 中，主要有 4 种策略，如表 6-10 所示。最重要的是吞吐并行收集器（throughput parallel collector）和 CMS，它们都已经用到了企业级的第一类和第二类工作负载之中。

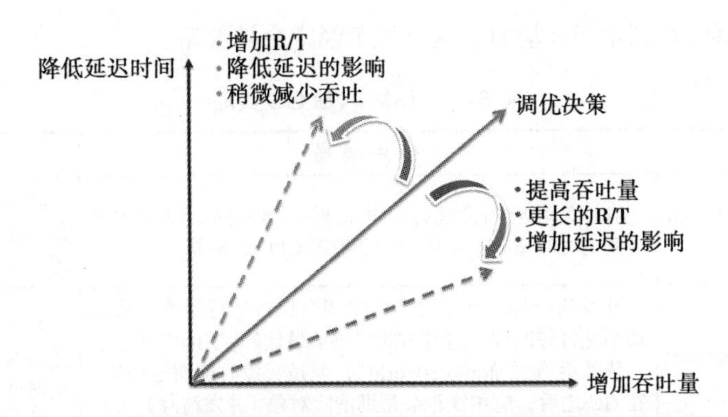

图 6-7 GC 调优是在减少延迟和增加内存吞吐量之间进行平衡的行为

表 6-10 Oracle HotSpot JVM 策略类型

GC策略类型	描 述
Serial GC	标记（mark）、清除（sweep）以及整理（compact）算法。 Minor 和 full GC 都是“stop-the-world”的线程。 “stop-the-world”意味着在 GC 执行时，应用会被停止。 不是具有很强扩展性的算法。 适用于小于 200MB 的 JVM（如客户端机器）
吞吐 GC（ParNewGC）	并行 GC。 类似于 Serial GC，但是采用多个工作者线程并行以提高吞吐量。 新生代和老年代的收集都是多线程的，但依然需要“stop-the-world”。 线程的数量通过 –XX:ParallelGCThreads=<nThreads> 来分配。 非并发的，这意味着当 GC 工作者线程运行时，它们会暂停应用的线程。如果这对你来说是个问题的话，那么采用 CMS，在这种策略下，GC 线程是并发的
并发 GC（CMS）	并发地标记和清除，注意这不是一个整理类型的收集器。 并发意味着当 GC 运行时，它并不会暂停你的应用线程，这是它与吞吐 / 并行 GC 的关键差别。 适用于更加关注响应时间而不是吞吐量的应用。 相对于吞吐 / 并行 GC，CMS 会使用更多的堆空间。 CMS 能够并发工作在老年代上，但是新生代要使用 ParNewGC，这是一种吞吐型的收集器。 有多个阶段： 初始标记（短暂停） 并发标记（无暂停） 预清理（无暂停） 重新标记（短暂停） 并发清除（无暂停）
G1	只能用在 J7 中，更多是实验性的；等同于 CMS＋整理（compacting）

6.5.1 IBM GC 可选方案

表 6-11 展现了 IBM JVM GC 策略。从开发环境迁移到生产环境时，默认行为通常会变更为 –Xgcpolicy:Optavgpause 或 –Xgcpolicy:Gencon。如果保持默认值可能会导致可扩展性问

题。当从开发配置转移到生产环境时，这种细节经常会被忽略。

表 6-11 IBM JVM GC 策略

–Xgc:mode	使用场景	样例
–Xgcpolicy:Optthroughput（默认）	在 GC 时应用会暂停，执行标记和清除，以最大化应用的吞吐量。不适用于大多数多 CPU 的机器	需要较高吞吐量并且对偶尔发生的长时间 GC 暂停不敏感的应用
–Xgcpolicy:Optavgpause	并发执行标记和清除，而应用会保持运行状态，从而最小化暂停时间，这种方式提供了最佳的应用响应时间。 依然会有“stop-the-world”，但是暂停时间明显缩短。在 GC 之后，应用线程会帮助清除对象（并发清除）	对长延迟敏感的基于事务的应用，期望稳定的响应时间
–Xgcpolicy:Gencon	区别对待短期存活和长期存活的对象，以提供更短的暂停时间和较高的应用吞吐量。 在堆填满之前，每个应用会帮助标记对象（并发标记）	延迟敏感型的应用，事务中的对象不会在事务提交之后依然存活

6.5.2 Oracle jRockit GC 策略

表 6-12 展现了 Oracle jRockit 的 GC 策略。

表 6-12 Oracle jRockit GC 策略

–Xgc:mode	使用场景	样例
–Xgc:throughput（默认） –Xgc:genpar –Xgc:singlepar（non-gen） –Xgc:parallel（non-gen）	针对最大吞吐量进行了优化	需要较高吞吐量且对偶尔发生的长时间 GC 暂停不敏感
–Xgc:pausetime –Xgc:gencon –Xgc:singlecon（non-gen） 默认暂停目标时间是 500ms	针对暂停的时间甚至次数进行了优化。 可以使用 –XpauseTarget:time。 这个暂停目标会影响应用的吞吐量。更低的暂停目标时间会导致内存管理系统更多的消耗	对长延迟敏感的基于事务的应用，期望稳定的响应时间
–Xgc:deterministic	针对非常短的暂停时间和确定性的暂停次数进行了优化。 可以使用 –XpauseTarget:time	确定性的延迟和基于事务的应用，如经纪交易系统

6.6 本章小结

本章讨论了第一类、第二类以及第三类工作负载的最佳实践，这些最佳实践涵盖了硬件、vSphere，尤其还包括 JVM。需要记住的是最重要的最佳实践就是设置预留内存。在 JVM 方面，你需要正确地设置 JVM 大小并选择正确的 GC 策略。在第二类工作负载中，NUMA 是非常重要的。

第 7 章 Chapter 7

监控与故障排除

解决 Java 工作负载问题的关键是理解如图 7-1 所示的主要的 4 个技术分层：负载均衡层、Web 服务器层、Java 应用服务器层以及 DB 服务器层。

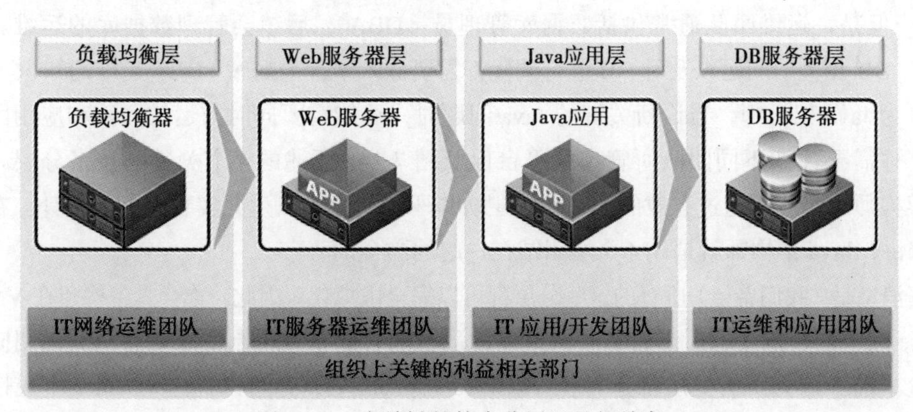

图 7-1　4 个关键的技术分层以及相关者

当解决 Java 应用的问题时，通常很多人会认为在 Java 应用层存在垃圾回收（GC）的问题。但是，问题可能存在于上面的任何一个分层之中。使问题解决过程变得复杂化的原因在于，一个组织中来自多个运维部门的团队通常只会管理自己所负责的技术分层，没有一个平台管理员能够对工作负载有整体的了解。大规模虚拟化应用除了会面临技术挑战以外，传统孤立（siloed）的技术方式肯定还会带来组织机构方面的挑战：

- 网络运维团队负责管理负载均衡层。尽管这个团队可能会有足够的负载均衡知识，但对于他们来说负载均衡通常只是一个业余爱好而已。这种一知半解的状况为 Java

架构师和 DevOps 工程师创造了机会去主动学习各种供应商的负载均衡配置、平衡算法以及监控控制台。

- Web 服务层由 Linux 管理员（如果是 Apache）或 Windows Server 团队（如果使用 Internet Information Services [IIS]）来管理。这些 Linux/Windows 管理员可能并没有关于如何最优化调节 Web 服务器的知识。作为 Java 架构师或 DevOps 工程师，很重要的一点就是要专门研究这个领域并理解每个 Web 服务器的设计和规模划分的需求。例如，你要了解如何确定需要多少 Web 服务器。所以，你必须学会分析负载均衡器得到的峰值流量报告，然后基于每个事务的大小，进而确定需要多少 Web 服务器实例以及每个实例的大小。参考第 4 章以及第 6 章来获取更多信息。
- Java 应用服务层主要是由开发 / 应用团队架构的，通常运维团队对于整体的部署拓扑结构没有太多的控制权。这是很多问题发生的根源，因为应用团队设计系统，而必须由运维团队去运维和支持。对于运维团队来说，通常没有足够的应用知识去审查设计并合理地规划部署的拓扑结构。这些合理化部署的技术类似于之前章节所讨论的内容（如，合理规划 Java 虚拟机 [JVM] 的数量、虚拟机 [VM] 的数量以及其他规模划分和调优相关的考量因素，这些因素有助于形成对 Java 平台的成功管理）。
- DB 服务器层由运维和应用团队共同管理，因为模式构建的设计是由开发者执行的。但是，运维团队通常包括数据库管理员（DBA），后续会管理数据库的运维。解决 DB 相关的问题以及对 DB 进行调优都需要深入掌握数据库（DB）运维的知识。

作为 Java 架构师，当诊断关键的 Java 问题时，可能需要同时与运维团队和应用团队打交道，你需要注意不同团队所管理的平台以及图 7-1 中所述的 4 个关键的技术分层。好的 Java 架构师总是能够通过有效的沟通和跨层协作驱动变化的发生并实现更好的设计。在很多方面来讲，Java 架构师就是让 4 个层团结在一起的黏合剂。

好消息是（我们希望）所有的这些分层都可以完全虚拟化。因此，你会具备构建在 VMware vSphere 之上的通用运行时平台，它将上述的平台联合起来并强制要求所有相关的团队都坐到讨论桌前。因为所有的层都运行在 VMware vSphere 上，你可以通过 vCenter 生成性能报表，在一些极端情况下，还可以使用 esxtop。除此之外，因为所有的 4 个层都是虚拟化的，所以你能够在统一的设计和规模划分环境中有效地划分整个平台，当然如果平台的一半实现了虚拟化，而其余依然是物理化的，那么是无法实现上述场景的。

7.1 开启请求支持的 Ticket

如果你怀疑 VMware vSphere 没有进行最优化配置，并且是出现瓶颈的原因，那么可以提出请求支持的申请（http://www.vmware.com/support/contacts/file-sr.html）。除此之外，你可能还需要做到以下几点：

- ❑ 遵循 ESX4.0 性能问题解决指南中所给出的解决问题的步骤：http://communities.vmware.com/docs/DOC-10352。
- ❑ 确认你已经运用了第 6 章所讨论的所有最佳实践。
- ❑ 运行 vm-support 工具来收集必要的信息，这样有助于 VMware 对问题进行诊断。最好是在问题第一次出现的时候就运行这个命令。

注意 在 VMware 环境中，你可以借助 vCenter Operations Manager 并遵循如下的文档来解决问题：《如何使用 vCenter Operations 来解决 vSphere 5.x 的性能问题》（http://communities.vmware.com/servlet/JiveServlet/previewBody/23094-102-1-30667/vsphere5x-perfts-vcops.pdf）。

7.2 通过 vCenter 收集指标

当解决任何与 Java 平台相关的问题时，你需要为图 7-1 所提到的 4 个分层收集 vCenter 性能指标。对于主要是第 1 类工作负载的 Java 平台，重要的是收集 CPU、内存、网络图以及磁盘使用信息。

当查看 vCenter 图表时，你可以通过选择 Performance 选项卡来探查性能信息，并且单击 Advanced 按钮可以调整时间范围。vCenter 提供了 3 种不同的内存计数方式（消耗的、授予的以及活跃的），如图 7-2 所示。

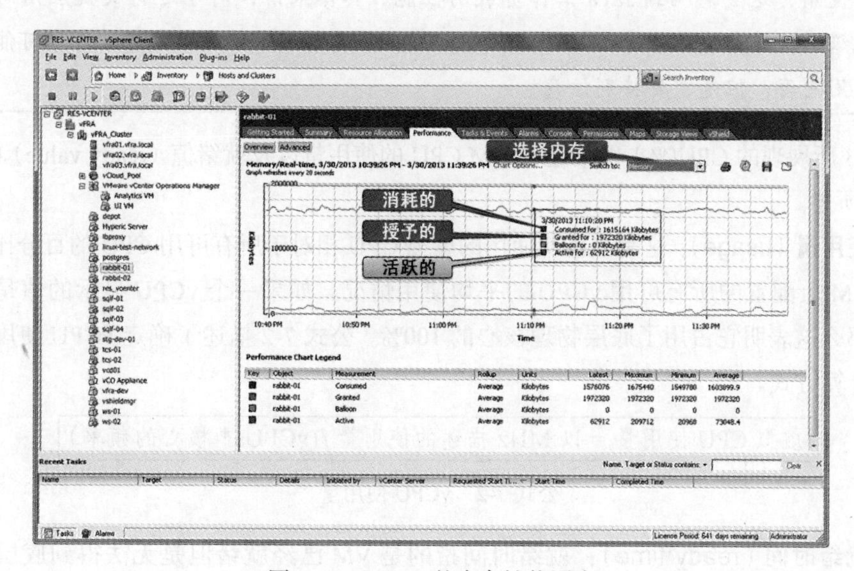

图 7-2 vCenter 的内存性能图表

当阅读这些不同的计数方式时，需要记住以下几点：

- **消耗（consumed）的内存**：这是 VM 所消耗的 Guest 物理内存。这并不包含损耗的内存。但是，如果你运用第 4 章所给出的设计和规模划分指导，那么你可以对消耗的内存进行一个简单的损耗计算，从而决定 VM 所实际使用的内存。对于大多数场景来说，损耗的数量是无关紧要的，通常大约在 1% 左右。消耗的内存可以按照公式 7-1 的方式来进行计算。

消耗的内存 = 授予的内存 – 因为内存共享所保留的内存

公式 7-1 消耗的内存

- **授予的（granted）内存**：这是 vSphere 所授予的实际物理内存，这个内存对应于 VM 的 Guest 操作系统。
- **活跃的（active）内存**：这是 VM 中 Guest 操作系统所使用的内存数量。这个值通常会远低于消耗的内存或授予的内存。

注意 当为 JVM 的部署确定 VM 大小时，遵循第 4 章所给出的指导建议。如果你发现在持续的峰值使用之后，消耗的内存大幅小于预留内存（参考图 4-3 的计算过程，在这个样例中总的预留内存是 5GB），那么你可以逐渐将预留的数量调整至一个更小的值。最好是将预留内存设置为授予的值，授予值一定要大于 Java 堆（-Xmx），要增加大约 25% 的 Guest OS 内存需求。参考公式 4-1 了解实际的计算过程。你有时可能会更倾向于使用活跃内存来指导规模划分，但是这种实践方式可能会在环境内产生内存的过量使用，这会影响到 Java 工作负载的性能。具体来讲，对于运行关键应用的生产环境级别工作负载不推荐使用这些实践，一些开发期或低优先级的 QA 环境可能会过量使用内存，但是需要特别注意。

图 7-3 所展现的 CPU(%) 图描述了 VM CPU 的使用量以及就绪值（ready value）的情况，具体如下所述。

- **使用量（usage）**：这是当前所使用的虚拟 CPU 相对于所有可用 CPU 的百分比。它是 VM 上配置的所有可用 vCPU 的平均使用情况。如果一个 vCPU 显示的值是 100%，那么这表明它占用了底层物理核心的 100%。公式 7-2 描述了确定 vCPU 使用情况的计算方式。

虚拟 CPU 使用量 = 以 MHz 描述的使用量 /(vCPUs * 核心的频率)

公式 7-2 vCPU 使用量

- **就绪时间（ready time）**：就绪时间指的是 VM 已经就绪但是无法得到底层物理核

心调度时间片所持续的时间。如果 CPU 就绪时间的值很高并且在主机上有充足的 CPU，那么你可能在主机上分配了太多 VM，或者存在非一致内存访问不平衡，在这种场景中大多数的 VM 只运行在一个 NUMA 节点上。减少主机上 VM 所使用的 vCPU 数量能够解决这种问题。对于另外一种场景，你可能需要重新设计并划分 VM 的大小以确保它们能够准确地适应 NUMA 节点。我们对就绪时间的指导意见是不超过 5%（对于生产环境中的应用）或者在 vCenter 每 20 秒采集样本的时间段中不超过 1000 毫秒。就绪时间也可能是由 VM 或资源池中的 CPU 限制造成的，有些资源池可能会影响到 VM。

在网络图中（在图 7-3 所示的 vCenter 中，选择 Switch To 下拉菜单的 Network 选项），显示的数据如下所示：

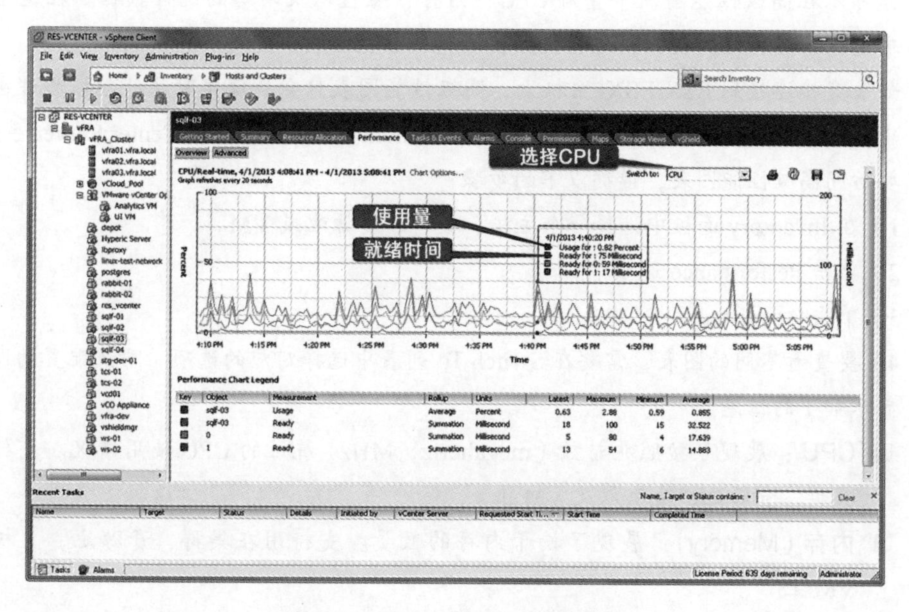

图 7-3　vCenter 的 CPU 性能图表

- ❑ **网络使用（Network（Mbps）Usage）**：所有连接到虚拟机上的虚拟 NIC 所传输和接收到的数据总量。
- ❑ **网络数据接收的速率（Network Rate (Mbps) Data Receive Rate）**：虚拟机上每个虚拟网络接口卡（NIC）实例接收数据的速度。
- ❑ **网络数据传输的速率（Network Rate (Mbps) Data Transmit Rate）**：虚拟机上每个虚拟网络接口卡（NIC）实例传输数据的速度。
- ❑ **传输网络包的数量（Network Packets (Number) Packets Transmitted）**：虚拟机上每个虚拟 NIC 所传输的网络包的数量。

- **接收网络包的数量（Network Packets (Number) Packets Received）**：虚拟机上每个虚拟 NIC 所接收到的网络包的数量。

在磁盘使用情况图中（在图 7-3 所示的 vCenter 中，选择 Switch To 下拉菜单的 Disk 选项），显示的数据如下所示：

- **已分配（Allocated）**：为 VM 所分配的逻辑数据存储空间总量。
- **已使用（Used）**：VM 正在使用的物理数据存储空间的数量。
- **非共享（Not shared）**：只属于本 VM，也就是不与其他 VM 共享的数据存储空间的数量。

在如下的注意事项中，描述了如何查看 vCenter 所提供的高级性能图表。

注意 你可以在高级性能图表中查看 CPU、内存、磁盘以及网络的统计数据。在这些图表中支持一些其他的数据，这些数据在概览的性能图表中是没有提供的。

如果直接连接到 ESX/ESXi 主机上，高级性能图表只会展现实时统计数据和过去一天中的统计数据。要查看历史数据，vSphere Client 必须要连接到 vCenter Server 系统中。

要访问高级性能图表，遵循以下的步骤：

1）在 Inventory 面板中选择一个主机、集群、资源池或 VM。

2）单击 Performance 选项卡。

3）单击 Advanced。

4）要查看不同的图表，需要在 Switch To 列表中选择对应的选项。默认配置的图表会显示如下的信息：

- **CPU**：展现了按照兆赫兹（megahertz，MHz）统计的 CPU 使用情况。支持用在集群、资源池、主机以及 VM 上。
- **内存（Memory）**：展现了授予内存的数量。支持用在集群、资源池、主机以及 VM 上。
- **磁盘（Disk）**：集中展现存储性能相关的统计数据。支持用在主机和 VM 上。
- **网络（Network）**：集中展现网络性能相关的统计数据。支持用在主机和 VM 上。

图表中所展现的历史数据数量取决于 vCenter Server 所设置的收集间隔以及收集级别。

7.3 借助 esxtop 排查 vSphere 问题的技术

如果有些问题的排查超出了 vCenter 性能图表所能支持的范围，那么你可以使用 esxtop。表 7-1 描述了在问题排查中最常用的指标。

表 7-1 常用的 esxtop 指标

展 现	指 标	阈 值	描 述
CPU	%RDY	5	使用了过多的 vCPU，过度使用虚拟对称多处理（virtual symmetric multi-processing，vSMP），或设置了限制（检查 %MLMTD）。这个 %RDY 的值是 VM 上所有 vCPU 的 %RDY 值的总和。例如，对于 1 个 vCPU 的 VM，如果 %RDY 的值是 20%，那么这就是有问题的，因为这意味着 1 个 vCPU 用了 20% 的时间来等待 VMkernel 调度它。与之相反，对于 4 个 vCPU 的 VM，如果 %RDY 的值是 20%，那么这可能是没有什么问题的，因为 CPU 平均只有 5% 的时间是不可用的。对 %RDY 超过 10% 阈值或更高的情况，你应该进行调查
CPU	%CSTP	3	资源花费在就绪、co-schedule 状态的时间百分比。 这个值超过 3 意味着过量使用了 vSMP。需要减少这个特定虚拟机的 vCPU 数量
CPU	%MLMTD	0	ESXi VMkernel 有意不运行资源池、VM 或整个主机的时间所占的百分比，因为这样做可能会违反资源池、VM 或主机上的限制设置。 因为当资源池、VM 或整个主机在这种情况下限制运行时，它会处于就绪的状态，因此 %MLMTD（最大限制值）时间将会包含在 %RDY 时间之中。 如果超过了 0，那就是出现了瓶颈。可能的一个原因就是 CPU 上的限制
CPU	%SWPWT	0	资源池或主机用来等待 ESXi VMkernel 交换内存的时间所占的百分比。 %SWPWT（交换等待）时间包含在 %WAIT 时间之内（VM 等待所交换的页从磁盘中读入）。你可能过量使用内存了，任何超过 0 的值都是有问题的
MEM	MCTLSZ	1	以 ballooning 的方式要求回收物理内存的数量。如果大于 0，那么就意味着主机要求 VM 通过 balloon 驱动来回收内存，这样做是因为主机被过量使用了
MEM	SWCUR	1	当前资源池或 VM 交换使用内存的数量。如果大于 0，那就意味着主机曾经交换过内存分页。你可能过量使用内存了
MEM	SWR/s	1	ESXi 主机为资源池或 VM 将内容从磁盘交换到内存的速度。如果大于 0，那么主机正在读取交换区域的内容，出现这种现象是因为过量使用内存了
MEM	SWW/s	1	ESXi 主机将资源池或 VM 内存交换到磁盘的速度。如果大于 0，那么主机正在往交换区域中写入内容，出现这种现象是因为过量使用内存了
MEM	N%L	80	分配给 VM 或资源池的内存中，本地（local）内存所占的百分比。如果低于 80，那么意味着 VM 的 NUMA 本地化（locality）做得很糟糕。如果 VM 的内存大于每个处理器的本地内存，那么 ESX 调度器将不会为该 VM 使用 NUMA 优化功能
NETWORK	%DRPTX	1	传输包丢弃的百分比。 如果出现了传输包的丢弃，那么意味着硬件因为较高的网络传输出现了过量使用
NETWORK	%DRPRX	1	接收包丢弃的百分比。 如果出现了接收包的丢弃，那么意味着硬件因为较高的网络传输出现了过量使用
DISK	GAVG	10	每条命令平均的 VM 操作系统延迟，数量以毫秒计算（ms）。参考 DAVG 和 KAVG，因为 GAVG = DAVG + KAVG

（续）

展 现	指 标	阈 值	描 述
DISK	DAVG	10	每条命令平均的设备延迟，数量以毫秒计算。在这个级别，可能会因为存储阵列（storage array）出现磁盘延迟
DISK	KAVG	0.1	每条命令平均的ESXi VMkernel延迟，数量以毫秒计算。因为VMkernel会出现磁盘延迟。出现较高的KAVG值通常意味着排队，请检查QUED
DISK	QUED	1	在ESXi VMkernel中目前排队的命令数量。这个统计值只会用在主机和设备上。如果队列被过度使用了，那么可能队列的深度设置的太低。查阅供应商的信息来确定最优的队列值
DISK	ABRTS/s	1	因为存储无响应，VM所产生的中止。对于Windows VM来说，默认这会在60秒后发生。可能会因为路径失效或者存储队列不能接受I/O而发生
DISK	RESET/s	1	每秒钟重置（reset）命令的数量

注意 如果你使用ESXi，并且没有Service Console，那么使用vSphere Management Assistant（vMA），你可以通过http://www.vmware.com/support/developer/vima/了解它。另外，还可以在https://www.vmware.com/pdf/vsphere4/r41/vsp4_41_vcli_inst_script.pdf中访问resxtop vCLI便利的参考文档。

7.4 Java问题排除指导

除了到目前为止我们所讨论的虚拟环境的问题排查，你可能还想要便利的工具来诊断Java问题。有很多可用的商用产品，关于它们的介绍已经超出了本书的范围。一个很好的起步工具随Java一起免费提供，名为JConsole。它位于JAVA_HOME/bin目录下，你可以启用JConsole。启动之后，你会看到如图7-4所示的应用程序。在下拉列表中，你可以选择一个正在运行的JVM进程来监控。

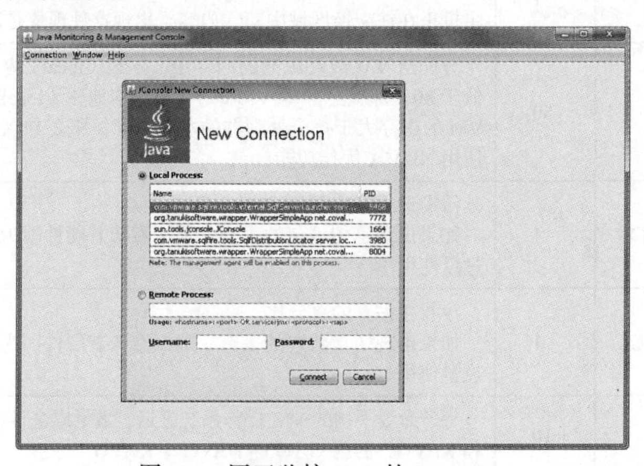

图7-4 用于监控Java的JConsole

注意　要理解本节的内容，需要预先阅读第 1 ～ 6 章的最佳实践以及调优建议。

图 7-5 展现了 JConsole 的 Memory 选项卡中的各个区域。

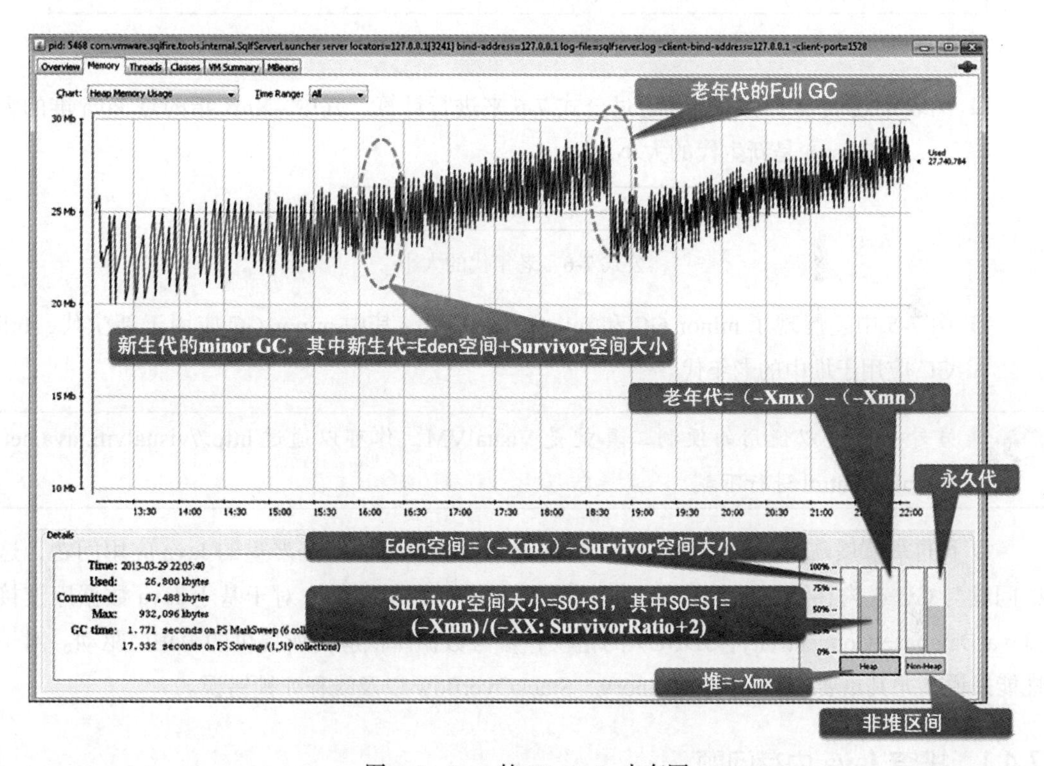

图 7-5　Java 的 JConsole 内存图

图 7-5 中所展现的内容如下所示，当你在使用本书前面章节所给出的各种调优建议和最佳实践时，你会发现 JConsole 所展现的内容是很有帮助的。当你进行调节时，你必须要再次借助图 7-5 检查一下你所设置的值：

- 在图 7-5 的右下角，重点显示了堆（–Xmx）和非堆内存区域。
- 堆（heap）区域又包含了 3 个子区域：Eden 空间、Survivor 空间以及老年代（old Generation）。新生代由 Eden 空间和 Survivor 空间（两个 survivor 空间）组成，参见公式 7-3。

新生代 =Eden 空间＋ Survivor 空间大小

公式 7-3　新生代的大小

- Eden 空间的大小可以通过公式 7-4 计算，其中 –Xmn 是新生代的大小。

Eden 空间 = (–Xmn) –Survivor 空间大小

公式 7-4　Eden 空间的大小

survivor 空间的大小可以通过公式 7-5 进行计算，其中 S0 和 S1 指的是第一个和第二个 survivor 空间，新生代有 2 个同等大小的 survivor 空间，它们共同组成了整个 survivor 空间。

survivor 空间大小 = S0 + S1，其中 S0=S1=（–Xmn）/（–XX: SurvivorRatio + 2）

公式 7-5　survivor 空间的大小

- 图表中还展现了老年代，通过公式 7-6 来进行计算，其中 –Xmx 指的是 Java 堆的大小，而 –Xmn 是新生代的大小。

老年代 =（–Xmx）–（–Xmn）

公式 7-6　老年代的大小

- 图 7-5 中还展现了 minor GC 和 full GC 的频率，其中 minor GC 应用于新生代，full GC 应用于堆中的老年代。

注意　另外一个可以使用的便利工具就是 VisualVM，你可以通过 http://visualvm.java.net/download.html 进行下载。

以下的章节展现了如何开始进行问题排查。你会学习到一些严重的 Java 应用问题，这些问题与 GC 或内存泄露相关，其中还有一些与线程竞争相关。对于基于 Java 数据库连接（Java Database Connectivity，JDBC）的错误，参考数据库供应商所提供的 JDBC 驱动。对于性能来说，尤其重要的是 OutOfMemory、StackOverflow 以及线程死锁错误。

7.4.1　排查 Java 内存问题

考虑这样一个样例，你要观察一段时间内负载的增长和减少。如果内存继续没有回收（最坏的场景），或者发生了 GC 回收但并没有达到所有内存全部回收，那么可能出现了内存泄露。如果这种症状持续存在到一个时间点，应用程序很可能会出现 OutOfMemory 错误。在这种状况下，你需要检查一下 GC 频率和设置：

- 启用 GC verbose 模式：
  - verbose:gc：将 GC 相关的基本信息打印到标准输出。
  - –XX:+PrintGCTimeStamps：打印 GC 执行的时间。
  - –XX:+PrintGCDetails：打印 JVM 中不同内存分区的统计数据。
  - –Xloggc:<file>：将 GC 结果记录到指定的文件中。

注意　要得到图形化展现的 GC 日志，你可以使用 GCViewer，下载地址：http://www.tagtraum.com/gcviewer-download.html。

- 重新检查 –Xmx、–Xms 和 –Xss 设置。检查这些值以确保你的语法是正确的。你可以按照 gigabyte（GB）的格式来设置值，如 –Xmx4g 或 –Xmx4096m，它们基本上都是 4GB 的堆内存。在生产环境中，要始终将 –Xms 的值设置为与 –Xmx 相等，以避免运行时堆的重新分页。
- 如果使用 Java 开发工具包（Java Development Kit，JDK）6，那么你可以在任意的平台中使用名为 jmap 的工具。运行 jmap 可能会在环境中添加额外的负载，因此要规划好运行它的最佳时间。你还可以使用 VisualVM 工具或 Memory Analysis Tool（MAT，http://www.eclipse.org/mat/downloads.php）。MAT 工具的内存泄露分析器是非常有用的，参见 http://help.eclipse.org/kepler/index.jsp?topic=/org.eclipse.mat.ui.help/welcome.html 的讨论。
- 你可以在 Java 命令行中添加 –XX:+HeapDumpOnOutOfMemoryError 以生成堆转储（dump）文件。你可以在 http://wiki.eclipse.org/index.php/MemoryAnalyzer 上学到各种堆转储文件的生成方式。
- 在调试时，重现内存泄露的通用方式如下：
  - 手动运行 GC 来清理应用。
  - 运行一组你所怀疑的方法，然后再次运行 GC。计算这一步中 GC 前后对象数量的不同，并对数值进行比较。多次重复这样的步骤，然后在代码片段中查找那些产生对象的百分比更高的片段。例如，假设在最初的几次重复过程中，所有的代码块在对象创建和对象数量方面都能保持一致，但是突然有一个代码块超过了其他的代码块并开始创建大量的对象，与其调用层级上的其他相关方法无法保持一致，那么这就是疑似内存泄露的地方。
  - 重复前面的两个步骤，生成堆转储文件或使用 MAT 进行分析。字符串拼接、长时间运行的线程、使用线程池、自定义 JDBC 池、自定义类加载器、自定义缓存（尤其是自制的缓存机制）以及使用 ThreadLocal 通常都是出现内存泄露的疑似代码区域。
- 如果你使用 JDK 5，需要记住如下的内容：
  - 如果你在 Linux 上运行 JDK 5，你可以使用 jmap。
  - 如果使用 JDK 5 Update 14 或更新的版本，那么在启动 JVM 时，可以使用 –XX:+HeapDumpOnCtrlBreak 选项，然后就可以在 Windows 中使用 Ctrl+Break 组合键来生成堆转储文件。

7.4.2 排查 Java 线程竞争的问题

如果你怀疑企业级 Java 应用中存在长时间的暂停，或者存有响应时间的问题需要通过

JVM 重启才能解决，那么你可能需要探查一下 Java 线程的转储文件了。在 Windows OS 中你可以使用 Ctrl+Break 组合键来获得 Java 线程的转储文件，在 Linux 中则可以通过在 Java 进程 ID 上执行 Kill -3 来获取该文件。有一点很重要，你要在问题症状恰好出现的时候生成线程转储文件。如果执行基准负载测试，这一点尤为重要。在这种情况下，要在最大峰值负载时，生成线程转储文件，然后再探查各种应用线程的行为。

有很多广泛使用的线程分析工具可以用来解析线程转储文件并且会对热点（hot）线程和等待锁的线程用红色来着重显示。你可以从这个点开始进行代码的调查，然后跟踪调用栈。

注意 你也可以使用 VisualVM 来探查线程转储文件。同步方法通常是导致阻塞现象和最终应用崩溃的罪魁祸首。除此以外，当与数据库进行交互时，以非线程安全的方式对资源使用悲观锁可能会导致多个线程对资源产生竞争和互相锁定（interlock）。当没有足够的 DB 连接服务于并发的 Java 线程时，更容易出现这样的状况，如果 DB 连接违背设计原意，出现跨线程共享时情况会更为糟糕。

7.5 本章小结

就 Java 平台监控和问题排查这一话题能够完整地写一本书，但本章主要介绍了在虚拟化 Java 平台中帮助你进行监控和问题排查的重要工具。针对 vSphere 环境来讲，本章重点介绍了 vCenter 和 esxtop。针对 Java 环境来说，本章介绍了 JConsole 和各种命令行的选项。

附　录 *Appendix*

FAQ

“我们已经虚拟化了 WebSphere 环境，现在我们正在考虑可替换的开源应用服务器。在这方面我们有什么可选的方案吗?”

第一个要检查的点就是客户的应用程序是否使用了企业级 JavaBean（Enterprise JavaBean,EJB）。如果没有使用 EJB 的话，你可以很容易地迁移到 vFabric tc server 上。但是，如果使用了 EJB 的话，你可以使用 Spring Migration Analyzer（SMA）来指导你的迁移过程。

你可以通过以下的地址获得 SMA 工具：https://github.com/SpringSource/spring-migration-analyzer。它的安装和使用是非常简单的。

你可以借助如下的命令来使用 SMA 工具，下面展现的是针对 daytrader-ear-1.1.ear 执行 SMA：

```
$ ./migration-analysis.sh daytrader-ear-1.1.ear -o report
```

这会产生一个报告，位置是 file:///<SMAInstallDir>/spring-migration-analyzer-1.0.0.M2/bin/reports/daytrader-ear-1.1.ear.migration-analysis/index.html。

这个报告展现了每个主要的代码片段以及影响的分析结果。你可以使用这个信息来规划代码重构。一般而言，要处理的代码片段分为如下的几类：

- 迁移 Java 数据库连接（Java Database Connectivity，JDBC）数据源事务并不需要代码变更，在这里你可以考虑使用 Spring JdbcTemplate 和事务管理来简化代码。
- 对于 Java 消息服务（Java Message Service，JMS）的代码需要很小的修改，因为它可以用于 tc Server 之中。为了简化这个过程，可以考虑借助 Spring 对 JMS 的支持，如 JMSTemplate。

- 对于 Java 命名和目录接口（Java Naming and Directory Interface，JNDI）的代码需要很小的修改，因为它可以很容易地迁移到 tc Server 上。

表 A-1 展现了 DayTrader 与使用类似 Spring 这样的非 EJB 实现时的分析结果。

表 A-1 SMA 工具比较了 DayTrader 与非 EJB 的方案

DayTrader	非EJB方式
使用 JMS API	通常并不需要或需要很少的迁移，因为 JMS 可以用在 tc Server 之中。考虑使用 Spring JMSTemplate
使用 JNDI API	JNDI 可以用在 tc Server 中，因此迁移这种应用并不需要额外的工作。 可以考虑使用 Spring 的 <jee-jndi-lookup> 来执行 JNDI 查询，而不是直接使用 JNDI API
使用 JTA	使用 Java 事务 API（Java Transaction API）通常会涉及编码方式设置事务边界，tc Server 并没有包含支持 JTA 的事务管理器实现。 最为直接的迁移方式通常并不需要代码级别的修改，而是使用外部的事务管理器（如 Atomikos），或者是重构代码使其不使用 JTA（如，使用 Spring 编码式的 Transaction Template）
很多的类使用了数据源事务	通常并不需要代码的修改。但是，在迁移的过程中，你可能会考虑使用 Spring 的 JdbcTemplate 和事务管理来简化代码
使用无状态会话 bean	无状态会话 bean 可以很容易地迁移为 Spring 管理的组件
消息驱动 bean（MDB）	假设有外部 JMS 提供者（provider）的话，那么迁移 MDB 会很容易。这些 bean 通常会迁移成 Spring 的消息驱动 POJO（Plain Old Java Object），这些对象会用到消息监听容器
使用声明式 JTA 的 MDB	默认的 MDB 配置使用了声明式事务（这是没有必要的）。 如果事务没有涉及任何的外部资源，那么这个事务实际上是没有必要的。 这样的 bean 可以很容易地迁移到 Spring 的消息驱动 POJO，它是没有声明事务配置的

“有客户遵循您的建议虚拟化和优化大规模 Java 平台的实际证据吗？”

“在我们的 OrderExpress 项目中，我们升级了中间件服务、商务（commerce）、门户、内容管理（WCM）、服务层以及 DB2 数据库；将 AIX 迁移到 Linux；在 VMware 上进行了虚拟化；将应用迁移到了 3 层的 DMZ 中；这使我们事务量的增长超过了 150%；新增加的处理能力极大地提升了客户体验。一次性修改涉及范围如此大的一个技术组件是巨大的挑战。但是，通过使用 VMware vSphere 和其他的架构变更，我们成功地将性能提升了 300%；降低了数百万的成本；提升了安全性、可用性以及可扩展性；现在，我们规划继续演进这个应用，使其能够保持 30% 以上的年增长。”

—Jeff Battisti，Cardinal Health 的高级企业级架构师

“我担心如果虚拟化 Java 应用的话，会产生性能的问题。”

事实已经多次证明，在原生模式上运行 Java 应用和在 vSphere 上运行 Java 应用的性

能是不相上下的，并不会带来性能的损耗。为了佐证本书所给出的最佳实践，图 A-1 展现了 HP 所执行的一个性能测试案例，它使用了基于 EJB 的 DayTrader 应用，将其部署在物理化和虚拟化的 IBM WebSphere 应用服务器上，便于进行直接的对比。从图中可以快速地看出与物理化场景相比，虚拟化的 IBM WebSphere 表现出了很好的性能，尤其是在 2 个和 4 个 vCPU 的最理想虚拟机配置中更是如此。你可以在如下地址获取完整的案例 http://www.vmware.com/resources/techresources/10095。

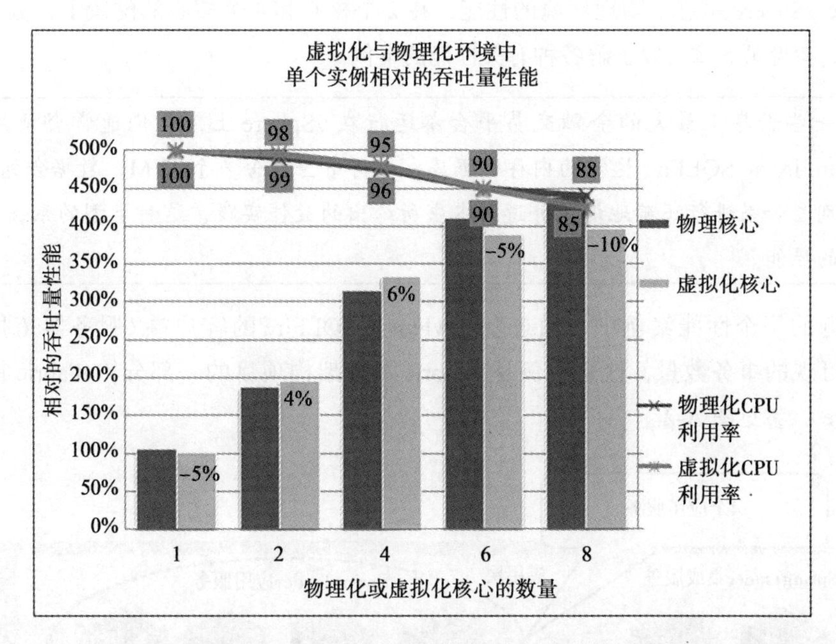

图 A-1　不同数量的 CPU 和 vCPU 中吞吐量对比的性能图表（由 HP 执行）

“我已经了解过虚拟化了，但是在我的环境中，只能实现 3 ：1 的服务器合并率，所以我认为不值得这样做。”

服务器合并只是虚拟化所能带来的众多好处之一。很多 VMware 的客户使用虚拟化实现了执行速度的提升并且对于升级更为有信心，达到了应用服务水平的最大化，同时提升了应用可管理性和可恢复性。

“我能够在什么地方得到支持？”

参见 VMware 的支持页面：http://www.vmware.com/support/ ；或者联系你的应用服务器供应商。VMware 的支持团队会为任意的应用服务器提供指导，包括 WebLogic 和 WebSphere。

“我为什么要虚拟化 Java 应用？”

通过虚拟化，你可以提升 IT 资源和应用的效率和可用性。

开始的时候，要抛弃“每个服务器上一个应用”的老模式，在每个物理机器上运行多个 VM。将你的 IT 管理员从管理服务器所耗费的大量时间中解放出来，使其能够进行一些创新。在非虚拟化的数据中心，IT 预算的 70% 只是用来维护已有的基础设施，所留给创新的非常少。

“有什么性能问题吗？”

没有。参见 HP 所执行的测试案例，他们将 WebSphere 运行在 vSphere 上：http://www.vmware.com/resources/techresources/10095。根据所分配的核心或 vCPU 的不同，在有些场景下 VMware vSphere 超过了物理环境的性能，在 2 个核心和 4 个核心的配置下，分别超过了 4% 和 6%。参见第 5 章，以了解各种有关性能的案例。

> 注意 有一些世界上最大的金融交易平台都运行在 vSphere 上，它们通常会使用 vFabric GemFire 和 SQLFire 这样的内存数据库，集群中会包含多个 JVM，数据会到达 TB 的级别。如果进行正确地调优并遵循本书所给出的最佳实践，这种类型的系统会达到很好的性能。

在最近的一个性能案例中，通过基于 vFabric SQLFire 的客户端 / 服务器拓扑结构实现了十分可观的事务数量，这个案例是 vFabric 参考架构项目的一部分（vFabric Reference Architecture），参见图 A-2。

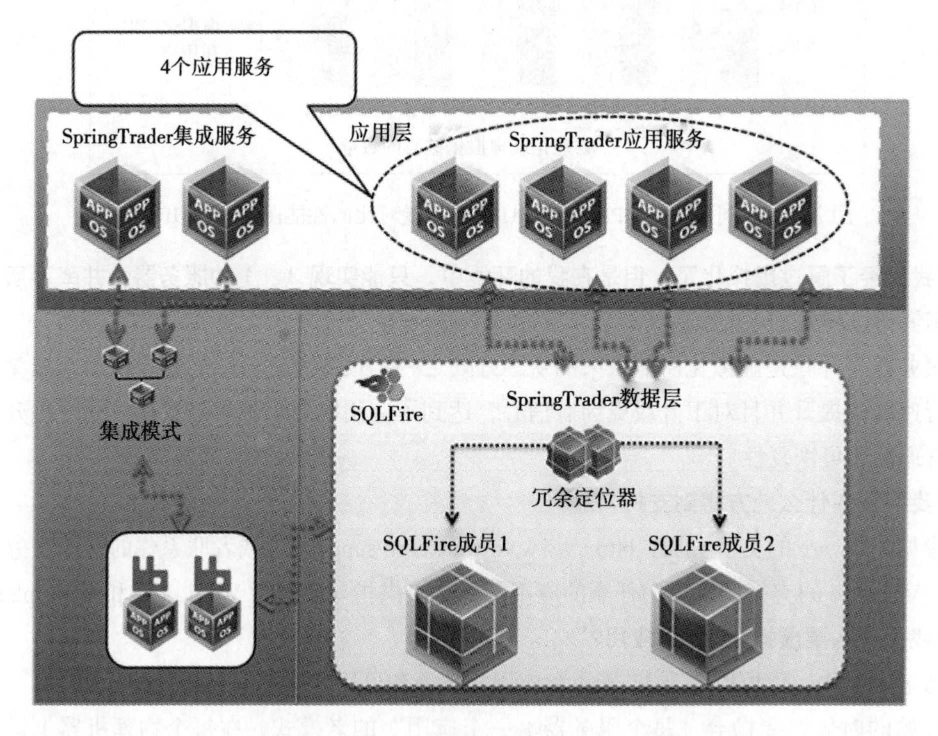

图 A-2 vFabric 参考架构

拓扑结构由 vFabric SQLFire 客户端 / 服务器结构组成，应用层会与后端的 SpringTrader 数据层交互。这个拓扑结构曾经用于 10 000 个用户的测试：在应用层，使用了 4 个 SpringTrader 应用服务，除此之外还有 2 个集成服务、2 个 RabbitMQ 服务器以及 2 个 SQLFire 成员。这四个 SpringTrader 应用服务中，每个都有 2 个 vCPU 和 1GB 内存，2 个 SpringTrader 集成服务中都有 2 个 vCPU 和 768MB，2 个 RabbitMQ 服务器则分配了 2 个 vCPU 和 2GB 内存，SpringTrader 数据层的 2 个 SQLFire 成员都有 8 个 vCPU 和 94GB 内存。

图 A-3 展现了扩展性测试的结果，左侧的纵轴表示用户的数量，右侧的纵轴展现了从单个应用服务开始计算的扩展性，在扩展性测试中使用的应用服务 VM 数量在横轴中表示。对图 A-2 的配置进行测试的结果显示，横轴的 4 个 VM 能够服务于 10 400 个用户，如左侧纵轴所示。对于少于 10 400 个用户的场景，图中展现了所需的应用服务 VM 数量。在测试中，应用服务 VM 的数量从起点开始是变化的（从 1 个～ 4 个）。但是 RabbitMQ 服务器（2 个 VM）、集成服务（2 个 VM）以及 SQLFire（2 个 VM）各自的数量一直保持 2 个，并没有变化。

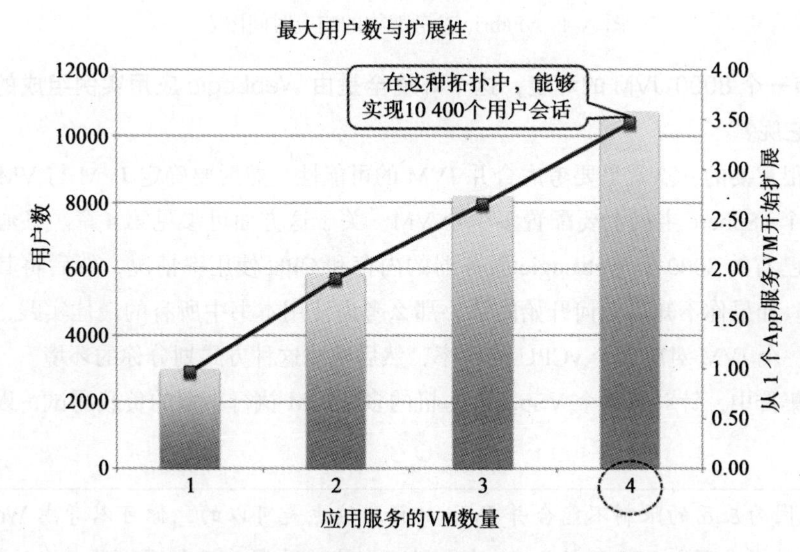

图 A-3　vFabric 参考架构可通过的最大用户数量以及扩展性

这个配置的响应时间如图 A-4 所示，在 10 400 用户时，响应时间大约是 0.25 秒，每秒钟大约是 3000 个事务。这种级别的事务数量表明，虚拟化系统结合内存数据库，如 vFabric SQLFire，能够实现很高的可扩展性和性能。

要了解这个性能测试的更多信息，参考 vFabric 参考结构页面的 Topic-3：http://www.vmware.com/go/vFabric-ref-arch。

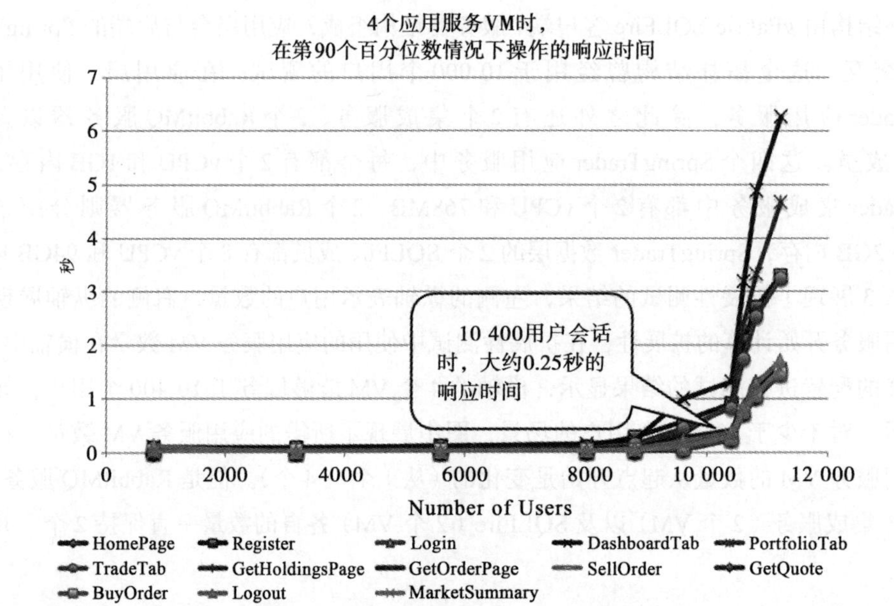

图 A-4 vFabric 参考架构的响应时间图表

“我们有一个 8000 JVM 的环境，这个环境全是由 WebLogic 应用实例组成的。我们该如何虚拟化它呢?”

首先，很重要的一点就是要考虑合并 JVM 的可能性，然后要确定 JVM 与 VM 之间的比例以及在每个 vSphere 主机上要配置多少个 VM。关于这方面可参见第 4 章。核心的指导内容就是确立已有的 8000 个 WebLogic 服务器的内存和 CPU 使用率情况，然后将其匹配到虚拟化环境中。如果你不知道如何开始的话，那么考虑使用本书中所有的最佳实践，尤其是在开始时假定一个 JVM 对应 2 个 vCPU 的比率，然后按照这种方式划分你的环境。

在一个集群中，针对跨数个 VSphere 主机的多个 VM 执行小型的负载测试，以验证你的假设。

> 注意 如果因为应用的限制不能合并 JVM 的话，这也是可以的，你可以考虑 WebLogic 所管理的服务器与 VM 保持 1 : 1 的比例。但是，通常并不会这样做。在这种情况下，你可以在一个 VM 上部署多个 JVM，同时需要考虑到 vCPU 和内存的使用率。一个 JVM 对应 2 个 vCPU 的比例只适用于 WebLogic 所管理的服务器。WebLogic admin 服务器可以部署在任意的 VM 上，而不必关心 VM 上是否有 WebLogic 所管理的服务器，这其实并没有关系。WebLogic admin 服务器并不会消耗太多的资源。

与 WebLogic 所管理的服务器放在一起的话，你必须要确保 WebLogic admin 服务器具有足够的高可用性（high availability，HA），这是通过 vSphere 集群来保证的。

“在 vFabric 中包含了什么样的技术工具和运行时服务？”

表 A-2 描述了各种 vFabric 工具和运行时组件：

表 A-2　vFabric 工具和运行时服务

组　件	描　述
Spring Tools Suite	STS 为构建基于 Spring 的企业级应用提供了最好的开发环境，它是基于 Eclipse 的。STS 为最新的企业级 Java、Spring、Groovy 以及基于 Grails 的技术提供了工具。STS 包含了开发版本的 tc Server，这是 Apache Tomcat 的替代产品，针对 Spring 进行了优化。在 Spring Insight 控制台中，开发版本的 vFabric tc Server（http://www.springsource.com/developer/tcserver）提供了一个有关应用性能指标的图形化实时视图（view），这样开发人员就能够在自己的桌面上识别和诊断问题。STS 开发的应用能够部署到本地、虚拟化环境以及基于云端的服务器上。它可以免费获取，能够用于开发或内部商业使用，没有时间方面的限制
Spring Framework	Spring Framework 包含了许多创建 Web 应用的特性。这些特性实现在如下的模块之中： **Spring 控制反转（Inversion of Control，IoC）**：配置应用组件并管理 Java 对象。 **Spring 面向方面编程（Aspect-Oriented Programming，AOP）**：支持实现跨切点的日常业务（routine）。 **Spring Data**：在 Java 平台上借助 Java 数据库连接（JDBC）和对象关系映射工具使用关系型数据库管理系统。 **事务管理（transaction management）**：统一多种事务管理应用编程接口（API）并为 Java 对象配置事务。 **Spring MVC(web model view controller)**：基于超文本传输协议（HTTP）和 servlet 的框架，提供了进行扩展和个性化的钩子（hook），支持 Web 流程和 JavaServer Faces。 **移动应用开发（mobile application development）**：包括使 Web 应用适合在移动设备上展现的工具，以及创建原生客户端的工具，这些原生的客户端会与 Spring 后端交互。 **Spring Remote**：配置远程过程调用（Remote Procedure Call，RPC）方式的导出，配置通过网络导入 Java 对象，支持远程方法调用（Remote Method Invocation，RMI）、通用对象请求代理体系结构（Common Object Request Broker Architecture，CORBA）以及基于 HTTP 的协议，包括简单对象访问协议（Simple Object Access Protocol，SOAP）Web 服务。 **Spring Batch**：针对以大容量处理为特点的可重用性功能所提供的框架，这些功能包括日志和跟踪、事务管理、job 处理统计、job 重启和略过（skip）以及资源管理。 **Spring Security**：可配置的安全处理过程，通过使用 Spring Security 的子项目支持多种标准、协议以及工具。 **远程管理（Remote Management）**：以可配置的方式暴露和管理 Java 对象，借助 Java 管理扩展（Java Management Extensions，JMX）实现本地或远程的配置
Spring Integration	Spring Integration 为 Spring 编程模型提供了扩展，使其支持众所周知的企业级集成模式（enterprise integration patterns，http://www.eaipatterns.com/）。它支持在基于 Spring 的应用中使用轻量级的消息，并且支持使用各种声明式适配器与外部系统进行集成。这些适配器在 Spring 所支持的功能上提供了较高层级的抽象，这些功能包括远程服务（remoting）、消息（messaging）以及调度（scheduling）。Spring Integration 的首要目标是提供简单的模型来构建企业级集成解决方案，同时还要保持在产品可维护性、代码可测试性方面的关注点分离
vFabric tc Server	vFabric tc Server 为企业级用户提供了轻量级的服务器，它具有运维管理、高级诊断以及业务所需的关键任务支持功能。它设计为 Apache Tomcat 的替代产品，因此不管是自定义构建的还是商业的软件应用，如果对 Tomcat 进行了校验，都可以无缝迁移到 vFabric tc Server 上

（续）

组　件	描　述
vFabric Web Server	vFabric Web Server基于流行的Apache Web服务器（http://httpd.apache.org/docs/2.2/），它为Web层提供了熟悉的且已被充分证明的基础设施。不像Apache那样，vFabric Web Server是预先编译的、预先配置的并且预先打好了补丁，将部署时间从一般3天左右减少到30分钟。在所有支持的操作系统中，它都保持一致的安装过程和结构，安装要使用一个自解压的包，它对安装位置没有要求，对图形化库也没有依赖。你可以打补丁和升级多个实例，以便进一步减少部署和支持的成本
vFabric EM4J	VMware vFabric Elastic Memory for Java（EM4J）能够让内存在Java虚拟机（JVM）实例之间动态共享，而且不会牺牲性能。 自动将Java堆内存分配给最需要的JVM。 在每个vSphere主机上部署更多的应用服务器VM，增加服务器的合并。 减少out-of-memory错误出现的可能性，这种错误会给应用带来损害
vFabric RabbitMQ	vFabric RabbitMQ是一个完整且高可用的企业级消息系统，它基于高级消息队列协议（Advanced Message Queuing Protocol，AMQP）。它的许可证是开源的（http://rabbitmq.com/mpl.html），它包含平台独立的发布版本和特定平台相关的包，以及易于安装的bundle。它是一个高效的、高可扩展的且易于部署的队列软件，它让消息流量的处理变得非常容易。vFabric RabbitMQ能够很方便地应用于主要的操作系统和开发平台。不像其他的消息产品那样，vFabric RabbitMQ是基于协议的，这样它就能够与范围很广的软件组件连接，使其成为云计算环境中理想的消息解决方案
vFabric SQLFire	vFabric SQLFire是基于内存的分布式数据管理平台，它可以跨越多个VM、JVM和vFabric SQLFire服务器来管理应用的数据。通过使用动态复制和分区，vFabric SQLFire在平台中提供了如下的特性： 数据持久化 基于触发器的事件通知 并行执行 高吞吐量 低延迟 高可扩展性 持续可用性 WAN分布
vFabric Postgres	vFabric Postgres（http://www.vmware.com/products/application-platform/vfabric-postgres/overview.html）是企业级的ANSI SQL关系型数据库，并针对VMware vSphere进行了优化。它完全兼容于已经开源的PostgreSQL（http://wwww.postgresql.org/）。 降低了数据库总拥有成本（total cost of ownership），并增加了vSphere环境中的敏捷性。 通过弹性数据库内存来共享数据库内存池，而不是预备过多的内存（overprovisioning）。 在划分好VM后，能够进行智能配置，减少调优时间。 利用已有的标准PostgreSQL工具
vFabric Application Director	加速和自动化多层应用程序的配置和部署。vFabric Application Director是一个支持云环境的应用提供（provisioning）解决方案，对于跨云服务的应用程序部署拓扑结构，它能够简化其创建和标准化过程。vFabric Application Director对vFabric的组件进行了优化，但是它可以扩展至任何会成为Spring应用一部分的组件。开始会有一个直观的拖拽面板，应用架构师可以快速创建完整的部署蓝图或可视化的部署拓扑结构，然后能够进行保存，以便于随后将其部署到任意的云环境中，这个过程可以通过安装依赖、配置变更和可编辑脚本进行严格的控制

（续）

组　件	描　述
vFabric Data Director	借助 vFabric Data Director 所实现的数据库感知虚拟化（database-aware virtualization）和自服务生命周期管理功能，能够提升敏捷性并极大地降低数据库的 TCO。它能够安全地自动化日常工作，如数据库提供（provisioning）、HA、备份（backup）和克隆（cloning）。vFabric Data Director 是支持不同数据库的统一平台，目前支持 Oracle Database 10g Release 2 和 11g Release 2 以及 VMware vFabric Postgres 9.0 和 9.1（http://www.vmware.com/products/application-platform/vfabric-postgres/overview.html）。企业级的安全性、灵活性、控制以及合规性（compliance）能够让用户从公开云数据库服务的敏捷性中获益。 通过 vSphere 上实现数据库感知的虚拟化，减少数据库硬件和许可证成本。 通过自动化数据库生命周期管理，增加敏捷性。 通过基于策略的自服务，加速应用程序的开发

“如果要运行在 vSphere 上，我编写 Java 代码的方式要有所不同吗？”

与运行在原生环境的 Java 相比，运行在 vSphere 上的 Java 在编程实践方面并没有什么变化。

在原生环境上的 Java 优化可以重用到 vSphere 上的 Java 之中。

大多数的 Java 工作负载已经可以进行虚拟化了，但是在有些实例中，对大规模的事务，可能要使用 CPU 和内存的限制。参见第 3 章和第 4 章来了解更多细节。

“针对 vSphere 环境，有什么 Java 方面的最佳实践吗？”

有的，参见第 6 章。

“对运行在 vSphere 上的 Java 应用，如何实现垂直可扩展性？”

vSphere 的垂直可扩展性特征能够允许在任意时刻调整计算资源，而不必进行重新设计。根据 Guest 操作系统的条件和支持情况，你可以调整 CPU 和内存。但是，如果你调整 Java 堆大小的话，通常需要重启 JVM。

“对运行在 vSphere 上的 Java 应用，如何实现水平可扩展性？”

水平可扩展性能够快速创建新的 VM，并且让它们服务于访问流量，从而满足你的需求。创建新的 VM 是很容易的，但是需要为你的应用创建真正横向扩展的能力，新创建的 VM 必须要很容易地引入到负载均衡器池中，从而服务于额外的访问流量。

“当在 vSphere 上运行 Java 应用时，如何避免服务器硬件故障的影响？”

VMware 的高可用性（high availability，HA）能够将 Java 应用程序重新放到另外一个可用的主机上，因此能够最小化停机时间以及对服务等级的破坏性影响。现在，因为 Java 工作负载一般都是水平扩展的，这就意味着不止有一个服务的副本服务于事务，因此当一个 JVM 重启时，其他的 JVM 依然可用并且能够服务于事务。不过，也有一点，那就是你重启的 JVM 会丢失正在处理的事务。在这种场景下，你可以在应用层面考虑一个容错性的持久化机制来避免这种问题。

“对于运行在 vSphere 上的 Java 应用，如何实现高可用性？”

借助 VMware 分布式资源调度器（Distributed Resource Scheduler，DRS），你能够实现最

优化的 HA，DRS 会自动平衡工作负载。通过对 VMware HA 和 DRS 进行少许的配置就能提供一个健壮的可用性解决方案。

“我能够在一个 VM 上放置多少个 JVM，VM 该使用多少个 vCPU？”

这取决于应用程序的事务性吞吐量。VMware 建议对你的应用进行性能负载测试以确定最优的 JVM 数量和 VM 数量的比例，以及每个 VM 上的 vCPU 数量。同样可以参考第 3 章和第 4 章。

“有什么应用服务器已经在 vSphere 的生产环境中证明了可行性？”

所有的应用服务器都是很好的可选方案，并没有哪个具体的应用服务器跟 vSphere 协作得更好。据 VMware 的众多客户反馈，他们的 Java 环境在开发、测试以及生产条件下都虚拟化得非常好。我们发现最为常用的应用服务器是 Oracle WebLogic、IBM WebSphere、JBoss、Tomcat 和 vFabric tc Server，它们都是很容易虚拟化的应用服务器，除此之外还有许多其他的服务器。

“我们想在 vSphere 环境上运行 WebLogic，在这方面进行了什么样测试来检验可行性吗？”

我们有多个保险和医疗行业的客户，它们针对 vSphere 上运行的 WebLogic 进行了独立的性能测试。如果进行直接对比的话，他们的测试结果与原生环境是相同的。在有些场景下性能甚至会更好，这是因为部署环境的细微重构、Java 版本升级以及硬件升级。

“哪种 Web 服务器已经在 vSphere 的生产环境中证明了可行性？”

实践表明，Apache Web Server 和 Microsoft Internet Information Services（IIS）都能在 vSphere 上运行得很好，包括生产环境。

“Java 应用平台是多层的。应该优先虚拟化哪一层呢？”

从较高的级别来看，我们可以将企业级 Java 应用平台划分为如下的层次：

- 负载均衡器层
- Web 服务器层
- Java 应用服务器层
- DB 层

我们对于具体的顺序并没有什么建议，有一些 VMware 的客户将所有的层都进行了虚拟化。但是，我们确实看到有一种趋势是分阶段迁移的，具体如下：

- 第一阶段：将 Web 服务器层迁移到 vSphere 上运行。
- 第二阶段：将 Java 应用服务器层迁移到 vSphere 上运行。
- 第三阶段：将 DB 服务器层迁移到 vSphere 上运行。
- 第四阶段：将负载均衡器层迁移到 vSphere 上，使用可运行在 vSphere 上的第三方负载均衡器虚拟设备。

“vSphere 如何为企业级 Java 应用程序的业务持续性提供帮助?”

VMware vCenter Site Recovery Manager 能够完成如下的功能：

- 迁移到备用站点的故障恢复功能
- 自动化恢复计划
- 允许使用快速存储复制的适配器
- 将多个站点恢复到一个共享的恢复站点上
- 模拟并测试恢复计划
- 提供了强大的 API，支持进一步的脚本编写 (http://www.vmware.com/support/developer/srm-api/srm_10_api.pdf)

“如果我对运行在 VMware 虚拟化基础设施上的 Oracle WebLogic 服务器有问题的话，那么我应该请求谁来提供支持呢?”

Oracle 为在 VMware 软件上运行 WebLogic 服务器提供了完善的支持。客户可以请求 Oracle 来解决 WebLogic 相关的问题，也可以请求 VMware 来解决 VMware 虚拟化相关的问题。最好且最快捷的隔离问题的方式是让 VMware 和 Oracle 的支持团队协作来解决。

“如果我对运行在 VMware 虚拟化基础设施上的 IBM WebSphere 服务器有问题的话，那么我应该请求谁来提供支持呢?”

在 VMware 环境中，支持 IBM SWG 产品的通用页面：http://www-01.ibm.com/support/docview.wss?&uid=wws1e333ce0912f7b152852571f60074d175。

VMware 产品中，针对 IBM WebSphere 应用服务器支持信息参见：

http://www-01.ibm.com/support/docview.wss?uid=swg21242532。

“许可证是什么样的?”

- 对于 vSphere 的许可证，联系 VMware 销售，参见：http://www.vmware.com/contact/contact_sales.html。
- 对于应用服务器的许可证，联系指定应用服务器供应商。
- 对于 Oracle WebLogic，下面提供了有关支持、许可证以及价格方面的更多信息。

对于 VMware 环境下，Oracle 产品的通用软件支持，在 Oracle 合作伙伴站点上是 MetaLink 269212.1：http://myoraclesupport.oracle.com 或 http://metalink.oracle.com。你必须注册为支持用户才能获得 MetaLink 文档。

- IBM WebSphere：

在虚拟化平台上（包括 VMware）的 IBM 软件定价策略，参见：

http://www-01.ibm.com/software/lotus/passportadvantage/Counting_Software_licenses_using_specific_virtualization_technologies.html

联系 IBM 以了解定价情况。

“有什么用户案例可供参考吗？”

下面是一部分在 WebLogic 服务器上成功虚拟化应用的 VMware 用户列表：

- First American Financial Group: https://www.vmware.com/files/pdf/partners/first_american_corp_cs_091207.pdf
- I2 Technologies India: https://www.vmware.com/files/pdf/customers/apac_in_08Q1_ss_vmw_i2_technologies_english.pdf
- VMware Session on Oracle E-Business Suite from VMworld 2009（可无须密码查看）：http://www.vmworld.com/docs/DOC-3624

下面是一部分在 WebSphere 应用服务器上成功虚拟化应用的 VMware 用户列表：

- Ohio Mutual Insurance Group (OMIG): http://www.vmware.com/files/pdf/customers/08Q4_isv_vmw_OMIG_english.pdf
- T-Systems Austria: http://www.vmware.com/files/pdf/customers/06Q4_cs_vmw_T-systems_Austria_English.pdf
- First Marblehead: http://www.vmware.com/files/pdf/customers/09Q2_cs_vmw_First_Marblehead_english.pdf

“因为虚拟化必须要做出什么样的决策？”

你必须要确定可重复使用的模板 VM 的大小。这是通过基准测试以及横向扩展的总体因素所确定的。还需要确定每个 vCPU 配置可以处理多少应用中的并发用户，并根据生产环境的网络访问流量来确定总共所需的计算资源。对等的模板（如，每个 VM 有相同数量的 vCPU）能够有助于负载均衡器所分发的负载是均衡的。从本质上来讲，基准测试会帮助你确定 VM 应该有多大（垂直可扩展性）以及需要多少个 VM（水平可扩展性）。

你必须要在横向扩展的相关因素方面特别注意，查看运行在 VMware 上的应用能够在多大程度上保持线性扩展。因为 Java 应用是多层的，横向扩展的性能线上可能在任意的一点出现瓶颈，并且很快会导致非线性的结果。如果假设扩展性是线性状态的，那么这种假设不会总是正确的，因此对预发布产品的副本（要发布的产品）进行性能测试是很重要的，在测试中，你的环境要与访问流量保持完全一致。

“我已经对当前运行在物理化环境中的企业级 Java 应用进行了很多的 GC 划分和优化工作。如果要将这个 Java 应用迁移到虚拟化环境中，我还需要调整这些与规模划分相关的事情吗？”

不需要。你在物理化环境中为 Java 应用所执行的调优能够全部转移到虚拟化环境之中。但是，因为虚拟化的项目通常会有较高的合并率，因此建议进行足够的性能测试来确定每个 VM 中最为理想的计算资源配置、VM 中 JVM 的数量以及 ESX 主机上 VM 的总量。

除此之外，因为这种类型的迁移会涉及 OS/ 平台的变化和 JVM 厂商的变更，因此建议通读第 3 章和第 4 章。

“我应该需要多少虚拟机，虚拟机的大小是什么样的？”

这取决于应用的特点。对于 Java 应用来说，我们见得最多的情况是将 2 个 vCPU 的 VM 作为模板。其中有一条指导意见是对你的系统进行更多的横向扩展调优，而不是纵向扩展调优。这个规则也不是绝对的，它取决于你的组织中架构上的最佳实践。更小的、更加可横向扩展的 VM 可能会提供更好的整体架构，但这会导致额外的 Guest OS 许可证成本。如果这是一个限制条件的话，你可以调整为 4 个 vCPU 的 VM 并在上面放置多个 JVM。

“每个虚拟机上，正确数量的 JVM 是多少？”

这方面并没有明确的答案。这很大程度上取决于应用的特点。你所执行的基准测试能够确定在一个 VM 上能够堆放的 JVM 数量。

你在一个 JVM 上放置的 JVM 越多，就会产生越多的 JVM 损耗和 JVM 初始化成本。作为替代方案，你可以通过添加更多的线程和堆空间，实现垂直增加 JVM 的大小，而不是在一个 VM 上堆积多个 JVM。如果你的 JVM 运行的是应用服务器的话，如 Tomcat，这是可以实现的。那么，你可以不增加 JVM 的数量，而是增加可用的并发线程数和资源，这样一个 Tomcat JVM 可以服务于部署在上面的 *n* 个应用以及每秒的并发请求。至于一个应用服务器实例 /JVM 上可以堆放多少应用则受限于你所能承担的堆大小和性能。超过 4GB 的较大堆空间需要测试性能和 GC 周期的影响。这个问题并不只是针对虚拟化的，它也同样适用于物理化服务器环境。

“我们想要使用主机全部的逻辑 CPU 处理能力，并且想充分利用 HT。”

让我们以 Dell 服务器 R810 为例，它是双插槽 8 核的机器，超线程（hyperthreading，HT）已经启用。也就是说，有 16 个物理 CPU，因为启用了 HT，所以逻辑 CPU 的数量是 32 个。在这里，理想的场景是配置多个 VM，每个 VM 的 vCPU 数量可以从各种可用的 vCPU 配置中进行选择，如 2 个 vCPU、4 个 vCPU 或 8 个 vCPU。目标要遵循如下的等式：

总的 vCPU 数量 = 物理 CPU ＋ 25%

在我们的例子中，也就是具有

16 个物理 CPU ＋ 25% * 16 = 大约 20 个 vCPU

现在这不是一成不变的规则，实际上你也可以超过这个值，比如 3 个 VM，每个 VM 有 8 个 vCPU，总数是 24 个 vCPU，你可能会发现整体的 CPU 利用率依然在可接受的范围之内。但是任何超出这个值的行为都会侵犯主机的限制。

注意　即便处理器具备了 HT 功能，在更为频繁的调度情况下也不一定能够保证 VM 能够发挥出足够的处理能力。这是因为 vCPU 所能接受到的 CPU 资源数量会受到同一个物理核心中其他逻辑处理器活动的影响。为了保证后面的 vCPU 能够具有处理资源的能力，ESX 有时会不调度其他逻辑处理器上的 VM，相当于使其处于空闲（idle）状态。参见：http://kb.vmware.com/kb/1020233。

“我们有一个监控系统，它只有一个 JVM，堆的大小是 360GB。我们能够对其进行调优吗?”

你应该问的第一个问题就是为什么监控系统只有一个 JVM。难道不应该考虑单点故障的情况吗？当然，你可能会将这个问题转移给监控系统的厂商。需要记住以下几点：

- 在此期间，你至少可以对其进行虚拟化并利用 VMware HA 所带来的收益，也就是在发生故障的情况下，需要对其进行重启的时候（所以，按照这种方式你会得到一定程度的保护）。
- 要划分这么大的 JVM，最主要的技巧就是底层非一致内存（Non-Uniform Memory Access，NUMA）访问节点的大小。按照通常来讲，会选择双插槽的 vSphere 主机，那么这就会需要最大的 NUMA 节点。
- 如果你的主机有 1TB 的内存，那么对有问题的监控系统进行 JVM 划分将会非常简单直接，因为整个进程能够全部放到一个 NUMA 节点之中。但是，内存的价格通常是比较昂贵的，并没有太多客户有这样的环境，在本例中客户的 vSphere 主机只有 512GB 内存。
- 因为 vSphere 主机上只有 512GB，我们必须要考虑 Java 进程特定的一些问题，因为它会运行在 2 个 NUMA 节点上。
- 这里主要的问题在于你要尽量将 Java 堆中的某个区域完整地放到一个 NUMA 节点中。在本例中，如果你使用最佳实践的话，新生代（–Xmn）应该是整个 Java 堆（–Xmx）的 33%，也就是 0.33 * 360GB => 118.8，取整是 118GB。它能够完整地放到一个 NUMA 节点之中，但是让我们再检查一下。
- vSphere 主机由 512GB RAM 和 2 个插槽组成，每个插槽上有 10 个核心。如果我们将损耗计算进去，那么每个 NUMA 节点的内存就是 => ((0.99 * 512) – 1) / 2 => 252.94，取整到 253GB，这就是本地 NUMA 内存的数量。
- 新生代是 118GB，那么老年代的大小就是 360 – 118 => 242GB，因为每个 NUMA 节点中大约有 253GB，所以新生代和一部分老年代可以放到第一个 NUMA 节点中，而另一部分将会位于第二个 NUMA 节点中，这会产生交错访问（interleave）。新生代所有的 118GB 将会放到一个 NUMA 节点之中，而老年代的 242GB 将会有一部分跨越 2 个 NUMA 节点，从而产生交错访问。这当然会是一个问题，当然你的客户可能已经习惯于这种搭建方式的性能，并且会接受这种方案。

- 假设你确实需要 360GB 的 JVM，那么单个 VM 的大小应该是 360GB +OS 所需的 1GB + 非堆使用的 25% * 360GB => 360GB + 1GB + 90GB = 451GB，这就是 Java 进程所可能使用的内存。因为这里只有一个 VM，所以 vSphere NUMA 调度器会尽可能将代码的执行局限在本地 NUMA 节点中。它也会使用 NUMA 客户端的方法，在这里单个 VM 实际上在底层进行了拆分以便于管理 NUMA 内存交错访问的情景。

图 A-5 展现了针对 360GB JVM 所可能给出的配置。

```
java -Xms360g -Xmx360g -Xmn118g -Xss1024k -XX:+UseConcMarkSweepGC
-XX:+UseParNewGC -XX:CMSInitiatingOccupancyFraction=75
-XX:+UseCMSInitiatingOccupancyOnly -XX:+ScavengeBeforeFullGC
-XX:TargetSurvivorRatio=80 -XX:SurvivorRatio=8
-XX:+UseBiasedLocking -XX:MaxTenuringThreshold=15
-XX:ParallelGCThreads=10 -XX:+OptimizeStringConcat
-XX:+UseCompressedStrings -XX:+UseStringCache -XX:+DisableExplicitGC
```

图 A-5　具有 360GB 堆内存的监控系统的 JVM 配置

注意　我们需要尽一切可能将 Java 进程的堆空间放到一个 NUMA 节点之中（通常这是可行的），因为大多数如此庞大的堆空间都没有得到充分的利用。另外一个原因在于，将新生代和老年代放到本地 NUMA 内存中，因为更好的内存吞吐所带来的性能提升会很容易的超过堆空间大于 NUMA 节点的场景。图 A-5 所示配置的另一个备选方案如图 A-6 所示，在这里我们将堆的大小缩减到能够放到一个 NUMA 节点之中。NUMA 节点是 253GB，还需要 1GB 用于 Guest OS，那就意味着整个 Java 进程可以使用 252GB 的内存。为非堆区域分配 10%，那么 Java 堆就是 0.9 * 252GB => 226GB。然后，我们为新生代分配 226GB 的 33%，就是 => 0.33 * 226GB => 74.5GB，取整到 74GB。同时假设你将整个 VM 的内存预留降低到 253GB，这样整个 VM 进程会放到同一个 NUMA 节点上，当然 JVM 也是如此。要注意的是虚拟化这样一个进程所来的优势包括高可用性、可扩展性以及 vSphere 所带来 VMotion 收益。除此之外，vSphere NUMA 优化算法默认就是启用的，这个算法会尝试最优化平衡和 VM 本地化，所采用的方式就是最佳的内存吞吐量。VMware vSphere 会处理 NUMA 的优化，因此不需要你去关心它，而在物理化环境中，你必须要通过 Guest OS 的 numactl 命令手动做到这一点，这个命令会将 Java 进程固定到 NUMA 节点上，这种方式很快就会变得很复杂。vSphere 所提供的 NUMA 优化是虚拟化大型 VM 和 JVM 的主要原因之一，除此之外还有 vSphere 的灵活性、高可用性以及可靠性等特性。

```
java -Xms226g -Xmx226g -Xmn74g -Xss1024k -XX:+UseConcMarkSweepGC
-XX:+UseParNewGC -XX:CMSInitiatingOccupancyFraction=75
-XX:+UseCMSInitiatingOccupancyOnly -XX:+ScavengeBeforeFullGC
-XX:TargetSurvivorRatio=80 -XX:SurvivorRatio=8
-XX:+UseBiasedLocking -XX:MaxTenuringThreshold=15
-XX:ParallelGCThreads=10 -XX:+OptimizeStringConcat
-XX:+UseCompressedStrings -XX:+UseStringCache -XX:+DisableExplicitGC
```

图 A-6　具有 226GB 堆内存的监控系统的 JVM 配置

"我们在 DevOps 团队，在 JVM 的知识方面我们受到了开发者的挑战。你能否帮助我们掌握一些 JVM 内部原理以及如何进行大小划分的预备知识？"

如果你已经通读完本书，尤其是第 3 章和第 4 章，那么你已经具备了足够的知识说服 Java 架构师该如何划分 JVM。但是，如果除了前面的章节，你还想掌握一些 JVM 内部如何工作的知识，那么参见图 A-7。图片的左侧展现了本书中所使用的 VM 内存和 JVM 内存分布。图片右侧堆内部描述的一个展开视图。第 4 章深入介绍了如何调优 JVM，它假设你已经具备了 JVM 各个分区的背景知识。在展开的视图中，展现了 Java 堆通过 –Xmx 进行配置，Java 堆由可以进一步分为新生代（YoungGen）和老年代（OldGen）。

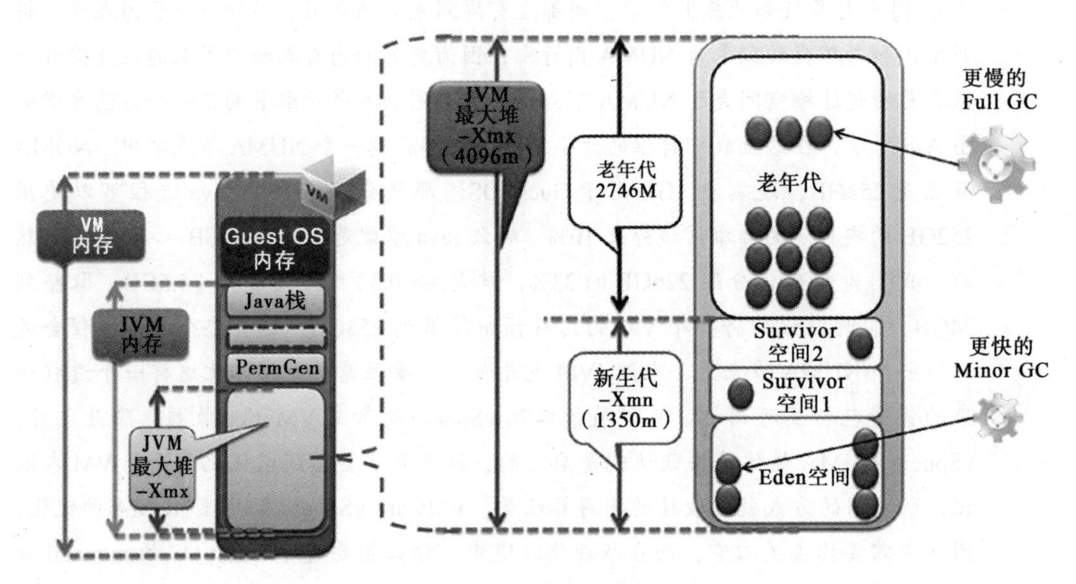

图 A-7　Java 堆的展开视图

在本例中，Java 堆的大小是 4096m，新生代是堆的 33%，也就是 1350m，老年代就是堆大小和新生代之间的差额（2746m，堆 –Xmx 的 67%）。按照这种通用配置，新生代会有足够的空间来存储对象。新生代又可以分为 Eden 区和两个 survivor 区，分别是 survivor 区 1 和

survivor 区 2。

在 Java 应用中，对象会在 Eden 区创建，如果它们不会再被引用的话，下一次 minor GC 将会对它们进行垃圾回收。但是，如果对象还处于存活状态并且还被引用的话，它们将会复制到第一个 survivor 区域之中。这个过程会循环进行，如果 survivor 区域 1 中的对象依然存活的话，它们将会在下一个周期时被转移到 survivor 区域 2 之中。如果对象依然在 survivor 区域 2 中存活，那么对象最终会被转移到老年代。注意的是，在 survivor 区域之间会进行多次的复制，直到超过一个阈值，对象才会复制到老年代之中。在新生代中，minor 垃圾回收相对会比较快，但依然会导致暂停。在老年代中，full 垃圾回收发生次数不会太多（每几个小时），但是会持续数分钟，这取决于老年代的大小。

术 语 表

AMQP

高级消息队列协议（Advanced Message Queuing Protocol，AMQP）是一个开放标准的应用层协议，适用于面向消息的中间件。协议的特性包括消息、队列、路由（点对点以及发布订阅方式）以及可靠性和安全性。

ballooning

Ballooning 是为 balloon 驱动器所触发的内存回收进程所创建的名字。balloon 驱动器，也被称为 vmmemctl 驱动器，会与服务器协作回收那些被 Guest 操作系统视为价值最低的内存页。本质上，它的行为类似于操作系统上的原生程序，它会请求越来越多的内存。驱动器使用了专有的 ballooning 技术，与原生的具有类似内存限制的系统相比，它所提供的性能预计是能够与之相匹配的。这种技术能够有效增加或降低 Guest 操作系统上的内存压力，会使得 Guest 调用自身原生的内存管理算法。你可以参考如下的 vSphere 内存管理文档来了解更多的细节：http://www.vmware.com/files/pdf/perf-vsphere-memory_management.pdf。

CPU 过量使用（overcommit）

这种情况指的是你所分配的虚拟 CPU（vCPU）资源超过了 ESX 主机上可用的物理资源。要了解更多的信息，参见 vSphere 最佳实践文档：http://www.vmware.com/pdf/Perf_Best_

Practices_vSphere4.0.pdf。

依赖注入

依赖注入是控制反转的一种特定形式，这里反转的关注点在于获取所需依赖的过程。这个术语首先由 Martin Fowler 提出，用来更为清楚地描述这一机制。在面向对象编程中，依赖注入技术通常会用来为一个软件组件提供外部依赖或引用。在软件术语中，这是一种将行为与依赖方案进行分离的设计模式，因此能够解耦高度依赖的组件。组件不再需要请求依赖，依赖是被给予或注入到组件之中的。

DRS

vSphere Distributed Resource Scheduler 会持续不断地平衡资源池中的计算能力，从而提供物理基础设施上所不能实现的性能、可扩展性和可用性。DRS 使用 VMotion 将虚拟机（VM）转移到更加平衡的分布式工作负载上。

Guest OS

这是基于 Linux 或 Windows 的操作系统，它会安装在 VM 上。

主机

在 VMware 的术语中，主机（host）指的是运行 VMware ESX 裸机（bare-metal）hypervisor 的服务器硬件。它是 VM 运行的“host”。

IoC

在软件工程中，控制反转（inversion of control，IoC）是一种抽象理念，它描述了在软件架构设计中，与过程性编程相比，系统的控制流程反转了过来。在传统的编程中，业务逻辑的流程会由一段处于中心的代码来控制，这段代码会调用可重用的子程序来执行特定的功能。使用控制反转的话，会摈弃“中心控制”的设计理念。调用代码的一方要负责程序执行的逻辑，而业务的知识会被封装在被调用的子程序之中。

在实际中，IoC 是一种软件构建方式，在这里可重用的通用代码会控制特定问题相关代码的执行。它有一个很强烈的理念，那就是可重用的代码与问题相关的代码要独立进行开发，这样通常会形成一个单独的集成应用程序。

大内存分页（large memory page）

除了通常 4KB 的内存分页，ESX 也支持 2MB 的内存分页（通常称之为大内存分页）。默认情况下，ESX 会为请求内存的 Guest 操作系统分配 2MB 的机器内存分页，从而允许 Guest 操作系统充分发挥大内存分页的优势。使用大内存分页能够降低内存管理的损耗，因此可以提高 hypervisor 的性能。如果操作系统或应用在原生系统下，能够因为使用大内存分页而收益，那么这个操作系统或应用在支持 2MB 机器内存分页的 VM 上能够实现类似的性能提升。请参考针对你的操作系统和应用所编写的文档，从而确定如何配置它们使用大内存分页。你可以在名为“Large Page Performance”的文档中了解大内存分页支持的更多信息，地址：http://www.vmware.com/resources/techresources/1039。

内存过量使用（overcommit）

当你所分配的 RAM 超过了主机上可用的物理 RAM 时，就会产生内存过量使用。

内存预留（reservation）

内存预留指的是确保 VM 在任意时刻都能使用的最小物理内存数量。如果在 VM 启动的时候，无法请求到指定数量的预留内存，那么 VM 不会启动。VM 如果能够成功启动就意味着它所需的内存已经预留了。

NUMA

非一致内存访问（Non-Uniform Memory Access，NUMA）指的是用于多处理器环境的计算机内存设计，在这种环境中，内存访问的时间取决于内存相对于处理器的位置。在 NUMA 中，处理器访问本地内存的速度要快于非本地内存（也就是，其他处理器的本地内存或处理器之间的共享内存）。

vApp

vApp 是 VM（以及其他可能的 vApp 容器）的集合，这些 VM 会作为一个单元进行运维和监控。从管理的角度来看，多层 vApp 的行为类似于一个虚拟机对象。它有通电操作（power operation）、网络以及数据库，它的资源使用情况可以进行配置。

虚拟机（VM）

虚拟机是机器的软件实现（像物理机器那样执行程序的计算器）。VM 创建的时候可以带有各种计算资源，如虚拟 CPU（称之为 vCPU）、RAM 和内存。

vMotion

vMotion 技术被 80% 的 VMware 客户部署在生产环境之中，它借助服务器、存储以及网络的全部虚拟化，能够将一个正在运行的 VM 快速从一个服务器转移到另外一个服务器。vMotion 使用 VMware 集群文件系统来控制对 VM 存储的访问。在 vMotion 过程中，活跃的内存以及 VM 中精确的执行状态会通过一个高速网络迅速地从一个物理服务器转移到另一台物理服务器上，对 VM 磁盘存储的访问也会立即切换到新的物理主机上。因为网络也是由 VMware 主机虚拟化的，所以 VM 能够保持其网络的一致性和连接，从而保证无缝的迁移过程。

VMware ESX/ESXi

与之前的 ESX 一样，ESXi 也是“裸机（bare-metal)”hypervisor，这意味着它可以直接安装在物理服务器上，并将其划分为多个 VM，这些虚拟机可以同时运行并共享底层服务器的物理资源。VMware 在 2007 年引入了 ESXi，在保证行业领先的性能和扩展性的同时，又在可靠性、安全性以及 hypervisor 管理效率方面开创了新的领域。

两者在架构上都使用了相同的内核来交付虚拟化功能，但是 ESX 的架构同时还包含了一个 Linux OS，被称之为 Service Console，它可以用来本地的管理任务，如执行脚本或安装第三方代理。Service Console 已经从 ESXi 移除掉了，这极大减少了 hypervisor 的代码分布（从 ESX 的 2GB 减少到不足 150MB），并且遵循了将管理功能从本地命令行界面转移到远程管理工具上的趋势。

VMware vCenter Server

VMware vCenter Server 是最简单和最高效的管理 VMware vSphere 的方式（不管你有十

多个 VM 还是成千上万个 VM）。它为数据中心里所有的主机和 VM 提供了统一的管理，在一个控制台上可以看到集群、主机以及 VM 的性能监控信息。VMware vCenter Server 能够让管理员深入了解集群、主机、VM、存储、Guest OS 以及虚拟化基础设施中其他关键组件的内部情况，所有的内容都会在同一个地方看到。

VMware vSphere

VMware vSphere（之前称为 VMware Infrastructure 4）是 VMware 的云操作系统，能够管理大型的虚拟化计算基础设施池，既包括软件也包括硬件。

推荐阅读

企业虚拟化实战——VMware篇

作者：张巍 ISBN：978-7-111-27544-2 定价：59.00元

VMware、Citrix和Microsoft虚拟化技术详解与应用实践

作者：马博峰 ISBN：978-7-111-40319-7 定价：109.00元

VMware vSphere 5虚拟数据中心构建指南

作者：（法）Eric Maillé 等 ISBN：978-7-111-41677-7 定价：59.00元

VMware vSphere部署的管理和优化

作者：（美）Sean Crookston 等 ISBN：978-7-111-42543-4 定价：59.00元

VMware 站点恢复管理器管理实践

作者：（英）Mike Laverick ISBN：978-7-111-45735-0 定价：79.00元

推荐阅读

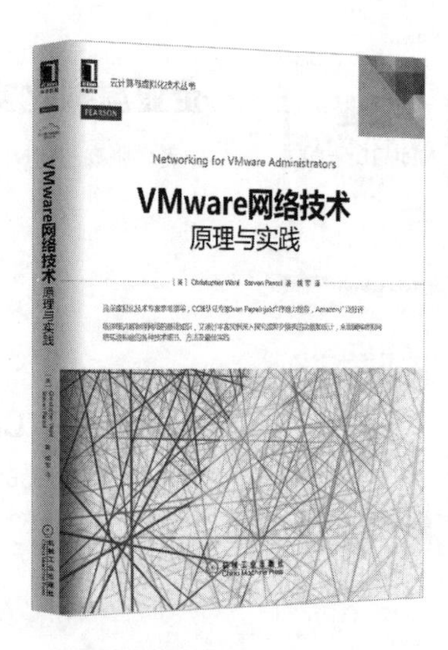

VMware Virtual SAN权威指南

作者：（美）Cormac Hogan 等 ISBN：978-7-111-48023-5 定价：59.00元

不论您是虚拟化新手，还是存储专家，这本书是有关VMware Virtual SAN最权威的解读，是实现软件定义存储最有效的指南。

—— 任道远，VMware中国研发中心总经理

VMware资深虚拟存储专家亲笔撰写，全球第一本全面、系统讲解Virtual SAN技术的权威著作，Amazon全5星评价。

从Virtual SAN的部署、安装、配置到虚拟机存储管理、架构细节和日常管理、维护等方面，深入探讨Virtual SAN的各项技术细节，并用多个实例详细讲解Virtual SAN群集的设计和实现。

本书专为管理员、咨询师和架构师所著，在书中Cormac Hogan和Duncan Epping既介绍了Virtual SAN如何实现基于对象的存储和策略平台，这些功能简化了虚拟机存储的放置，还介绍了Virtual SAN如何与vSphere协同工作，大幅提高系统弹性、存储横向扩展和QoS控制的能力。

VMware网络技术：原理与实践

作者：（美）Christopher Wahl 等 ISBN：978-7-111-47987-1 定价：59.00元

资深虚拟化技术专家亲笔撰写，CCIE认证专家Ivan Pepelnjak作序鼎力推荐，Amazon广泛好评

既详细讲解物理网络的基础知识，又通过丰富实例深入探究虚拟交换机的功能和设计，

全面阐释虚拟网络环境构建的各种技术细节、方法及最佳实践

本书针对VMware专业人员，阐述了现代网络的核心概念，并介绍了如何在虚拟网络环境设计、配置和故障检修中应用这些概念。作者凭借其在虚拟化项目实施方面的丰富经验，从网络模型、常见网络层次的介绍开始，由浅入深地介绍了现代网络的基本概念，并自然地过渡到虚拟交换等虚拟化环境中与物理网络最为关联的部分，最后扩展到实际的设计用例，详细介绍了不同实用场景、不同的硬件配置下，虚拟化环境构建的考虑因素和具体实施方案。